磁体用Nb_3Sn超导体临界性能

微结构理论与多尺度多物理场模拟

乔　力◎著

電子工業出版社
Publishing House of Electronics Industry
北京 • BEIJING

内 容 简 介

Nb_3Sn 超导体临界性能多尺度多物理场耦合特性及其本构描述是超导电磁固体力学、超导电工技术、装备数字化设计与制造、超导材料科学等学科关注的基本问题。本书围绕强磁场磁体用 Nb_3Sn 超导体临界性能的微结构理论与多尺度多物理场模拟，针对力—电磁—热多物理场环境下 Nb_3Sn 临界性能和失超在不同尺度上的响应规律及关联，建立了 Nb_3Sn 超导体临界性能预测和分析的多尺度理论模型，并与实验观测结果进行了比对验证。本书建立了考虑超导体多尺度效应的非线性理论模型，发展了相应的数值仿真算法，为强磁场超导磁体装备设计制造、失超防护技术的发展，以及强稳定性超导体的研发提供了支撑。

本书理论分析严谨而缜密，可以作为从事固体力学、超导磁体装备设计与制造、超导材料制备等领域研究的技术人员及其他各类科研工作者的参考书，也可以作为相关专业研究生的参考资料。

图书在版编目（CIP）数据

磁体用 Nb3Sn 超导体临界性能：微结构理论与多尺度多物理场模拟 / 乔力著. 一北京：电子工业出版社，2021.11

ISBN 978-7-121-42255-3

Ⅰ. ①磁… Ⅱ. ①乔… Ⅲ. ①铌合金－锡合金－磁性合金－超导体－临界－性能－研究 Ⅳ. ①TM274

中国版本图书馆 CIP 数据核字（2021）第 215584 号

责任编辑：李　敏　　特约编辑：朱　言
印　　刷：北京虎彩文化传播有限公司
装　　订：北京虎彩文化传播有限公司
出版发行：电子工业出版社
　　　　　北京市海淀区万寿路 173 信箱　　邮编：100036
开　　本：787×1 092　1/16　印张：13.75　字数：278 千字　彩插：2
版　　次：2021 年 11 月第 1 版
印　　次：2024 年 1 月第 3 次印刷
定　　价：99.00 元

凡所购买电子工业出版社图书有缺损问题，请向购买书店调换。若书店售缺，请与本社发行部联系，联系及邮购电话：（010）88254888，88258888。

质量投诉请发邮件至 zlts@phei.com.cn，盗版侵权举报请发邮件至 dbqq@phei.com.cn。

本书咨询联系方式：010-88254753 或 limin@phei.com.cn。

前 言

从薪柴时代到煤炭时代，再到油气时代，人类的能源利用经历了数次演变，随着能源利用总量的不断增长，能源结构也在不断发生变化，新能源技术的开发利用对世界能源发展具有重要意义。

2020 年 7 月 28 日，中国、美国、欧盟、日本、俄罗斯、韩国、印度七方 30 多个国家共同参与的国际热核聚变反应堆（ITER）计划重大工程托卡马克磁体装置启动主体安装工作，标志着人类距离实现“人造太阳”的梦想又近了一步。2025—2037 年，ITER 将正式进入装置运行期。作为构筑 ITER 托卡马克磁体核心构件的关键材料，Nb_3Sn 超导体在强磁场超导磁体领域得到了广泛关注。Nb_3Sn 超导体失超，是强磁场超导磁体装备运行过程中的重要现象，失超瞬时释放的巨大电磁能量，会导致超导磁体装备局部温度过高而被毁伤，并产生高电压击穿绝缘保护层，严重影响装备的服役安全，给强磁场超导磁体装备制造和防护带来严峻的挑战。

力学在新能源工程装备制造领域的重要性越来越突出：强磁场超导磁体的安全性分析需要揭示电磁能与超导体相互作用的瞬态演化机理，精确描述失超发生的瞬态演化过程，以及这些过程诱导的超导体结构演变与物性演化，由此给出在极端环境和多场耦合条件下的失稳准则，并对服役强磁场超导磁体结构的设计进行精准评估。失超演化过程本质上是一个多物理过程耦合、多时空尺度演化、多重速率竞争（磁扩散速率、热传导速率、裂纹萌生和扩展速率、相转变速率）的问题，相互依赖的过程和现象会在不同的空间尺度和时间尺度上各自变化发展并同时耦联竞争。Nb_3Sn 超导体的临界性能分析是失超瞬态行为研究的基础和核心。为了提高能源器件及能源装置设计中的力学与多场耦合分析水平，需要研究和解决在复杂多物理场环境下服役材料结构力电耦合效应的建模和数值模拟问题。本书介绍了 Nb_3Sn 超导体在新能源技术应用中需要解决的几个关键问题：Nb_3Sn 超导体变形—超导体临界性能耦合特性机理及其本构描述；Nb_3Sn 超导体临界性能的微结构理论与多尺度多物理场模拟框架的建立；Nb_3Sn 超导体失超瞬态过程多时空演化结构。这些研究工作建立了考虑超导体多尺度效应的非线性理论模型，发展了相应的数值仿真算法，对超导电磁固体力学理论体系的建立起到了一定的推动和促进作用，同时为强磁场超导磁体装备的设计制造、失超防护技术的发展，以及强稳定性超导体的研发提供了支撑。

本书在介绍力—电磁—热多物理场环境下 Nb_3Sn 超导体临界性能和失超在不同尺度的响应规律及关联的同时，着重介绍了作者近年来取得的研究成果。考虑新能源装备制造工作人员与力学工作者对相关理论的应用需求，本书保持了严谨且缜密的理论分析，同时由浅入深地介绍了如何建立描述 Nb_3Sn 超导体临界性能多尺度多物理场耦合特性及失超实验现象的基本理论模型，给出了实现定量分析的方法，便于读者理解相关的理论知识和分析方法。

在本书出版之际，深深感谢导师郑晓静院士（2012 年由兰州大学调入西安电子科技大学），导师严谨的治学、独到的学术眼光、积极的人生态度影响了我。在她的引领下，我进入了超导电磁固体力学这一崭新的领域；她的悉心指导和帮助，使我从事科学研究的能力有了大幅提高。衷心感谢国家自然科学基金委员会对本书研究工作给予的支持和资助！感谢太原理工大学机械与运载工程学院应用力学研究所在我的科研工作中给予的大力支持！感谢电子工业出版社在本书出版过程中提供的帮助！

乔　力

2021 年 8 月

目 录

第1章 绪论

从薪柴时代到煤炭时代，再到油气时代，人类的能源利用经历了数次演变，随着能源利用总量的不断增长，能源结构也在不断发生变化。能源时代的每次变迁，都伴随着生产力的巨大飞跃，在推动人类经济社会发展的同时，能源对资源环境的影响也越来越明显。随着科技的进步和发展，非常规能源不断转化为常规能源，发展新型的与能源相关的技术，对于未来能源替代和新能源时代的开启具有重要的意义。

聚变能是一种清洁、安全、可再生的新型能源，与不可再生能源和常规的清洁能源不同的是，它具有资源无限、无环境污染、不产生高放射性核废料等一系列优点。作为人类未来能源的主导形式之一，聚变能的开发与利用，是解决人类社会未来环境问题、能源问题，促进人类社会可持续发展的重要途径之一。为了发展这种能源，验证和平利用聚变能的科学和技术可行性，开展了国际热核聚变实验堆合作计划（简称 ITER 计划，又称“人造太阳”计划），目标是建立一个全超导 Tokamak（托卡马克）型聚变实验反应堆，试探控制核聚变反应的方法，实现聚变能的直接应用。这一重大国际合作计划的开展，汇集了国际受控磁约束核聚变研究最成熟、最前沿的科学和技术成果。全超导 Tokamak（托卡马克）型聚变实验反应堆的建造和运行具有可靠的科学依据，同时具备坚实的工程技术基础，示范堆、原型堆核电站的实验成功，将为实现聚变能的商业化铺平道路。ITER 项目位于法国南部海港城市马赛以北约 80 km 处的圣保罗—莱迪朗斯小镇，目前正在施工中，如图 1.1 所示。

图 1.1　在法国南部海港城市马赛以北约 80 km 处的圣保罗—莱迪朗斯小镇，国际热核聚变实验堆合作计划正在实施

ITER 计划最早是在 1985 年举办的日内瓦峰会上提出的，最初由美国、苏联、欧盟和日本四方启动，1986 年开始设计和筹建，1998 年完成该计划的前期基本工作，2001 年完成工程设计。2006 年 5 月 24 日，科学技术部代表我国政府在比利时首都布鲁塞尔草签了《成立国际组织联合实施国际热核聚变实验堆（ITER）计划的协定》，标志着 ITER 计划正式进入执行阶段，也标志着我国正式参加 ITER 计划。

国际热核聚变实验堆，又被人们形象地称为“人造太阳”，它的反应原理与太阳内部的核聚变反应原理一样，即两个氢原子发生核聚合反应释放出核聚变能。考虑到氘原子核和氚原子核发生核聚变反应的特殊条件，如果氘、氚混合气体可以发生大量核聚变反应，则要求气体的温度必须达到 10^8 ℃以上。在这样的环境温度下，气体原子中的电子和原子核已经完全脱离，各自独立运动。这种以自由电子和带电离子为主要成分的超高温气体被称为“等离子体”。受控热核聚变实现的过程中，对等离子体的加热主要有两种方式：①利用磁场变化在等离子体中感应产生电流进行欧姆加热；②从外界向等离子体注入高能中性原子束或者发射射频波进行非欧姆加热。温度达到 10^8 ℃的完全电离等离子体只是热核聚变反应发生的条件之一，还需要将等离子体约束在一个适度小的空间内，以防止高温等离子体逃逸或飞散，当等离子体的约束时间、密度达到一定数值，即满足劳森判据时，受控核聚变反应才能进行。实现受控核聚变反应的条件要求将 10^8 ℃的等离子体核聚变燃料约束在局部空间内，如何“盛装”如此高温度的燃料，成为完成这一反应的主要难题。Tokamak 磁约束聚变装置通过考虑应用磁场构造一个磁容器来约束等离子体的运动。这一概念最早由苏联科学家在 20 世纪 50 年代提出，并逐渐显现出其独特的优势，最终成为聚变能研究的主流途径。为了实现受控热核聚变，需要超导磁体系统提供的高磁场来控制等离子体的位形和约束等离子体。在 Tokamak 装置中，超导体材料一般为中国使用的 NbTi（Experimental Advanced Superconducting Tokamak 装置，EAST 装置）或韩国使用的 Nb_3Sn（Korea Superconducting Tokamak Advanced Research，KSTAR）或日本日立公司为九州大学建造的 Triam-1M 超导 Tokamak，并以“D”形线圈结构在装置中出现，如图 1.2 所示。ITER 超导磁体运行的电流水平为 40～60 kA，运行产生的最大磁场达到 13 T，超导磁体承受的对地电压为 5 kV。

EAST 装置是我国自主设计研制的全球首个全超导 Tokamak 装置（又称“东方超环”），它的建成标志着我国磁约束核聚变研究达到世界前沿水平。EAST 装置由超高真空室、纵场线圈、极向场线圈、内外冷屏、外真空杜瓦、支撑系统六大部件组成。在运行时，16 个大型“D”形超导纵场磁体产生的磁场强度为 3.5 T，12 个大型极向场超导磁体提供的磁通量变化为$\Delta\Phi \geqslant 10$ Wb。借助这些极向场超导磁体，EAST 装置产生的等离子体电流强度大于10^6 A，持续时间达到1000 s，在高功率加热下的等离子体温度超过10^8 ℃。EAST 装置的运行环境极其复杂：超大电流、超高真空、超强磁场、超高温、超低温，温度环境从装置芯部10^8 ℃的高温跨越到超导线圈中的−269 ℃的低温，给装置的设计与制造带来了挑战。“东方超环”全超导托卡马克核聚变实验装置（位于安徽省合肥市的“科学岛”）是由中国科学院合肥物质科学研究院等离子体物理研究所自主研制的世界上首个非圆截面托卡马克装置，同时也是中国第四代核聚变实验装置。2017 年 7 月，“东方超环”首次实现了5×10^7 ℃等离子体持续放电 101.2 s 的高约束运行记录，首次在世界上实现了从 60 s 到 100 s 量级的跨越。2018 年 11 月，EAST 装置首次实现了加热功率超过10^{13} W、等离子体中心电子温度达到10^8 ℃，并在该温度下持续运行近 10 s，实验中获得的物理参数接近热核聚变堆稳态模式运行所需的物理条件。2020 年 12 月 4 日，新一代“人造太阳”装置——中国环流器二号 M 装置（HL-2M）在成都建成，并完成首次放电，该装置实现了等离子体温度1.5×10^8 ℃，标志着我国自主掌握了大型先进超导托卡马克装置的设计制造和与运行技术。

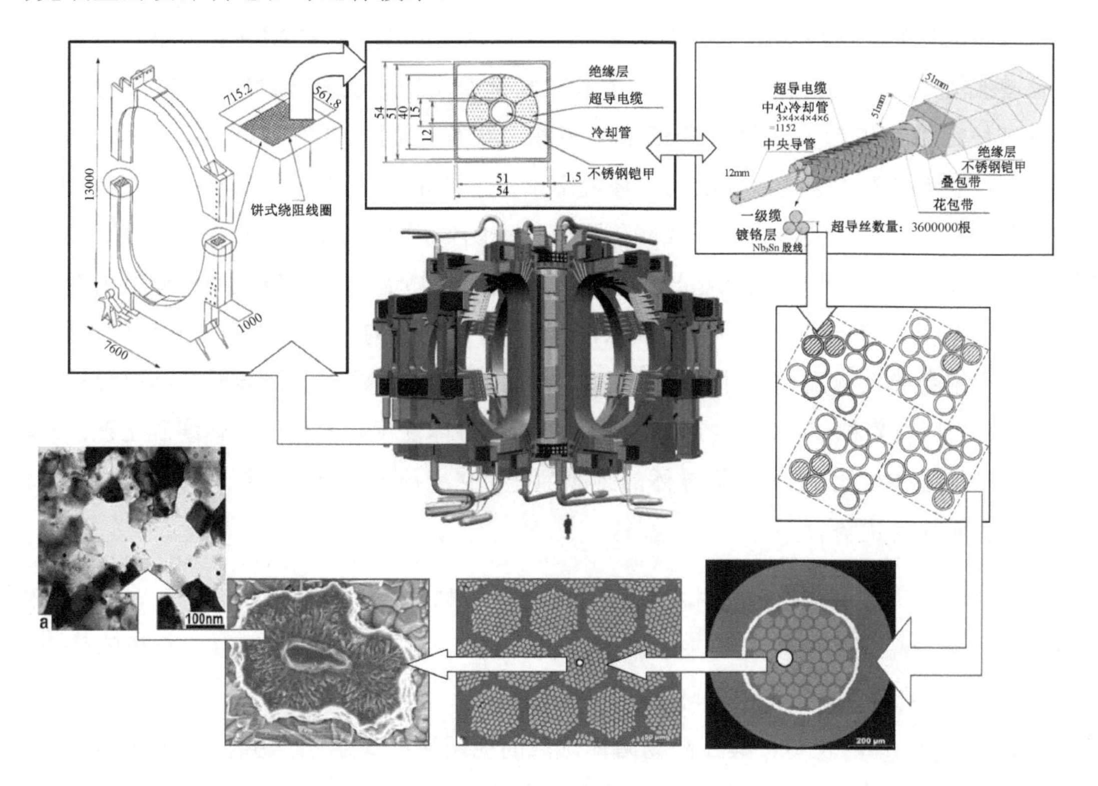

图 1.2 国际热核聚变实验堆托卡马克磁体系统中的多级结构

目前世界上大规模的超导磁体系统，如中国的 EAST 装置、ITER Tokamak、韩国的 KSTAR、美国的 NHMFL（National High Magnetic Field Laboratory）45 T 混合磁体等的设计主要采用铠装式电缆导体（Cable-In-Conduit Coductor，CICC）技术。CICC 导体是由内冷超导体发展演化而来的，最初的导体结构由氦管和缠绕在氦管表面的超导——铜缆组成，后来 Hoenig、Iwasa 和 Montgomery 等建议将导体细分为结构尺寸更小的股线，由这些超导股线和铜股线绞合形成电缆，这样做的目的是降低低温下的功率损耗和液氦流动时产生的压差；Lue 等又提出在导管上打孔的方法，以及将导体设计成双层导管来解决导体失超压力大、液氦通过孔渗透等问题，这样逐步演化为现在的 CICC 导体结构。以 EAST 装置中使用的 CICC 导体结构为例，可以将其结构分为八级复合（见图 1.2）：第一级复合由超导微丝与基体材料复合而成超导股线；第二级复合由超导股线与纯铜股线多级绞缆后形成电缆体；第三级复合由电缆体与中心不锈钢氦管复合而成电缆复合体；第四级复合由电缆复合体与不锈钢导管复合而成 CICC 超导体；第五级复合由 CICC 超导体与环氧基热固性玻璃钢内绝缘层复合而成绝缘 CICC 超导体；第六级复合由绝缘 CICC 超导体与不锈钢内屏蔽层复合而成屏蔽 CICC 超导体；第七级复合由屏蔽 CICC 超导体与环氧基热固性玻璃钢外绝缘层复合而成绝缘增强型 CICC 超导体；第八级复合由绝缘增强型 CICC 超导体与不锈钢外屏蔽层复合而成超导电流传输线导体。CICC 技术在机械稳定性、失超安全性、降低应力累积、磁体绕制工艺等方面具有一系列优势：①CICC 超导体在强电流、高磁场的环境下工作，要求磁体具有很好的刚性和机械稳定性以承受大的电磁力的作用；②在高磁场变化率的作用下，超导体产生的交流损耗值较高，联合其他负载的作用会在超导体内部积聚很大的热量，为了防止超导体的失超，需要采用强迫冷却的方式将这些热量移除，CICC 超导体结构为这种冷却方式提供了便利；③应力作用会导致低温超导体的性能退化，要求 CICC 超导体结构能够减小电缆导体的变形和应力应变累积；④CICC 超导体的截面积和整体性优势简化了磁体绕制工艺；⑤与浸泡型冷却导体相比，CICC 超导体的绝缘性能、交流损耗性能、机械强度性能、绕制性能都具有明显的优势。

作为磁约束核聚变超导磁体关键部件用超导材料之一，ITER 项目的开展给 Nb_3Sn 高场超导复合超导体的发展带来了新的契机。1961 年，Kunzler 等发现金属间化合物 Nb_3Sn 材料，在 4.2 K 的超低温环境下，当施加的磁场强度为 8.8 T 时，其临界电流密度值达到 10^5 A/cm^2，表明了其在高场磁体领域的应用潜能。由于 Nb_3Sn 超导体是一种典型的脆性材料，极易受到应力应变的影响，其不利于材料加工的特点限制了它在超导磁体领域的应用。随着制造工艺的改善，采用 Restacked Rod Process 方法制备的 Nb_3Sn 超导体在环境温度 4.2 K、背景磁场强度 12 T 时的临界电流密度可达到 3000 A/cm^2 。凭借其高的超导体相转变温度、高的上临界磁场强度、高的临界电流密度，Nb_3Sn 材料成为制造 10 T 以上超导磁体装置最理想的高场超导材料之一。基于运行环境对 Nb_3Sn 超导体电磁性能、机械性能与运行稳定性要求的考虑，Nb_3Sn 超导体的主要结构形式为具有复杂微细观结构的复合材料。目前，主流的高场超导复合材料 Nb_3Sn 的制备技术有青铜法、内锡法、粉末装管法。以采用青铜法制备得到的高场超导复合材料 Nb_3Sn 为例，其结构形式为层状复合结构，最内层为由超导丝群和青铜基底构成的超导内层，次层为 Ta 扩散阻碍层，最外层为 Cu 稳定层。复合结构的尺度跨度为：超导丝的直径为 2～5 μm，超导丝群的直径约为几十微米，超导复合材料的直径为 0.81 mm。

Nb_3Sn 超导体的超导电性能（超导体相转变温度、上临界磁场强度、临界电流密度）对其力学行为具有非常强的敏感性。由于 ITER 超导磁体系统运行工况复杂（极端低温环境、超强磁场环境、强运行电流水平），当磁体由制造温度冷却到工作温度时，CICC 超导体外管套和电缆体之间不同的热膨胀系数会导致沿轴向方向的温度载荷，同时，载流电缆与超强磁场环境的作用会导致电磁载荷的产生。在温度载荷和电磁载荷的联合作用下，Nb_3Sn CICC 超导体处于复杂的应力应变状态下，其与材料超导电性能的关联会直接导致超导磁体装置电磁性能指标的下降及失超（释放出的超导磁体能量会使磁体局部温度迅速升高，如果温度过高，会破坏超导磁体的内部结构甚至烧毁超导磁体），从而对 ITER 超导磁体系统的安全运行产生消极影响。探索和揭示 Nb_3Sn 超导体变形—临界性能的耦合行为及失超瞬态的材料行为，对于研究超导磁体结构的性能和安全服役具有重要的意义。

1.1 Nb_3Sn 超导体变形—临界性能耦合特性

作为磁约束核聚变、高能物理及高场核磁共振波谱仪等超导磁体部件用超导材料之一，Nb_3Sn 超导体在高场超导复合材料领域获得了广泛的研究和关注[1-4]。力学变形诱导的 Nb_3Sn 高场超导复合材料超导电性能（临界温度、上临界磁场强度、临界电流密度）退化，给超导磁体的安全、稳定运行造成了极其不利的影响[4]。

Nb_3Sn 是脆性化合物超导材料，属于Ⅱ类超导体。基于运行环境对其电磁特性与机械性能要求的考虑，实用 Nb_3Sn 超导体采用多芯的复合导体结构，一般由配置和体积比各异的多股 Nb 芯、Sn 源材料、Nb_3Sn 层（超导电流的有效载体）和正常态金属层构成，是一种典型的复合材料结构。Nb_3Sn 高场超导复合材料具有复杂的多级、多层次组织结构。如图 1.3 所示，以青铜法（The Bronze Process）制备工艺得到的 Nb_3Sn 高场超导复合材料为例，其显微组织结构表现出明显的多尺度特征。①原子层次：Nb_3Sn 具有 A15 相的 A_3B 形式，晶体结构属于体心立方结构，每个单胞中有 8 个原子，Sn 原子以体心立方点阵结构排列，每个面上有 2 个 Nb 原子，点阵间距约 2.645 Å，如图 1.3（a）所示；②晶体缺陷层次：晶界是 Nb_3Sn 中主要的有效磁通钉扎中心，如图 1.3（b）所示，磁通线与晶界的相互作用主要以磁通点阵与晶界弱性应变场之间的弹性相互作用为主；③晶粒显微组织层次：Nb_3Sn 层中的晶粒具有非常复杂的形貌，如图 1.3（b）所示，在未反应完全的 Nb 核处为柱状晶，在 Nb_3Sn 层的中部为细小的等轴晶，在靠近 Sn 源材料的一侧为形状不规则的粗晶，工程用 Nb_3Sn 高场超导复合材料平均晶粒尺寸为 100～200 nm；④微观组织层次：Nb_3Sn 高场超导复合材料中最基本的结构单元如图 1.3（c）所示，其材料组分包含制备过程中未反应完全的 Nb 核、Nb_3Sn 超导材料及铜（锡）基体，这些微观尺度的单胞在空间中周期性重复排列形成超导复合材料中的多丝区域，以 Luvata 导体为例，超导丝的直径为 4～5 μm，超导丝的数量为 6655 根；⑤宏观组织层次：Nb_3Sn 超导复合材料的结构形式为复合线材，其长度大于 1000 m，直径为 0.8～1.0 mm（Luvata 导体），超导线材阻隔层材料由铌和钽组成，其中铜、钽、青铜所占的体积分数分别为 30%、5%、45%，如图 1.3（d）所示。

Nb_3Sn 高场超导复合材料的超导电性能对其力学响应具有敏感性[2-7]。由于超导磁体系统运行工况极端特殊（极低温环境：4.2 K；强磁场环境：12 T；强运行电流水平：68 kA），在温度载荷和电磁载荷的联合作用下，Nb_3Sn 高场超导复合材料处于复杂的应力应变状态，这直接关联到材料的超导态特性。超导材料力学性能与超导电性能的耦合作用对超导磁体装置的电磁性能指标和可靠运行产生了严重的不良影响。Nb_3Sn 高场超导复合材料变形—超导电性能耦合行为是超导磁体结构设计与制造中需要研究的基础课题之一，其本构描述是极端环境和多物理场耦合条件下服役超导磁体结构电磁性能评估和分析的基础，同时，对于这种耦合行为机理的认识有助于高应变耐受性超导材料的制备和开发。

Nb_3Sn 超导体的超导电性能的应变效应最早是由 Müller 和 Saur[5]在膜结构材料，以及 Buehler 和 Levinstein[6]在多芯超导复合材料中发现的。随着 Nb_3Sn 材料的工程化发展，

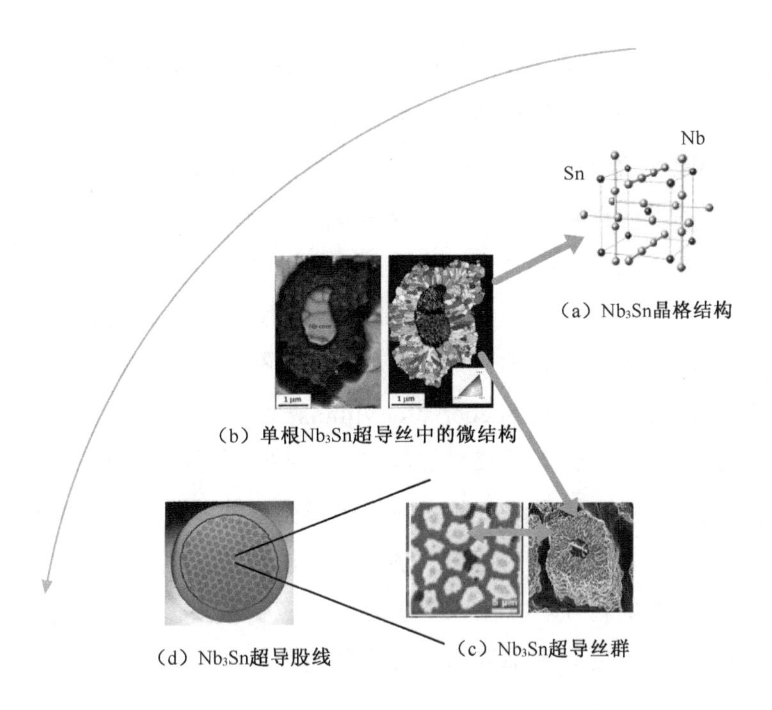

图 1.3 Nb_3Sn 高场超导复合材料中的多级、多层次组织结构

这一效应的重要性越来越显现。Ekin[7]针对 Nb_3Sn 高场超导复合材料的这一效应开展了一系列重要的实验工作，测量结果表明：Nb_3Sn 超导复合材料临界电流密度（J_c）随轴向应变的增大呈现非线性下降趋势，在 4.2 K 的极低温环境和 14 T 的强磁场作用下，0.6% 的拉伸应变将使 Nb_3Sn 的载流能力下降约 80%；轴向应变诱导的 Nb_3Sn 超导复合材料临界电流密度的衰减规律会随着施加磁场强度的不同而发生变化，在同样强度的外磁场中，拉伸应变区与压缩应变区中临界电流密度的衰减曲线具有不对称性；拉伸应变存在一个极限值，当拉伸应变增大超过这个极限值时，轴向变形导致的 Nb_3Sn 超导复合材料临界电流的退化具有不可逆性（不可逆性是指不可逆变化将会导致超导体临界性能的永久退化，伴随着超导复合材料中基体材料的塑性变形行为和脆性 Nb_3Sn 超导丝的断裂），在环境温度为 4.2 K、背景磁场强度为 14 T 时，可逆应变的极限值为 0.8%。这一现象在之后发展起来的 Pacman Spring 测量装置中得到了进一步证实[8]，实验结果进一步表明 Nb_3Sn 高场超导复合材料临界电流密度的轴向应变效应对于材料制备工艺、复合材料细观结构等因素具有一定的依赖性[9-13]。考虑到运行工况下超导磁体结构变形和受力特征，除轴向变形模式外，弯曲变形和接触变形诱导的 Nb_3Sn 超导复合材料超导电性能退化也被大量的实验[14-22]证实。TARSIS（Test Arrangement for Strain Influence on Strands）实验揭示了 Nb_3Sn 超导复合材料在周期性弯曲加载条件下（在 4.2 K 的环境温度和 12 T 的背

景磁场强度下）临界电流的退化特征，临界电流—最大弯曲应变曲线表现出明显的非线性关系和很强的材料细观结构依赖性。TARSIS 横向应力加载及测试系统的测量结果[19-21]表明 Nb_3Sn 超导股线载流能力的接触变形敏感性：随着接触应力的增大，临界电流的弱化曲线呈现较强的非线性特征；临界电流密度—接触应力曲线对于环境温度和背景磁场具有依赖性；随着接触应力的增大，接触变形导致的临界电流退化会由可逆变化向不可逆变化转变，并存在一个接触应力的极限值；不同制备工艺得到的 Nb_3Sn 超导复合材料的临界电流密度—接触应力曲线表现出一定的不同。这一效应在之后许多学者（Nishijima 等[17]、Chiesa 等[18]、Seeber[19]、Nijhuis[20-21]）所进行的实验中都被证实，其中一些实验还考察了应力应变对于临界温度（T_c）和上临界磁场强度（H_{c2}）的影响规律：随着应力应变的增大，临界温度和上临界磁场强度非线性下降；临界温度—应变曲线的变化规律依赖施加环境磁场的强度（H），上临界磁场强度—应变曲线的变化规律对环境温度（T）具有依赖性；存在一个极限应力应变极限值，当应力应变大于该极限值时，变形诱导的临界温度和上临界磁场强度的退化具有不可逆性。

实验揭示出 Nb_3Sn 高场超导复合材料变形—超导电性能耦合行为具有以下特点：①表现出显著的非线性特征；②具有多物理场耦合特性；③对于材料组织结构的依赖性；④超导电性能退化存在可逆变化向不可逆变化的转变。除 Nb_3Sn 超导复合材料外，大量的实验结果[23-24]表明，这种耦合行为在 A15 相化合物高场超导复合材料（如 Nb_3Al、V_3Ga、V_3Si 等）中普遍存在。了解力学变形—超导电性能耦合现象背后的物理机理，描述这类材料的力—电磁耦合行为，确立其本构关系，在高场超导磁体工程中具有非常重要的应用价值。目前，超导磁体结构的设计与制造在很大程度上还依赖实验数据，基础理论研究水平落后于工程实践水平，限制了高场超导磁体技术的进一步发展。

基于实验得到的 Nb_3Sn 高场超导复合材料临界电流密度随轴向应变的变化规律，Ekin[7,25]给出了轴向应变—临界电流密度耦合本构关系的经验函数表达式（The Ekin's Power Law），建立了 Ekin 幂律模型。这种模型抓住了临界电流密度关于应变的不对称性，但是不能描述在大的热收缩应变区临界电流密度的线性衰减变化特征，因此只适用于有限的变形范围；同时，由于这种一维模型没有考虑三维应变状态，仅适用于描述轴向变形情形。在 Ekin 幂律模型之后又出现了多种模型（Summers[26]、Taylor 和 Hampshire[27]等），这些本构模型借助幂函数、多项式函数等函数形式对轴向应变下 Nb_3Sn 超导复合材料临界电流密度衰减规律的实验结果进行经验拟合。由于这些经验模型缺乏对高场超导复合材料变形—超导电性能耦合机理的认识，其模型拓展性较差，仅适用于特定加载条件下材料的变形状态，远不能满足高场超导磁体结构的设计需求。

Haken 等[28]通过轴向拉伸实验发现：在高残余热收缩应变区中，Nb_3Sn 超导复合材料的上临界磁场强度随应变的变化呈现线性衰减关系，这与 Ekin 幂律模型预测结果不符，结合 Nb_3Sn 超导复合材料超导电性能力学效应的实验结果，他们给出了描述临界电流密度变化的偏应变模型（The Deviatoric Model）。这个模型中首次将偏应变二次不变量作为描述应变效应的特征参量。应变不变量是部分应变状态性质的表现，为了充分考虑各应变分量对于超导电性能的影响，随后又发展了全应变不变量模型（The Full Invariant Strain Analysis），综合考虑了第一应变不变量，以及偏应变张量第二应变不变量、偏应变张量第三应变不变量的作用。Markiewicz[29-31]通过考虑在应变作用下 Nb_3Sn 晶体声子频率分布变化及电—声子耦合变化，借助 McMillan 超导体相转变温度公式和应变势能函数讨论了各应变不变量导致的临界温度变化，分析结果给出了各应变不变量导致的临界温度变化规律：应变状态对于 Nb_3Sn 材料临界温度的影响主要通过偏应变张量第二应变不变量和偏应变张量第三应变不变量起作用，临界温度 T_c 随轴向应变的“抛物线”变化形式主要取决于偏应变张量第二应变不变量，而 T_c 关于应变的不对称性取决于偏应变张量第三应变不变量；第一应变不变量导致 T_c 下降，与轴向应变没有依赖关系。由于该模型缺乏对于上临界磁场强度 H_{c2} 变形效应的解释，并且没有明确的函数形式描述，因此不便在实际工程中应用。之后，Markiewicz[32]在全应变不变量模型分析的基础上建立了描述 Nb_3Sn 超导复合材料变形—临界温度/上临界磁场强度耦合行为的半经验本构模型；基于 Ekin 幂律模型导出的电—声子耦合常数、平均声子频率随轴向应变变化的函数关系，Oh 和 Kim[33] 借助于 Eliashberg 理论，给出了表征 Nb_3Sn 超导复合材料轴向变形—上临界磁场强度耦合本构关系的半经验解析表达式，建立了 Oh-Kim 模型。由于 Oh-Kim 模型没有考虑应变的张量属性，Godeke 等[34-35]、Arbelaez 等[36]对 Haken 给出的描述 Nb_3Sn 超导复合材料上临界磁场强度应变效应的偏应变模型进行了修正：Godeke 等通过在偏应变模型中引入一项与偏应变张量第三应变不变量相关的线性项来刻画 Nb_3Sn 超导材料上临界磁场强度在高残余热收缩应变区内的线性衰减特征；Arbelaez 等在已有偏应变张量第二不变量的基础上，引入第一应变不变量和偏应变张量第三应变不变量，使其在形式上具有与 Markiewicz 建立的全应变不变量模型相应的对称性（Lawrence-Berkeley-National-Laboratory Three-Dimensional Model）。此外，Bordini 等[37-38]则采用指数函数形式来拟合 Nb_3Sn 超导复合材料上临界磁场强度—应变曲线，并通过超导临界参数与材料弹性应变能之间的经验关系，将第一应变不变量和偏应变张量第二应变不变量

引入 Nb_3Sn 材料电磁本构行为的描述中，模型在形式上与强耦合超导理论中 McMillan 临界温度公式完全相似。兰州大学超导力学研究院电磁固体力学小组周又和、雍华东等[39-41]利用唯象理论的研究方法，引入超导凝聚与晶格变形的耦合能对 Ginzburg-Landau 自由能进行修正，进而借助变分原理建立了研究超导材料力—电耦合行为及其本构关系的理论框架，采用该研究途径和方法，在变形超导体中波函数分析的基础上，分析了力学变形对超导材料电磁性能的影响规律，所得结果与实验结果定性一致，为高场超导复合材料的研究提供了新的思路和参考。

De Marzi 等的实验结果[42-43]表明，对于 AISI 316 L 不锈钢裹覆的 Nb_3Sn 超导复合材料，轴向拉伸变形作用下的临界电流密度变化具有明显的反常行为，并且现有的几种理论模型均不能描述这一现象[44]，这给 Nb_3Sn 超导复合材料变形—超导电性能耦合行为的研究带来了新的挑战。

从早期的经验本构模型到具有一定物理基础的半经验本构模型，这些研究工作对于描述和理解高场超导复合材料变形—超导电性能耦合行为做出了很大贡献，但仍存在一些问题需要进一步研究，主要表现在以下几个方面：①现有的理论研究[29-32, 37-38]多借助 McMillan 超导体相转变温度公式，从应变对声子谱的影响入手，对力学变形诱导的 Nb_3Sn 高场超导复合材料超导电性能退化进行解释，对于应变效应的全面准确描述应该包含对 $H_{c2}(T)$ 应变效应的微观解释[34-35]及高场下变形超导体中的磁通钉扎行为分析；②由于材料服役环境的特殊性及应力应变状态的复杂性，目前仍然缺少能够统一描述轴向拉伸、弯曲、横向接触变形作用下 Nb_3Sn 高场超导复合材料超导电性能退化行为的电磁本构模型；③现有的经验/半经验本构模型只能描述特定的一类实验结果，所得到的拟合参数在其他组的实验中很难直接使用，缺乏一般性；而且本构模型参数的拟合依赖应变区间，拓展性差；④Nb_3Sn 高场超导复合材料具有复杂的多级结构，材料的变形—超导电性能耦合行为决定于材料在最小尺度的行为；为了实现高场超导复合材料力—电磁耦合行为的定量化描述，需要研究变形后的材料组织结构特征与其超导电性能之间的关系，这需要借助多尺度分析方法[45-52]，Boso 等[53-54]已成功将这一方法用于 Nb_3Sn 高场超导复合材料热—力耦合行为的分析中，但在力—电磁耦合行为方面，目前还鲜见相关的报道。Nb_3Sn 高场超导复合材料结构具有多尺度特征。材料力学变形的直接效应是材料内部的显微结构发生变化，从而导致 Nb_3Sn 的电子能带结构、声子谱、电—声子耦合常数、钉扎势等多个物理参量的变化，其中，钉扎势是决定超导复合材料临界电流的关键因素。从畸变的晶格到 Nb_3Sn 超导丝中变形的微观结构组织，从细观结构变形特征到 Nb_3Sn 超导复合材料宏观力—电磁耦合响应，力学变形诱导的超导电性能退化行为具有多尺度耦合特性。对于这一特性的研究有助于全面理解高场超导复合材料力—电磁耦合行为的物理机制，从而提高理论模型对高场超导复合材料变形—超导电性能耦合特征的描述能力。

A15 相 Nb_3Sn 超导复合材料变形—超导电性能多尺度耦合特性及其本构描述的研究，是高场超导磁体工程技术发展需求与电磁固体力学前沿领域研究的结合。经验/半经验的力—电磁耦合本构关系不能全面有效揭示高场超导复合材料变形—超导电性能耦合特性与机理，制约了高场超导磁体设计与制造水平的提升。准确阐释 Nb_3Sn 高场超导复合材料变形—超导电性能耦合机制，提高对 A15 相金属间化合物高场超导复合材料力—电磁耦合行为的认识和描述能力，是在极端环境和多物理场耦合条件下对服役的高场超导磁体进行电磁性能预测和分析的基础，同时也为高应变耐受性高场超导复合材料的开发和制备提供理论依据和指导。从变形作用下高场超导复合材料微观组织结构特征参量变化入手，揭示材料微/细观、宏/细观力—电磁耦合机理，建立和发展考虑高场超导复合材料变形—超导电性能多尺度耦合特性的非线性电磁本构模型，将为准确刻画和描述极端工况下力学变形诱导的高场超导复合材料超导电性能衰退特性解决最大障碍，为高场超导磁体设计及高抗应变能力超导复合材料的制备和开发提供理论支撑，同时为解决其他多场耦合、多尺度问题的理论建模和定量化描述提供有效的研究思路。

1.2 Nb_3Sn 超导体失超

Nb_3Sn 超导体失超是高场超导磁体装置服役过程中产生的重要现象，给其安全稳定运行带来极其不利的影响，同时给高场超导磁体的设计与制造带来严峻的挑战[55]。

诱发失超的原因有很多，如运行工况中电磁力作用下超导电缆导体中股线移动摩擦生热、磁通跳跃、工频外磁场下超导体内产生的交流损耗、强流等离子体破裂在高场超导磁体上产生的涡流等形式的热扰动，突发短路故障中的过电流冲击，以及脉冲磁场扰动等。由于 Nb_3Sn 高场超导磁体系统极端特殊的运行工况（极端低温环境：4.2 K；强磁场环境：12 T；强运行电流水平：68 kA），失超过程中所释放出的巨大的磁体能量使高场超导磁体局部温度飞速升高，从而烧毁超导磁体，同时磁体失超也会产生局部高电压击穿绝缘层，严重影响高场超导磁体装置的安全、稳定运行。磁体失超后的安全性分析需要研究失超发生瞬态和传播过程，包括 Nb_3Sn 高场超导复合材料在磁体失超过程中过热—过电压冲击响应，以及材料的失超传播行为，由此对极端环境和多场耦合条件下服役的高场超导磁体结构的设计进行评价。Nb_3Sn 高场超导复合材料失超瞬态响应行为是高场超导磁体装备制造中需要研究的基础课题之一，对于这一行为机理的认识，将为高场超导磁体结构的设计与制造和快速而准确的失超检测提供依据，同时也将有助于高强稳定性超导复合材料的制备和开发。

对于失超的研究最早可以追溯到 20 世纪 60 年代晚期，当时的研究者发现，由于失超，超导磁体结构的电磁性能指标很难达到预期[56]，由此开始了对于 Nb_3Sn 超导复合材料和超导磁体结构失超行为的探索。由于材料制备工艺限制，早期的实验研究主要集中在弱运行电流水平的条件下发生的失超现象。Bartlett 等[57-58]将 Nb_3Sn 超导复合材料的两端固定在焊有电流引线的铜块上，并将触发初始失超的加热丝缠绕在材料中心（测量装置放置在密封的真空罐中），在测试样品上选择测点，均匀布置电压引线和热电偶（测点间距 10 cm，失超传播速度由热电偶测量得到的不同测点温度达到 Nb_3Sn 超导复合材料临界温度的时间延迟来计算，或者由引线间的测点电压达到失超判据时所对应的时间间隔得到），测量失超时正常区传播速度，结果表明，在 15.75 K 的环境温度下，当运行电流为 800 A 时（超导股线形状为矩形，尺寸为 5.6 mm × 1.7 mm，等效运行电流密度为 84 A/mm^2），失超传播速度为 1.278 m/s，随着运行电流的增强，失超传播速度线性增大；失超传播速度—运行电流曲线的形式取决于环境温度，当环境温度从 15 K 上升到 16.04 K 时，线性关系逐步演变为弱非线性关系。

随着实验技术手段的发展和材料制备工艺改进带来的 Nb_3Sn 高场超导复合材料载流能力的提高，后来的实验在中强运行电流水平时材料的失超[59-60]、失超过程的温度、电压、应变演化[11-13]等方面进一步完善了之前的研究结果：

（1）Nb_3Sn 超导复合材料临界电流密度与传输能力的提升，使得失超传播速度发生量级上的改变（以临界电流密度为 550 A/mm^2 的 CuNb/Nb_3Sn 超导复合材料为例[59]，在温度为 4.2 K 的极低温环境和强度为 14 T 的背景磁场下，以 500 A/mm^2 的运行电流密度失超时，正常区传播速度可以达到 8m/s）；失超传播速度—运行电流响应曲线的非线性特征愈加明显，其变化不仅取决于环境温度，同时与背景磁场强度有关。

（2）随着运行电流的增强，最小失超能以近似线性的规律逐渐减小（以临界电流密度为 550 A/mm^2 的 CuNb/Nb_3Sn 超导复合材料为例[9]，在温度为 4.2 K 的极低温环境和强度为 14 T 的背景磁场下，当运行电流密度从 220 A/mm^2 上升到 495 A/mm^2 时，最小失超能从 2.5 mJ 下降至 0.2 mJ）；最小失超能随运行电流的变化曲线，同样取决于环境温度和背景磁场强度。

（3）对于 Nb_3Sn 超导线圈[62]，失超瞬态，在 1400 ms 的瞬时时间段内，温度从服役温度 4.2 K 跃升到 270 K，宏观应变从 0.05%骤变为-0.18%；直径 1 mm 的 Nb_3Sn 超导复合材料，在 7 K 的极低温和 11T 的强磁场环境下，运行电流为 99A（等效电流密度 126 A/mm^2）的实验条件发生失超时，在 10 ms 的时间内，电压从 0 mV 变化到 6.4 mV[63]。伴随着 Nb_3Sn 高场超导复合材料传输临界电流密度的大幅提高和材料工程化的发展，失超行为的重要性越来越明显。

Nb_3Sn 高场超导复合材料临界电流密度的不断提升，使强磁场超导磁体装置性能不断攀升，同时给结构安全带来新的挑战，在高强运行电流水平下的失超，展现出更为复杂的变化[64-71]：

（1）失超传播速度量级的进一步提升（在温度为 4.2 K 的环境和强度为 12.5 T 的背景磁场下，运行电流为 13 kA 的超导磁体失超时传播速度达到 20 m/s[70]）。失超传播速度—运行电流关系曲线、失超传播速度—背景磁场关系曲线显示出更强的非线性特征[68,70]。

（2）在液氦环境下，当运行电流密度从 300 A/mm^2 上升至 1500 A/mm^2 时（4.2 K 的环境温度和 7 T 的背景磁场强度），诱发 Nb_3Sn 高场超导复合材料失超传播的最小失超能量量级从 10^3 μJ 下降到 10^0 μJ [65-66]；最小失超能—运行电流密度关系曲线、最小失超能—背景磁场关系曲线形状相似，由两条曲线“扭结（Kink）”而成，存在一个转折点，曲线形状复杂，具有明显的非线性特征。

（3）失超瞬态伴随的热—电压冲击更为剧烈。在 4.2 K 的环境温度和 11T 的背景磁场下工作的 Nb_3Sn 超导复合材料，以 11.85 kA 的电流水平运行时，失超瞬间在不到 200 ms 内，局部温度从运行温度飞速升至 350K[71]；对于 $(NbTa)_3Sn$ 高场超导复合材料，当其以 2400 A/mm^2 的电流密度（非铜区电流密度）在 4.2 K 的温度和 12 T 的背景磁场强度下工作时，失超瞬态从运行温度升高到 300 K 仅需要 100 ms[14]，并且这一响应时间取决于运行电流密度和背景磁场强度。温度急剧变化的同时，也伴随着电压的急剧升高：在 4.3 K 的环境温度和 9 T 的背景磁场强度下工作的 Nb_3Sn 超导复合材料，以 17.3 kA 的电流水平运行时，失超瞬间在不到 15 ms 内，电压从 0mV 骤升到 120 mV[68]。

（4）除运行环境的影响之外，Nb_3Sn 高场超导复合材料的组织结构特征在材料的失超响应中同样扮演着重要角色。对于磁通跳跃诱发的失超，一个重要的失稳判据参数是 $J_c d_{eff}$ 值，其中，J_c 表示临界电流密度，d_{eff} 表示超导丝的有效直径[72]，随着晶粒细化带来的临界电流密度的大幅提高［Nb_3Sn 高场超导复合材料的临界电流密度已达到 3000 A/mm^2（4.2K，12T）］，材料微细观特征尺度的耦合关联在决定材料的失超稳定性能上发挥着重要作用。

Nb_3Sn 高场超导复合材料的这些失超行为特点，在电热丝加热[63]、激光辐照[65,71]、电流冲击[70]、磁通跳跃[72]等不同扰动形式诱发的失超实验中都被广泛证实。实验揭示出 Nb_3Sn 高场超导复合材料失超瞬态响应具有如下特点：①表现出强非线性特征；②具有多物理场耦合特征；③失超瞬态，材料承受剧烈的过热—过电压冲击；④对于材料多尺度组织结构特征的强依赖性。大量的实验表明[73-75]，除 Nb_3Sn 高场超导复合材料外，这些失超响应特征在 A15 相化合物超导复合材料（如 Nb_3Al）中普遍存在。了解失超瞬态现象背后的物理机理，对于描述这类材料的失超传播行为并确定其稳定性判据有重要作用，在强磁场超导磁体工程中具有非常重要的应用价值。目前，高场超导磁体装置的制备在很大程度上还依赖实验数据，基础理论研究水平落后于工程实践水平，成为限制强磁场超导磁体技术进一步发展的巨大阻碍。

失超是一种多瞬态过程耦合的现象，包含了瞬态热传导过程、瞬态电磁场响应、瞬态冲击过程等多动态物理过程的相互耦合作用。对于这一现象的理论解释通常借助半经验解析方法[76-79]和数值模拟方法[80-99]。通过引入“波前”概念，将正常态从超导态中分离，并引入正常态区域边界移动速度即失超传播速度的概念[76-79]，Wilson 给出了失超模拟最早的半经验解析方法。由于对极低温区材料参数温度依赖关系的简单线性化，这类方法对于失超的分析只适用于在低温度裕度条件下运行的、几何特征简单的超导材料和结构。Nb_3Sn 超导复合材料和磁体结构复杂的几何特征和失超瞬态多物理过程的强非线性相互耦合作用，使得求解过程困难重重，因而研究者将思路转移到数值模拟方法上[80-99]。

在 Nb_3Sn 高场超导复合材料失超的数值模拟研究方面，采用的基本控制方程有瞬态热传导方程（在液氦环境下，还需要补充流体流动方程及超临界氦的热传导方程）和瞬态电磁场方程。对于这些方程的求解则主要基于显式或隐式有限元方法[83-84]、有限差分法[85]、配置法、有限体积法[82]。这些方法的主要差别表现在求解问题的难易程度上，例如，显式有限元方法不需要严格服从 Courant-Friedrichs-Lewy 条件，但需要占用较多 CPU 时间；隐式有限元方法尤其是采用线性化的方法，大大缩短了计算时间。Murakami 等[85]

将 CuNb 增强型 Nb_3Sn 高场超导复合材料简化为多壳层复合柱体，基于隐式有限差分方法求解了二维热传导方程，解释了中低运行电流水平时，在不同背景磁场下，最小失超能及失超传播速度随运行电流的线性变化特征：组分材料导热/导电性能的温度—磁场效应、运行环境（运行电流、背景磁场、环境温度）、超导体临界参数的温度—磁场敏感特性、复合材料结构之间的相互影响和相互制约关系决定了 Nb_3Sn 高场超导复合材料的失超行为特性。为了考察 Nb_3Sn 高场超导复合材料复杂的横截面结构对于失超稳定性的影响，Breschi 等[65,92-93]给出了研究失超演化行为的一维热—电磁耦合模型，该模型在热传导方程的基础上，将 Nb_3Sn 超导丝和基体材料抽象等效为电气元件，补充了描述材料电磁行为的集总参数电路方程，该简化模型可以很好地描述失超现象的宏观响应，如温度和电压的时程曲线。这一模型简化了超导复合材料电磁响应描述的复杂性，但却无法描述与热—电磁响应相伴随的电流、应力的分布规律和演变过程。为了对失超这一三维瞬态过程有更为准确的认识，另一些学者将目光投向了有限元方法。Yamada 等[88]基于有限元软件 Ansys 和 Comsol 分析了 Nb_3Sn 超导股线失超瞬态的三维热—电磁耦合过程，同步求解电流转移分布、生热和热传导过程，结果表明 Nb_3Sn 复合材料结构中铜基体的构形和剩余电阻比（RRR）对超导复合材料的稳定性和失超传播速度影响显著。Guo 等[96,98]基于 Ansys 探讨了包含 Quench-Back 效应的失超瞬态三维热—电磁耦合过程的模拟方法，基本模型包括移动边界的焦耳热内热源非稳态三维导热方程、二维轴对称开域磁场与集总参数电路模型直接耦合方程，辅助模型包括超导体临界性能的经验建模、失超启动过程的突变及过热与过电压的评估模型。模拟结果揭示了 Quench-Back 效应对超导磁体内部局部过热的控制规律和对磁体内部过电压的影响规律。兰州大学超导力学研究院电磁固体力学研究小组周又和、雍华东等[100-101]采用多物理场有限元软件 Comsol 研究了超导线圈失超过程中的热传导特性和温度场分布特征，定量研究结果表明：随着施加外磁场强度的增大，失超演变过程中的温度变化加快，温度升高。许少峰等[102]借助一维有限元软件 Gandalf（由 Luca Bouttra 于 1996 年开发，主要用于管内电缆导体结构超导体的热工水力、失超和稳定特性的研究[103-104]）对 Nb_3Sn CICC 超导体的稳定性进行了模拟，得到了其稳定性裕度与磁场强度和运行电流之间的关系。

除有限元软件 Ansys、Comsol 和 Gandalf 外，目前用来分析 Nb_3Sn 超导复合材料与磁体结构失超现象的软件还有费米实验室（Fermi National Accelerator Laboratory，FNAL）开发的 QuenchPro[105]，欧洲核子研究组织（European Organization for Nuclear Research，CERN）开发的 Roxie Quench Module[106]、Cudi[107]、StabCalc[66]、Opera-3D[108]等。这些

软件基于不同的数值方法求解失超瞬态多物理过程的描述方程，通过关键物理参数的传递实现多过程之间的耦合描述，在极端多场环境下的材料物性与物理响应过程、超导复合材料与磁体几何结构等方面基于实验和经验认知做了不同的简化。从早期的半经验解析模型到具有一定物理基础的数值模拟软件的发展，这些研究工作对于理解和描述高场超导复合材料的失超行为做出了很大贡献，对于失超物理过程的简化，使大规模超导磁体装备制造的数字化成为可能，同时也产生了一些不能忽略的影响：数值模拟结果不能精确反映失超这一瞬态物理响应过程，在最小失超能、失超传播速度等描述失超行为的重要物理参数的预测上，出现定量及定性的差异。Den Ouden 发现[109]采用有限元方法对 Nb_3Sn 线圈失超行为进行模拟时，在强运行电流水平（$0.6<(I/I_c)<0.9$，其中，I 表示运行电流，I_c 表示超导临界电流）及强背景磁场环境（12 T）下，对失超传播速度的计算误差至少在 2 倍以上；在此运行环境下，基于 Wilson 半经验解析方法最优拟合得到的失超传播速度误差也在30%以上。在 Nb_3Sn Rutherford 超导电缆导体热稳定性的研究中，随着运行电流水平的上升和环境磁场强度的增大，最小失超能急剧下降，在量级上发生巨大变化，同时呈现出“扭结（Kink）”强非线性变化特征，Cudi、StabCalc、Wilson 半经验解析方法在对这一特征的预测和描述上均与实验观测结果相距甚远，数值模拟结果与观测结果在定量和定性上都存在巨大差异[66]。同时，Salmi 等的实验结果表明 Nb_3Sn 高场超导磁体失超保护热源启动时间延迟（探测到失超发生时即立即启动的热源装置，加速失超传播以防止磁体毁伤）存在不确定性[110]。这些都给 Nb_3Sn 高场超导复合材料与磁体结构失超行为的理论研究带来新的挑战，仍存在一些问题需要深入研究，主要表现在以下几个方面：①现有的数值模拟软件 Ansys、Comsol、Gandalf、QuenchPro、Roxie Quench Module、Cudi、StabCalc、Opera-3D 等在对失超现象的解释中，都是基于多物理场耦合环境下的热传导方程，并辅以复杂材料特性参数静态/稳态实验结果的经验拟合，这使得在对失超这一复杂瞬态响应的强非线性特征的模拟上失真；②尽管基于现有的研究成果已经发展了众多的模拟模型，但由于对失超瞬态过程认识的不足和模型统一性的缺乏，这些模型仍难满足高场超导复合材料与磁体结构的设计需求；③Nb_3Sn 高场超导复合材料具有复杂的多级、多层次结构，材料的失超瞬态行为起源于材料在最小尺度上的行为，为了实现对高场超导复合材料失超瞬态多物理过程耦合响应的定量化描述，需要研究材料失超瞬态微结构演变与性能演化，以及其对失超传播的影响，这需要借助多尺度分析方法[45-51,111]。Nb_3Sn 高场超导复合材料结构具有复杂的多尺度特征。失超不仅是极端多物理场环境下瞬态传热主导的动态多物理过程，更包含了从原子尺度的 A15 相晶体结构到 Nb_3Sn 材料微结构再到宏观非均质 Nb_3Sn 超导复合材料的不同尺度上不同

物理机制的耦合和关联。与这一瞬态响应相伴随的是急速变化的多物理场环境下发生的超导体相转变、晶体结构相变（马氏体相变：立方相—四方相转变），以及微结构演化带来的材料的力/热/电性能的演变，材料性能的变化又主导着具有复杂结构特征的高场超导复合材料宏观瞬态电磁场响应—瞬态传热—瞬态冲击多物理过程耦合的强非线性特征。对于过热—过电压冲击下高场超导复合材料微结构瞬态相变的研究可以帮助全面地理解失超瞬态响应背后的物理机制，从而提高理论模型对高场超导复合材料及磁体结构失超强非线性特征的描述能力。

过热—过电压冲击下 A15 相 Nb_3Sn 高场超导复合材料微结构瞬态相变与失超传播的研究，是高场超导磁体工程技术发展的需求与电磁固体力学前沿领域研究的结合。现有的理论模型和数值模拟工具不能全面、有效地揭示高场超导复合材料失超瞬态多物理过程的耦合特性与机理，制约了高场超导磁体装置设计与制造水平的提升。准确阐释 Nb_3Sn 高场超导复合材料失超瞬态多物理过程的耦合机制，提高对 A15 相金属间化合物高场超导复合材料瞬态多物理场耦合行为的认识和描述能力，是极端环境和多物理场耦合环境下服役高场超导磁体安全和稳定性分析的基础，同时也为强稳定性高场超导复合材料的开发和制备提供理论依据和指导。从急速变化的多物理场环境下高场超导复合材料微结构演化与性能演变入手，揭示材料微/细观、细/宏观多物理过程耦合机理，建立和发展考虑高场超导复合材料失超瞬态物理过程多尺度效应的非线性理论模型和计算方法。研究结果将为准确刻画和描述极端工况下高场超导复合材料失超瞬态特性扫除最大障碍，为高场超导磁体装置安全设计以及强稳定性高场超导复合材料的制备和开发提供理论支撑；同时为解决其他瞬态多场耦合、多尺度问题的理论建模和定量化描述提供有效的研究思路。

1.3 本书主要内容

本书围绕强磁场磁体用 Nb_3Sn 超导体临界性能的微结构理论与多尺度多物理场模拟，针对力—电磁—热多物理场环境下 Nb_3Sn 超导体临界性能和失超在不同尺度上的响应规律及关联，建立了 Nb_3Sn 超导体临界性能预测和分析的多尺度理论模型，并通过与实验观测结果比对模型进行了验证。强磁场超导磁体制造的初期，经验模型以其简洁的形式和对实验观测得到的超导体临界性能的准确描述，被广泛应用于超导磁体的设计制造。

第 2 章介绍了多物理场环境下 Nb_3Sn 超导体相转变的经验和半经验模型，给出了多物理场耦合问题的常用解耦处理方法，重点介绍了基于应变不变量解析表示的超导临界温度、上临界磁场强度，以及多物理场环境下超导体相转变的唯象模型。随着强磁场超导磁体制造水平的提升，依赖对实验观测结果进行经验及半经验拟合的模型已难以满足工程设计的需求，对于 Nb_3Sn 超导体临界性能的精准描述，需要考虑超导体材料的多尺度结构特征。第 3 章介绍了 Nb_3Sn 超导体的微结构特征和多层次力学模型，描述了从 A15 相晶体结构到超导体材料微结构再到宏观非均质 Nb_3Sn 复合超导体结构的特征，基于此实现不同尺度上的变形分析。在 Nb_3Sn 超导体多尺度力学模型的基础上，第 4 章通过构建的 Nb_3Sn 超导体临界性能的微结构理论，建立和发展考虑微/细/宏观关联的非线性力—电磁—热耦合本构关系：首先分析了多轴应变状态下，晶格畸变诱导的电子能带结构演化的规律；其次考虑复杂应变状态下，费米面上电子态密度的演化规律，构建包含应变张量效应的应变函数；之后建立微/细观关联的描述 Nb_3Sn 材料变形—超导电性能（临界温度、上临界磁场强度、临界电流）耦合行为的多尺度分析模型；最后在 Nb_3Sn 多晶体及复合多晶体力学行为分析的基础上，对 Nb_3Sn 超导体变形—超导电性能耦合行为进行预测，并与已有实验结果进行比对，验证多尺度模型的描述能力。当温度、磁场及电流的任一参数值超过临界值时，超导体都会发生相的转变，成为常导体，发生失超。对 Nb_3Sn 超导磁体结构进行失超预防，一方面需要对超导体临界性能进行充分理解和精准预测，另一方面需要对 Nb_3Sn 超导体正常态电阻率行为进行准确的刻画。第 5 章中讨论了马氏体相变对 Nb_3Sn 超导体正常态电阻率行为的影响规律和描述方法。失超是 Nb_3Sn 超导磁体服役过程中的重要现象，失超瞬时释放的巨大磁体能量会导致超导磁体局部温度过高被毁伤和产生局部高电压击穿绝缘层。第 6 章基于有限元方法，初步分析了 Nb_3Sn 多晶体失超瞬态微结构的热应力和热分布特征，数值模拟结果揭示了晶界处的应力变化及晶粒内部的应力梯度，研究结果为进一步研究 Nb_3Sn 复合超导体在多物理场环境下的失超瞬态演化行为奠定了基础。第 7 章对全书进行了总结，并对未来发展做了展望。

参考文献

[1] Devred A, Backbier I, Bessette D, et al. Status of ITER conductor development and production[J]. IEEE Trans. Appl. Supercond, 2012, 22(3): 4804909.

[2] 王秋良. 高磁场超导科学[M]. 北京：科学出版社，2006.

[3] Ferracin P, Devaux M, Durante M, et al. Development of the EuCARD Nb_3Sn dipole magnet FRESCA2[J]. IEEE Trans. Appl. Supercond, 2013, 23(3): 4002005.

[4] 周又和，王省哲. ITER 超导磁体设计与制备中的若干关键力学问题[J]. 中国科学：物理学 力学 天文学，2013, 43(12): 1558-1569.

[5] C B. Müller and Saur E J. Influence of Mechanical Constraints on the Superconducting Transition of Nb_3Sn-Coated Niobium Wires and Ribbons[M]. Springer, 1963.

[6] Buehler E, Levinstein H J. Effect of tensile stress on the transition temperature and current-carrying capacity of Nb_3Sn [J]. Appl. Phys, 1965, 36(12): 3856-3860.

[7] Ekin J W. Strain scaling law for flux pinning in practical superconductors. Part 1: Basic relationship and application to Nb_3Sn conductors[J]. Cryogenics, 1980, 20: 611-624.

[8] Nijhuis A, Ilyin Y, Abbas W, et al. Summary of ITER TF Nb_3Sn strand testing under axial strain, spatial periodic bending and contact stress[J]. IEEE Trans. Appl. Supercond, 2009, 19(3): 1516-1520.

[9] Liu B, Wu Y, Liu F, et al. Axial strain characterization of the Nb_3Sn strand used for China's TF conductor[J]. Fusion Eng. Des, 2011, 86(1): 1-4.

[10] Zhang P X, Liang M, Tang X D, et al. Strain influence on J_c behavior of Nb_3Sn multifilamentary strands fabricatd by internal tin process for ITER[J]. Physica C, 2008, 46(15-20): 1843-1846.

[11] 程军胜，王秋良，戴银明，等. 低温超导体 Nb_3Sn 扩散热处理中显微组织的表征与分析[J]. 稀有金属材料与工程，2008, 37(S4): 189-192.

[12] Seeber B, Mondonico G and Senatore C. Toward a standard for critical current versus axial strain measurements of Nb_3Sn[J]. Supercond. Sci. Technol, 2012, 25: 054002-8.

[13] Oguro H, Awaji S, Watanabe K, et al. Mechanical and superconducting properties of Nb_3Sn wires with Nb-rod-processed CuNb reinforcement[J]. Supercond. Sci. Technol, 2013, 26: 094002-4.

[14] Ekin J W. Effect of transverse compressive stress on the critical current and upper critical field of Nb_3Sn[J]. J. Appl. Phys, 1987, 62: 4829-4836.

[15] Ekin J W and Bray S L. Critical current degradation in Nb_3Sn composite wires due to locally concentrated transverse stress[J]. Adv. Cryog. Eng, 1992, 38: 643.

[16] Mitchell N. Two-way interaction between the strand voltage-current characteristic and the overall conductor behavior in cabled low temperature superconductors[J]. Physica

C, 2004, 401: 28-39.

[17] Nishijima G, Watanabe K, Araya T, et al. Effect of transverse compressive stress on internal reinforced Nb_3Sn superconducting wires and coils[J]. Cryogenics, 2005, 42: 653-658.

[18] Chiesa L, Takayasu M, Minervini J V, et al. Experimental studies of transverse stress effects on the critical current of a sub-sized Nb_3Sn superconducting cable[J]. IEEE Trans. Appl. Supercond, 2007, 17(2): 1386-1389.

[19] Seeber B, Ferreira A, Abacherli V, et al. Critical current of a Nb_3Sn bronze route conductor under uniaxial tensile and transverse compressive stress[J]. Supercond. Sci. Technol, 2007, 20: S184-S188.

[20] Nijhuis A, Abbas W, Ilyin Y. Axial and transverse stress-strain characterization of the EU dipole high current density Nb_3Sn strand[J]. Supercond. Sci. Technol, 2008, 21: 065001-10.

[21] Nijhuis A, Pompe van Meerdervoort R P, Krooshoop H J G, et al. The effect of axial and transverse loading on the transport properties of ITER Nb_3Sn strands[J]. Supercond. Sci. Technol, 2013, 26: 084004-19.

[22] Mitchell N, Devred A, Larbalestier D C, et al. Reversible and irreversible mechanical effects in real cable-in-conduit conductors[J]. Supercond. Sci. Technol, 2013, 26: 114004-19.

[23] Banno N, Uglietti D, Seeber B, et al. Field and strain dependence of critical current in technical Nb_3Al superconductors[J]. Supercond. Sci. Technol, 2005, 18: S338-S343.

[24] Osamura K, Machiya S, Tsuchiya Y, et al. Thermal strain exerted on superconductive filaments in practical Nb_3Sn and Nb_3Al strands[J]. Supercond. Sci. Technol, 2013, 26: 094001-8.

[25] Ekin J W. Unified scaling law for flux pinning in practical superconductors: I. Separability postulate, raw scaling data and parameterization at moderate strains[J]. Supercond. Sci. Technol, 2010, 23: 083001-30.

[26] Summers L T, Guinan M W, Miller J R, et al. A model for the prediction of Nb_3Sn critical current as a function of field, temperature, strain, and radiation damage[J]. IEEE Trans. Magn, 1991, 27(2): 2041-2044.

[27] Taylor D M J and Hampshire D P. The scaling law for the strain dependence of the

critical current density in Nb_3Sn superconducting wires[J]. Supercond. Sci. Technol, 2005, 18: S241-S252.

[28] Ten Haken B, Godeke A. The influence of compressive and tensile axial strain on the critical properties of Nb_3Sn conductors[J]. IEEE Trans. Appl. Supercond, 2004, 5(2): 1909-1912.

[29] Denis Markiewicz W. Elastic stiffness model for the critical temperature T_c of Nb_3Sn including strain dependence[J]. Cryogenics, 2004, 44: 767-782.

[30] Denis Markiewicz W. Invariant strain analysis of the critical temperature T_c of Nb_3Sn[J]. IEEE Trans. Appl. Supercond, 2005, 15(2): 3368-3371.

[31] Denis Markiewicz W. Invariant temperature and field strain functions for Nb_3Sn composite superconductors[J]. Cryogenics, 2006, 46: 846-863.

[32] Denis Markiewicz W. Comparison of strain scaling functions for the strain dependence of composite Nb_3Sn superconductors[J]. Supercond. Sci. Technol, 2008, 21: 054004-11.

[33] Oh S, Kim K. A scaling law for the critical current of Nb_3Sn strands based on strong-coupling theory of superconductivity[J]. J. Appl. Phys, 2006, 99: 033909-8.

[34] Godeke A, ten Haken B, ten Kate H H J, et al. A general scaling relation for the critical current density in Nb_3Sn[J]. Supercond. Sci. Technol, 2006, 19: R100-R116.

[35] Godeke A. Performance boundaries in Nb_3Sn superconductors[D]. Enschede, The Netherlands: University of Twente, 2005.

[36] Arbelaez D, Godeke A and Prestemon S O. An improved model for the strain dependence of the superconducting properties of Nb_3Sn[J]. Supercond. Sci. Technol, 2009, 22: 025005-6.

[37] Bordini B, Alknes P, Bottura L, et al. An exponential scaling law for the strain dependence of the Nb_3Sn critical current density[J]. Supercond. Sci. Technol, 2013, 26: 075014-10.

[38] Valentinis D F, Berthod C, Bordini B, et al. A theory of the strain-dependent critical field in Nb_3Sn, based on anharmonic phonon generation[J]. Supercond. Sci. Technol, 2014, 27: 025008.

[39] Yong H D, Xue F, Zhou Y H. Effect of strain on depairing current density in deformable superconducting thin films[J]. J. Appl. Phys, 2011, 110: 033905-4.

[40] Yong H D, Zhou Y H. Depairing current density in superconducting film with shear

deformation[J]. J. Appl. Phys, 2012, 111: 053929-5.

[41] Jing Z, Yong H D and Zhou Y H. The effect of strain on the vortex structure and electromagnetic properties of a mesoscopic superconducting cylinder[J]. Supercond. Sci. Technol, 2013, 26: 075021-9.

[42] De Marzi G, Corato V, Muzzi L, et al. Reversible stress-induced anomalies in the strain function of Nb_3Sn wires[J]. Supercond. Sci. Technol, 2012, 25: 025015-7.

[43] Mondonico G, Seeber B, Ferreira A, et al. Effect of quasi-hydrostatical radial pressure on I_c of Nb_3Sn wires[J]. Supercond. Sci. Technol, 2012, 25: 115002-9.

[44] De Marzi G, Morici L, Muzzi L, et al. Strain sensitivity and superconducting properties of Nb_3Sn from first principles calculations[J]. J. Phys.: Condens. Matter, 2013, 25(13): 135702.

[45] 崔俊芝，曹礼群. 基于双尺度渐进分析的有限元算法[J]. 计算数学，1998, 20(1): 89-102.

[46] 杨卫，黄克智. 材料的多尺度力学与强韧化设计[C]. “力学 2000”学术大会论文集，2000: 39-47.

[47] 吴世平，唐绍锋，梁军，等. 周期性复合材料热力耦合性能的多尺度方法[J]. 哈尔滨工业大学学报，2006(12): 2049-2053.

[48] 白以龙，汪海英，夏蒙棼，等. 固体的统计细观力学——连接多个耦合的时空尺度[J]. 力学进展，2006, 36(2): 286-305.

[49] 范镜泓. 材料变形与破坏的多尺度分析[M]. 北京：科学出版社，2008.

[50] 张洪武. 参变量变分原理与材料和结构力学分析[M]. 北京：科学出版社，2010.

[51] 郑晓霞，郑锡涛，缑林虎. 多尺度方法在复合材料力学分析中的研究进展[J]. 力学进展，2010, 40(1): 41-56.

[52] LIorca J, González C, Molina-Aldareguía J M, et al. Multiscale modeling of composite materials: a road map towards virtual testing[J]. Adv. Mater, 2011, 23: 5130-5147.

[53] Boso D P, Lefik M, and Schrefler B A. A multilevel homogenized model for superconducting strand thermomechanics[J]. Cryogenics, 2005, 45: 259-271.

[54] Boso D P. A simple and effective approach for thermo-mechanical modeling of composite superconducting wires[J]. Supercond. Sci. Technol, 2013, 26: 045006-12.

[55] Ravaioli E, Auchmann B, Datskov V I, et al. Advanced quench protection for the Nb_3Sn quadrupoles for the high luminosity LHC[J]. IEEE Trans. Appl. Supercond, 2016, 26(3): 1-6.

[56] Wipf S. Proceedings of the 1968 summer study on superconducting devices and accelerators. Part I.[EB/OL]. https://www.osti.gov/biblio/4778086, 2021-3-29.

[57] Bartlett R J, Carlson R V, and Overton Jr W C. Asymmetry of normal zone propagation velocity with respect to current in a multifilamentary composite superconductor[J]. IEEE Trans. Magn, 1979, MAG15(1): 343-346.

[58] Clem J R, and Bartlett R J. Theory of current-direction dependence of normal-zone propagation velocity in multifilamentary composite condctors[J]. IEEE Trans. Magn, 1983, MAG19(3): 424-427.

[59] Murase S, Murakami T, Seto T, et al. Normal zone propagation and quench characteristics of Nb_3Sn wires with jelly-roll and in-situ processed CuNb reinforcements[J]. IEEE Trans. Appl. Supercond, 2001, 11(1): 3627-3630.

[60] Ouden A D, Wessel W A J, Krooshoop H J G, Weeren H V, ten Kate H H J, Kirby G A, et al. Conductor related design considerations for a 1 meter 10 T Nb_3Sn dipole magnet[J]. IEEE Trans. Appl. Supercond, 2003, 13(2): 1288-1291.

[61] Ghosh A K, Sperry E A, Cooley L D, et al. Dynamic stability threshold in high-performance internal-tin Nb_3Sn superconductors for high field magnets[J]. Supercond. Sci. Technol, 2005, 18: L5-L8.

[62] Caspi S, Bartlett S E, Dietderich D R, et al. Measured strain in Nb_3Sn coils during excitation and quench[J]. IEEE Trans. Appl. Supercond, 2005, 15(2): 1461-1464.

[63] Yamamoto T, Watanabe K, Murase S, Nishijima G, et al. Thermal stability of reinforced Nb_3Sn composite superconductor under crycooled conditions[J]. Cryogenics, 2004, 44: 687-693.

[64] Ouden A D, Weeren H V, Wessel W A J, et al. Normal zone propagation in high-current density Nb_3Sn conductors for accelerator magnets[J]. IEEE Trans. Appl. Supercond, 2004, 14(2): 279-282.

[65] Breschi M, Trevisani L, Bottura L, et al. Comparing thermal stability of NbTi and Nb_3Sn wires[J]. Supercond. Sci. Technol, 2009, 22: 025019-10.

[66] Rapper, de, Willem Michiel. Thermal stability of Nb_3Sn Rutherford cables for accelerator magnets[D]. University of Twente, 2014.

[67] Xu X, Sumption M D, and Collings E W. Influence of heat treatment temperature and Ti doping on low-field flux jumping and stability in $(Nb\text{-}Ta)_3Sn$ strands[J]. Supercond. Sci.

Technol, 2014, 27: 095009-10.

[68] Fleiter J, Bordini B, Ballarino A, et al. Quench propogation in Nb_3Sn rutherford cables for the Hi-Lumi quadrupole magnets[J]. IEEE Trans. Appl. Supercond, 2015, 25(3): 4802504-4.

[69] Salmi, Tiina. Optimization of quench protection heater performance in high-field accelerator magnets through computational and experimental analysis[D]. Tampere: Tampere University of Technology, 2015.

[70] Manfreda G, Bellina F, Bajas H, et al. Analysis of quench propagation along Nb_3Sn Rutherford cables with the THELMA code. Part Ⅱ: Model predictions and comparison with experimental results[J]. Cryogenics, 2016, 80: 364-373.

[71] Izquierdo Bermudez S, Auchmann B, Bajas H, et al. Quench protection studies of the 11 T Nb_3Sn dipole for the LHC upgrade[J]. IEEE Trans. Appl. Supercond, 2016, 26(4): 4701605-5.

[72] Xu X, Sumption M D, Bhartiya S, et al. Critical current density and microstructures in Rod-in-Tube and Tube Type Nb_3Sn strands-Present status and prospects for improvement[J]. Supercond. Sci. Technol, 2013, 26: 075015.

[73] Iwasa Y, Kim J B, Ayai N, et al. A niobium-aluminium (Nb_3Al) coil: performance, including quench behavior, in the temperature range 4.2-12K[J]. Cryogenics, 1996, 36(9): 675-679.

[74] Takeuchi T. Nb_3Al conductors for high-field applications[J]. Supercond. Sci. Technol, 2000, 13: R101-R119.

[75] Murase S, Shimoyama M, Nanato N, et al. Quench and normal zone propagation characteristics of RHQT-processed Nb_3Al wires under cryocooler-cooling conditions[J]. IEEE Trans. Appl. Supercond, 2009, 19(3): 2666-2669.

[76] Wilson M N. Superconducting magnet[M]. New York: Oxford University Press, 1983.

[77] Joshi C H, Iwasa Y. Prediction of current decay terminal voltages in adiabatic superconducting magnets[J]. Cryogenics, 1988, 29(3): 157-167.

[78] Chechetkin V R, and Sigov A S. Stability of superconducting magnet systems subject to thermal disturbances[J]. Phys. Rep, 1989, 176: 1-81.

[79] Picaud V, Hiebei P, and Kauffmann J M. Superconducting coils quench simulation, the Wilson's method revisited[J]. IEEE Trans. Magn, 2002, 38(2): 1253-1256.

[80] Hale J R, and Williams J E C. High-field magnets.2 The transient stabilization of Nb_3Sn composite Ribbon magnets[J]. J. Appl. Phys, 1968, (39): 2634-2638.

[81] Ünal A. Operational stability analysis for superconductors under thermal disturbances[D]. Texas, the United States of American: Texas Tech University, 1992.

[82] Shaji A, Freiderg J P. Quench in superconducting magnets. I. Model and numerical implementation[J]. J. Appl. Phys, 1994, 76: 3149-3158.

[83] Bottura L. A numerical model for the simulation of quench in the ITER Magnets[J]. Comput. Phys, 1996., 125: 26-41.

[84] Koizumi N, Takahashi Y, Tsuji H. Numerical model using an implicit finite difference algorithm for stability simulation of a cable-in-conduit superconductor[J]. Cryogenics, 1996, 36: 649-659.

[85] Murakami T, Murase S, Shimamoto S, et al. Two-dimensional quench simulation of composite CuNb/Nb_3Sn conductors[J]. Cryogenics, 2000, 40: 393-401.

[86] 南和礼. 绝热超导磁体失超过渡过程的数值模拟研究[J]. 低温物理学报，2000(4): 299-305.

[87] Yamada R, Marscin E, Lee A, et al. 2-D/3-D quench simulation using Ansys for epoxy impregnated Nb_3Sn high field magnets[J]. IEEE Trans. Appl. Supercond, 2003, 13(2): 1696-1699.

[88] Yamada R, Wake M. Three dimensional fem quench simulations of superconducting strands[C]. 19th International Conference on Magnet Technology, Genoa, Italy, 2005.

[89] Pugnat P, and Siemko A. Review of quench performance of LHC main superconducting magnets[J]. IEEE Trans. Appl. Supercond, 2007, 17(2): 1091-1096.

[90] Takahashi Y, Yoshida K, Nabara Y, et al. Stability and quench analysis of torodial field coils for ITER[J]. IEEE Trans. Appl. Supercond, 2007, 17(2): 2426-2429.

[91] 白质明，吴春俐. 超导磁体耐受过电流冲击稳定性的有限元方法研究[J]. 东北大学学报，2008, 29(12): 1799-1802.

[92] Breschi M, Trevisani L, Bottura L, et al. Stability of Nb_3Sn superconducting wires: the role of the normal matrix[J]. IEEE Trans. Appl. Supercond, 2008, 18(2): 1305-1308.

[93] Breschi M, Trevisani L, Bottura L, et al. Effects of the Nb_3Sn wire cross section configuration on the thermal stability performance[J]. IEEE Trans. Appl. Supercond, 2009, 19(3): 2432-2436.

[94] Bordini B and Rossi L. Self field instability in high-J_c Nb_3Sn strands with high copper residual resistivity ratio[J]. IEEE Trans. Appl. Supercond, 2009, 19(3): 2470-2476.

[95] Salmi T, Ambrosio G, Caspi S, et al. Quench protection challenges in long Nb_3Sn accelerator magnets[J]. AIP Conference Proceedings, 2012, 1434: 656-663.

[96] Guo X L, Wang L, and Green M A. Coupled transient thermal and electromagnetic finite element analysis of quench in MICE coupling magnet[J]. Cryogenics, 2012, 52: 420-427.

[97] Bajas H, Bajko M, Bordini B, et al. Quench analysis of high-current-density Nb_3Sn conductors in racetrack coil configuration[J]. IEEE Trans. Appl. Supercond, 2015, 25(3): 4004005-5.

[98] Guo X L, Wang L, and Zhang Y. Numerical study on the quench process of superconducting solenoid magnets protected using quench-back[J]. IEEE Trans. Appl. Supercond, 2016, 26(4): 4702007-7.

[99] Sorbi M, Ambrosio G, Bajas H, et al. Measurements and analysis of dynamic effects in the LARP model quadrupole HQ02b during rapid discharge[J]. IEEE Trans. Appl. Supercond, 2016, 26(4): 4001605 .

[100] 燕大鹏. 超导线圈失超过程中的热传导数值模拟与分析[D]. 兰州：兰州大学，2014.

[101] Liu W-B, Yong H-D, Zhou Y-H. Numerical analysis of quench in coated conductors with defects[J]. AIP Adv, 2016, 6: 095023-12.

[102] 许少锋，刘旭峰. Nb_3Sn 超导磁体 CICC 稳定性分析[J]. 核聚变与等离子体物理，2012, 32(1): 66-69.

[103] Bottura L. A numerical model for the simulation of quench in the ITER magnets[J]. Comput Phys, 1996, 125: 26-41.

[104] 武松涛，吴维越，潘引年，等. EAST 超导托卡马克装置中的大型超导磁体技术[J]. 低温物理学报，2005(S1): 1113-1120.

[105] Schoerling D, Zlobin A V. Nb_3Sn Accelerator Magnets: Designs, Technologies and Performances[EB/OL]. (2019-11-24)[2021-3-25].

[106] Schwerg N, Auchmann B, and Russenschuck S. Challenges in the thermal modeling of quenches with ROXIE[J]. IEEE Trans. Appl. Supercond, 2009, 19(3): 1270-1273.

[107] Verweij A P. CUDI: A model for calculation of electrodynamic and thermal behavior of superconducting Rutherford cables[J]. Cryogenics, 2006, 46: 619-626.

[108] Felice H, Todesco E. Quench protection analysis in accelerator magnets, a review of the tools[EB/OL]. (2013-1-15)[2021-3-25].

[109] den Ouden A, van Weeren H, Wessel W A J, et al. Normal zone propagation in high-current density Nb_3Sn conductors for accelerator magnets[J]. IEEE Trans. Appl. Supercond, 2004, 14(2): 279-282.

[110] Salmi T, Chlachidze G, Marchevsky M, et al. Analysis of uncertainties in protection heater delay time measurements and simulations in Nb_3Sn high-field accelerator magnets[J]. IEEE Trans. Appl. Supercond, 2015, 25(4): 4004212-12.

[111] 苏煜. 磁/电智能材料及结构的动态力学问题研究[C]. 第六届全国强动载效应及防护学术会议暨 2014 年复杂介质/结构的动态力学行为创新研究群体学术研讨会论文集，2014: 15.

第 2 章

多物理场环境下 Nb_3Sn 超导体相转变的经验和半经验模型

Nb_3Sn 超导磁体运行工况极端特殊（极低温环境：4.2 K；强磁场环境：12 T；强运行电流水平：68 kA），为了保证超导体的安全运行，工程设计要求环境温度、磁场强度及运行的电流水平在超导体的临界曲面以内。超导体的临界曲面由临界电流密度（J_c）、临界磁场（H_c）、临界温度（T_c）三个重要的基本参数构成，曲面边界曲线分别对应临界磁场随温度的变化（$H_c(T)$）、临界电流密度随磁场的变化（$J_c(H)$）及临界电流密度随温度的变化（$J_c(T)$）。当 Nb_3Sn 超导体工作时，制备温度和使用温度的巨大差异，导致热残余应力的产生，同时，强背景磁场强度对运行电流的作用会导致电磁应力的产生；在热残余应力和电磁应力的联合作用下，Nb_3Sn 超导体的临界性能发生变化，相应的临界曲面发生漂移。对于磁体工程用 Nb_3Sn 超导体而言，它的安全工作范围除取决于三个重要的基本参数外，还受超导体应力应变状态的制约。

建立包含应变效应的力—电磁—热耦合本构关系，对于 Nb_3Sn 超导体的性能预测分析和高应变耐受性超导体的开发具有重要作用。应变的张量属性和 Nb_3Sn 超导体临界性能的多物理场耦合特性给这一本构关系的建立带来了很大的困难。基于实验观测结果，通过数值分析技巧，可以用最少的经验参数实现对实验观测规律的刻画。在早期的 Nb_3Sn 超导磁体设计和制造中，这类经验模型起到了重要作用，它们积累了对 Nb_3Sn 超导体复杂多物理场耦合行为的认识，揭示了应变作用下临界电流密度演化与临界温度、上临界磁场强度演化之间的内在联系。

2.1　Nb_3Sn 超导体临界性能的经验和半经验模型

2.1.1　一维变形状态

由于 Nb_3Sn 复合超导体特殊的“线材”形态，所以早期对力学变形效应的讨论，都集中在一维变形状态下（轴向拉压应变作用下）的临界性能演化方面。通过拟合实验测量结果，Ekin[1]给出了一个描述 Nb_3Sn 超导体临界电流密度应变依赖性的通用力—电磁耦合本构关系，其中，轴向应变 ε_{axi} 对于上临界磁场强度的影响可以用式（2.1.1）来表示。

$$H_{c2}(\varepsilon_{axi}) = H_{c2m}(1 - a|\varepsilon_{axi}|^u) \tag{2.1.1}$$

式中，H_{c2m} 表示函数 $H_{c2}(\varepsilon_{axi})$ 的极值点；a 和 u 为描述应变效应的基本参数。对 Nb_3Sn 超导体临界电流密度的描述借助临界态概念，得到最大钉扎力 F_p 与磁场强度 H 和温度

T 的关系[2]：

$$J_c(H,T)\times H=-F_p(H,T)=-C\kappa(T)^{-\gamma}H_{c2}(T)^{\nu}f\left[H/H_{c2}(T)\right] \tag{2.1.2}$$

式中，$2\leqslant\nu\leqslant3$[3]；函数 $\kappa(T)^{-\gamma}$（$1<\gamma<3$）[4]表示 Ginzburg-Landau 常数 κ 对于温度的依赖关系；函数 f 表示最大钉扎力对于磁场的依赖关系。在实际工程应用中，应变会导致超导体临界曲面边界的移动，相应地，临界电流密度、临界磁场强度、临界温度会随着超导体结构的应变状态而降低，为了维持超导体的超导态，要求施加的电流、磁场、温度在临界曲面以内。Ekin[1]从 $T=4.2$ K 时临界电流—应变的实验数据分析发现，轴向应变对磁通钉扎力的影响具有与临界温度影响类似的形式，即

$$F_p(H,\varepsilon_{\text{axi}})\Big|_{T=4.2\,\text{K}}\propto\left[H_{c2}(\varepsilon_{\text{axi}})\right]^n f\left[H/H_{c2}(\varepsilon_{\text{axi}})\right] \tag{2.1.3}$$

式中，n=1±0.3。轴向应变对临界磁场强度的影响用函数 $s(\varepsilon_{\text{axi}})=H_{c2}(4.2,\varepsilon_{\text{axi}})/H_{c2m}(4.2)$ 来描述，该函数形式由实验拟合给出，其中，$H_{c2m}(4.2)$ 表示实验测量得到的临界磁场—应变曲线的极大值点。在式（2.1.3）中，磁通钉扎力函数形式中表示磁场依赖关系的函数 $f\left[H/H_{c2}(\varepsilon_{\text{axi}})\right]$ 由 Kramer[5]给出：

$$f\left[H/H_{c2}(\varepsilon_{\text{axi}})\right]=f(h)=h^p(1-h)^q \tag{2.1.4}$$

对于 Nb_3Sn 超导体，$p\approx0.5$，$q\approx2$。由式（2.1.2）和式（2.1.3）出发，为了得到轴向应变对临界电流密度 $J_c(H,T)$ 的影响，还需要知道轴向应变对于临界温度 T_c 的作用规律。临界温度—轴向应变的函数形式与临界磁场—轴向应变的函数形式满足下列经验关系[1,6]：

$$\left[\frac{T_c(\varepsilon_{\text{axi}})}{T_{cm}}\right]\cong\left[\frac{H_{c2}(4.2,\varepsilon_{\text{axi}})}{H_{c2m}(4.2)}\right]^{1/w} \tag{2.1.5}$$

对于 A15 相超导体，$w\approx3$；由式（2.1.5）得到临界温度—轴向应变的函数关系式为 $T_c(\varepsilon_{\text{axi}})=T_{cm}s(\varepsilon_{\text{axi}})^{1/w}$，此处 T_{cm} 为临界温度—应变曲线的极大值点。

由式（2.1.2）和式（2.1.3）可见，除确定磁场强度和轴向应变对磁通钉扎力的作用形式外，还需要确定磁通钉扎力与温度的依赖关系。温度对磁通钉扎力的作用表现为温度对临界磁场强度和 Ginzburg-Landau 常数的影响。临界磁场强度的函数形式可以表示为[4]

$$H_{c2}(T,\varepsilon_{\text{axi}})=H_{c2m}(0)\cdot s(\varepsilon_{\text{axi}})\beta(T,\varepsilon_{\text{axi}}) \tag{2.1.6}$$

式中，$\beta(T,\varepsilon_{\text{axi}})$ 为温度对临界磁场强度的影响函数。在不考虑轴向应变的作用时，温度对上临界磁场强度的影响可以用两种不同的形式给出。Summers[7]基于经验关系给出了上临界磁场强度与温度的依赖关系：

$$\frac{H_{c2}(T,0)}{H_{c2}(0,0)}=(1-t^2)\frac{\kappa(T,0)}{\kappa(0,0)}=(1-t^2)\left[1-0.31t^2(1-1.77\ln t)\right] \tag{2.1.7}$$

式中，$t\equiv T/T_c(0,0)$，$\kappa=H_{c2}/\sqrt{2}\,H_c$，热力学临界磁场强度 H_c 与温度的关系近似地表示为 $H_c(T,0)=H_c(0,0)(1-t^2)$。Maki[9]和 De Gennes[10,11]在 1964 年基于微观理论给出了上临界磁场强度对于温度的依赖关系（MDG 关系）的隐式形式：

$$\ln(t)=\psi\left(\frac{1}{2}\right)-\psi\left(\frac{1}{2}+\frac{\hbar D^*(\varepsilon_{\text{axi}})\mu_0 H_{c2}^*(T,\varepsilon_{\text{axi}})}{2\phi_0 k_B T}\right) \tag{2.1.8}$$

式中，$\hbar$ 为约化普朗克常量，k_B 为玻尔兹曼常数，ϕ_0 为磁通量子，$D^*(\varepsilon_{\text{axi}})$ 为常态下传导电子的扩散系数，μ_0 为真空磁导率，$\psi(x)$ 为 Digamma 函数。作为式（2.1.8）的显式近似，定义 $\text{MDG}(t)\equiv H_{c2}(t)_{\text{MDG}}/H_{c2}(0)_{\text{MDG}}$，在整个温度变化范围内，上临界磁场强度—温度的变化关系近似满足

$$\text{MDG}(t)\cong(1-t^{1.52}) \tag{2.1.9}$$

基于微观理论的分析结果[12]，对于弱耦合超导体（电—声子作用较弱），温度变化导致 Ginzburg-Landau 常数变化 $\kappa(0)/\kappa(T_c)=1.2$；对于强耦合超导体，$\kappa(0)/\kappa(T_c)=1.5$，表明当温度从 0 变化到临界温度 T_c 时，κ 的变化达到 50%。Ginzburg-Landau 常数—温度的变化关系可以通过数值求解非线性 Eliashberg 方程[13]得到，目前还没有能够适用于所有电—声子耦合常数的一般函数关系。借助式（2.1.8）和式（2.1.9），以及 $\kappa=H_{c2}/\sqrt{2}\,H_c$ 和 $H_c(T,0)=H_c(0,0)(1-t^2)$，可以得到 Ginzburg-Landau 常数—温度变化的函数形式[14]：

$$\frac{\kappa(t)}{\kappa(0)}=\frac{\text{MDG}(t)}{1-t^2}\cong\frac{1-t^{1.52}}{1-t^2} \tag{2.1.10}$$

应变和温度共同作用时，在临界磁场强度的变化关系式（2.1.6）中，应变的作用主要表现为应变对于临界温度的影响，因此，式（2.1.6）中的函数 $\beta(T,\varepsilon_{\text{axi}})$ 可以写为 $\beta(T,T_c(\varepsilon_{\text{axi}}))$，由 Summers 给出的上临界磁场—温度的经验关系得到

$$\beta(T,T_c(\varepsilon_{\text{axi}}))=\left\{1-\left[T/T_c(\varepsilon_{\text{axi}})\right]^2\right\}K(T,T_c(\varepsilon_{\text{axi}})) \tag{2.1.11}$$

$$K(T,T_c(\varepsilon_{axi}))=1-0.31\left[T/T_c(\varepsilon_{axi})\right]^2\left\{1-1.77\ln\left[T/T_c(\varepsilon_{axi})\right]\right\} \tag{2.1.12}$$

函数 $K\left(T,T_c(\varepsilon_{axi})\right)$ 中包含 Ginzburg-Landau 常数 $\kappa(T,\varepsilon_{axi})$ 的作用。

最终得到临界电流密度对磁场强度、温度、应变依赖关系的函数形式为[14]

$$J_c(H,T,\varepsilon_{axi})=\frac{C\beta(T,\varepsilon_{axi})^{\nu}}{BK(T,\varepsilon_{axi})^{\gamma}}s(\varepsilon_{axi})^n f\left[H/H_{c2}(T,\varepsilon_{axi})\right] \tag{2.1.13}$$

除该表达形式外，基于不同的钉扎力模型及相应的简化方程，文献［15］给出了临界电流密度的其他表达形式[15]，通用的临界电流密度函数为

$$\begin{aligned}J_c(H,T,\varepsilon_{axi})&\cong\frac{C}{\mu_0 H}\frac{\left[\mu_0 H_{c2}(T,\varepsilon_{axi})\right]^{\nu}}{\kappa(T,\varepsilon_{axi})^{\gamma}}h^p(1-h)^q\\&\cong\frac{C}{\mu_0 H}\frac{\left[\mu_0 H_{c2m}(0)\right]^{\nu}}{\kappa_m(0)^{\gamma}}s(\varepsilon_{axi})^{\nu-\alpha\gamma}\frac{\mathrm{MDG}(t)^{\nu}}{k(t)^{\gamma}}h^p(1-h)^q\end{aligned} \tag{2.1.14}$$

式中，$h\equiv H/H_{c2}(T,\varepsilon_{axi})$，在温度为 0 K 时，应变对于 Ginzburg-Landau 常数的影响采用 $\kappa(0,\varepsilon_{axi})=\kappa_m(0)s(\varepsilon_{axi})^{\alpha}$ 来描述，上临界磁场强度对于温度和应变的依赖关系采用 $H_{c2}(T,\varepsilon_{axi})=H_{c2m}(0)\mathrm{MDG}(t)s(\varepsilon_{axi})$ 来描述。

为了实现超导材料特征物理量的参数化和多物理场环境下 Nb_3Sn 超导体临界性能的描述，Bottura 等[16]讨论了这些经验模型的内在统一性，给出了具有一般性的临界电流密度函数，根据 Ekin 的结论，临界电流密度（J_c）对于磁场（H）、温度（T）、轴向应变（ε_{axi}）的依赖性可以由以下函数来表示：

$$F_p=J_c(H,T,\varepsilon_{axi})H=Cg(\varepsilon_{axi})h(t)f_p(b) \tag{2.1.15}$$

式中，$b=H/H_{c2}(T,\varepsilon_{axi})$；$t=T/T_c(0,\varepsilon)$；$\varepsilon_{axi}=\varepsilon_{app}-\varepsilon_m$ 为施加的轴向变形 ε_{app} 与临界参数取得极值处的应变值 ε_m 的差值。不同的模型中 $g(\varepsilon_{axi})$、$h(t)$、$f_p(b)$、$s(\varepsilon_{axi})$ 的函数形式在表 2.1 中给出。

表 2.1　Nb_3Sn 超导体临界电流密度模型中的函数形式[16]

研 究 者	$g(\varepsilon_{axi})$	$h(t)$	$f_p(b)$	$s(\varepsilon_{axi})$
Ekin	$s(\varepsilon_{axi})^{\sigma(+)}$	$(1-t^{\nu})^{\eta}$	$b^p(1-b)^q$	$1-a\lvert\varepsilon_{axi}\rvert^{1.7}$
Summers	$s(\varepsilon_{axi})$	$\left[1-0.31t^2(1-1.77\ln(t))\right]^{0.5}\left(1-t^2\right)^{25}$	$b^{0.5}(1-b)^2$	$1-a\lvert\varepsilon_{axi}\rvert^{1.7}$
Durham	$[s(\varepsilon_{axi})]^{\frac{w(n-2)+2+u}{w}}$	$\left(1-t^{\nu}\right)^{n-2}\left(1-t^2\right)^2$	$b^p(1-b)^q$	$1+c_2\varepsilon_{axi}^2+c_3\varepsilon_{axi}^3+c_4\varepsilon_{axi}^4$
Twente	$s(\varepsilon_{axi})$	$(1-t^{1.52})(1-t^2)$	$b^{0.5}(1-b)^2$	$1+\frac{C_{a1}\left(\sqrt{\varepsilon_{sh}^2+\varepsilon_{0,a}^2}-\sqrt{(\varepsilon_{axi}-\varepsilon_{sh})^2+\varepsilon_{0,a}^2}\right)-C_{a2}\varepsilon_{axi}}{1-C_{a1}\varepsilon_{0,a}}$ $\varepsilon_{sh}=\frac{C_{a2}\varepsilon_{0,a}}{\sqrt{C_{a1}^2-C_{a2}^2}}$

续表

研究者	$g(\varepsilon_{axi})$	$h(t)$	$f_p(b)$	$s(\varepsilon_{axi})$
Markiewicz	—	—	—	$\dfrac{1}{1+c_2\varepsilon_{axi}^2+c_3\varepsilon_{axi}^3+c_4\varepsilon_{axi}^4}$
Oh 和 Kim	$[s_B(\varepsilon_{axi})]^{2.5}[k(T,\varepsilon_{axi})]^{0.5}\left(1-t^{2.17}\right)^{2.5}$		$b^{0.5}(1-b)^2$	$1-\beta\lvert\varepsilon_{axi}\rvert^{1.7}$
ITER-2008	$s(\varepsilon_{axi})$	$\left(1-t^{1.52}\right)\left(1-t^2\right)$	$b^p(1-b)^q$	$1+\dfrac{C_{a1}\left(\sqrt{\varepsilon_{sh}^2+\varepsilon_{0,a}^2}-\sqrt{(\varepsilon_{axi}-\varepsilon_{sh})^2+\varepsilon_{0,a}^2}\right)-C_{a2}\varepsilon_{axi}}{1-C_{a1}\varepsilon_{0,a}}$ $\varepsilon_{sh}=\dfrac{C_{a2}\varepsilon_{0,a}}{\sqrt{C_{a1}^2-C_{a2}^2}}$

通过比较各模型发现，在多数情况下，J_c 的模型化可以通过三个独立的函数来实现。

较其他本构关系，ITER-2008 模型具有简单、稳定、拓展性较好等优点，因而被 ITER 组织采用。ITER 组织采用这些力—电磁耦合本构关系来分析磁体性能，以及实施超导磁体系统的检测验收。从单根材料的超导电性能分析到整个超导磁体系统性能的有效预测，临界电流密度函数 $J_c(H,T,\varepsilon_{axi})$ 的本构关系起着非常重要的作用，为此许多学者致力于开展相关的研究工作[17-27]。能够应用于实际工程的 $J_c(H,T,\varepsilon_{axi})$ 本构关系要求具有以下几个特点：①基于明确的物理背景，对于超导体力—电磁耦合机理进行准确的阐释；②模型中含有较少的物理参数并且参数容易获得；③对于性能未知的超导材料，要通过尽量少的实验获得较多的超导体信息，如借助小应变区间内参数的测量获得整个应变区间的超导电性能信息；④本构模型形式简单，且具有较广的应用范围，能够准确描述已有的大量实验测量结果，同时能够对复杂多物理场耦合作用下的超导电性能衰退进行预测。

借助经验模型和半经验模型，上述研究揭示了多物理场环境下 Nb_3Sn 超导体临界性能退化之间的内在联系。一方面，随着超导磁体制造水平的提升，对单轴应变状态下超导体临界性能弱化的研究和表征已经难以满足磁体工程的设计和性能分析需求，需要开发出考虑应变张量属性的力—电磁—热耦合本构模型；另一方面，自 Nb_3Sn 超导体的应变效应被发现以来，对于这一效应的理论解释一直处于争论状态，解释这一效应的需要从多尺度力学和多物理场（含应力场）环境下微结构的性能演变来考虑。

2.1.2 三维变形状态

轴向应变对于临界电流密度 J_c 的影响函数 $s(\varepsilon_{axi})$ 通过上临界磁场强度 H_{c2}、临界温度T_c的变化来定义：$s(\varepsilon_{axi}) \equiv H_{c2}(\varepsilon_{axi})/H_{c2m} \equiv \left(T_c(\varepsilon_{axi})/T_{cm}\right)^w$。应变$\boldsymbol{\varepsilon}$的张量属性给 Nb_3Sn 超导体临界性能的建模带来了很大困难，基于张量函数的表示理论，借助实验观测结果确定临界温度、上临界磁场强度与应变不变量之间的关系，为 Nb_3Sn 超导体临界性能的描述提供了一种切实可行的思路。$s(\boldsymbol{\varepsilon})$的函数形式一般基于经验关系（通过汇总不同构型 Nb_3Sn 超导体在不同加载模式下的临界性能演化曲线，总结描述其应变效应的有效参数）或由 Eliashberg 超导理论[28]给出，下文主要介绍基于应变不变量表示的超导体临界性能的经验和半经验模型研究的主要进展及不足。

Markiewicz[29-32]基于 Kresin 等[33-35]给出了强耦合超导体临界温度T_c的一般公式：

$$T_c = \frac{0.25\left\langle \Omega^2 \right\rangle^{1/2}}{\left(e^{2/\lambda_{eff}} - 1\right)^{1/2}} \tag{2.1.16}$$

式中，$\left\langle \Omega^2 \right\rangle^{1/2}$为声子特征频率，$\lambda_{eff}$为超导体有效电—声子耦合常数，它们都是声子频率的函数。式（2.1.16）讨论了各应变不变量对于临界温度的作用效应。Markiewicz 假定应变对 Nb_3Sn 超导体临界温度的影响主要是 Nb_3Sn 晶体点阵中声子频率对于应变的依赖性，电—声子耦合常数λ由声子波矢空间的积分得到[30]：

$$\frac{\lambda}{2} = \frac{1}{\Lambda_B}\int \alpha^2(\Omega(q,\varepsilon))\frac{1}{\Omega(q,\varepsilon)}\mathrm{d}^3 q \tag{2.1.17}$$

式中，$\Omega(q,\varepsilon)$为依赖应变的声子频率；α^2为电—声子谱函数$\alpha^2 F$与声子态密度函数F的比值；Λ_B为布里渊区体积。声学支声子频率与超导体的有效弹性常数C^e满足关系式$\Omega(q,\varepsilon) = \left(C^e(q,\varepsilon)/\bar{\rho}\right)^{1/2} q$，其中，超导体的等效弹性常数为$C_{ij}^e = \partial^2 U/\partial\varepsilon_j\,\partial\varepsilon_i$，考虑 Nb_3Sn 超导体的立方对称性，应变势能U关于第一应变不变量I_1，偏应变第二应变不变量J_{21}、J_{22}，偏应变第三应变不变量J_{31}的函数形式为[30]

$$\tilde{U} = A_1 I_1^2 + A_2 J_{21} + A_3 J_{22} + B_1 I_1^3 + B_2 J_{21}^2 + B_3 J_{21} J_{31} \tag{2.1.18}$$

式中，A_i和B_i为常数。由应变势能关于应变的导数得到弹性常数对应变的依赖关系，求解晶格振动的动力平衡方程，得到材料轴向和横向振动模式的频率，给出应变对于声子频率的作用；基于 Kresin 等给出的临界温度公式得到其对应变的依赖性，并分析各应变不变量对T_c的影响。结果表明，超导体应变状态对于临界温度T_c的影响主要通过第二应变不变量和第三应变不变量起作用，临界温度T_c随轴向应变的“抛物线”形变化方式主要取决于第二应变不变量，而 T_c 关于应变的不对称性则取决于第三应变不变量，第一应变不变量导致的 T_c 下降对于轴向应变没有表现出明显的依赖性。由于上述分析没有给出明显的临界温度—应变函数关系式，在实际工程应用中非常不便，Markiewicz[32]之后给出了包含第一应变不变量 I_1、偏应变张量第二应变不变量 J_2、偏应变张量第三应变不变量 J_3 的经验标度关系形式，即

$$S_H = \frac{1}{(1+a_1 I_1)(1+a_2 J_2 + a_3 J_3 + a_4 J_2^2)} \tag{2.1.19}$$

式中，S_H 表示该标度关系由临界磁场的变化定义。

Oh 和 Kim [36,37]基于 Einstein 电—声子谱函数：

$$\alpha^2(\omega)F(\omega) = \lambda \left\langle \omega^2 \right\rangle^{1/2} \delta\left(\omega - \left\langle \omega^2 \right\rangle^{1/2}\right) \tag{2.1.20}$$

讨论了经验关系式 $T_c(\boldsymbol{\varepsilon})/T_c(0) = [H_{c2}(4.2,\boldsymbol{\varepsilon})/H_{c2}(4.2,0)]^{1/w}$（$w \approx 3$）[见式（2.1.5）]，式中，应变对于电—声子耦合常数 λ 及声子特征频率 $\left\langle \omega^2 \right\rangle^{1/2}$ 影响的函数形式 $\lambda(\boldsymbol{\varepsilon})$、$\left\langle \omega^2 \right\rangle^{1/2}(\boldsymbol{\varepsilon})$ 由临界温度—应变 $T_c(\boldsymbol{\varepsilon})$ 的经验关系反推给出，结果表明应变对于临界温度和上临界磁场的作用规律满足式（2.1.5），主要是低能量声子模式的软化引起的；同时，该研究还给出了热力学临界磁场、上临界磁场强度及 Ginzburg-Landau 常数对温度和应变的解析函数关系。

Arbelaez 等[38]修正了已有的临界磁场模型，给出了包含第一应变不变量 I_1、偏应变张量第二应变不变量 J_2、偏应变张量第三应变不变量 J_3 的临界磁场经验变化关系：

$$\frac{H_{c2}(\boldsymbol{\varepsilon})}{H_{c2}(\boldsymbol{\varepsilon}=\boldsymbol{0})} = \left(1 - C_h I_1\right)\left(1 - C_{d,1}\sqrt{J_2} - C_{d,2} J_3\right) \tag{2.1.21}$$

式中，C_h、$C_{d,1}$、$C_{d,2}$ 为待定参数。该模型与 Markiewicz[32]给出的临界电流密度全应变不变量模型具有形式上的相似性，但当模型退化到一维情形时、在描述 Nb_3Sn 超导复合材料轴向拉伸实验结果时及在拉伸应变较大时与实验测量结果相比出现较大偏差。

Valentinis 等[39]假定 Nb_3Sn 超导体应变效应起源于电—声子谱函数 $\alpha^2 F$，应变作用时，变形势中的非谐项会使得电—声子谱函数变宽，基于非线性弹性介质中波在传播过程中进行非线性叠加产生及频波和差频波的理论，Valentinis 等建立了谱函数的展宽和变形势中的非谐项之间的联系，从而给出了包含第一应变不变量、偏应变第二不变量的力—

电磁—热耦合本构关系。根据 Allen 和 Dynes 对 McMillan 公式的修正[35]，强耦合超导体相转变温度可以表示为

$$k_{\mathrm{B}}T_{\mathrm{c}}=\frac{\hbar\langle\omega\rangle}{1.20}\exp\left[-\frac{1.04(1+\lambda)}{\lambda-\mu^{*}(1+0.62\lambda)}\right] \tag{2.1.22}$$

式中，k_{B} 为玻尔兹曼常数；$\langle\omega\rangle$ 为平均声子频率；μ^{*} 为库仑赝势；电—声子耦合常数和电—声子谱函数之间的关系为 $\lambda=2\int_{0}^{\infty}\frac{\alpha^{2}F(\omega)}{\omega}\mathrm{d}\omega$，Valentinis 等假定应变能中的非谐项会导致二次振动模式的产生。基于此，临界温度应变效应的表达式简化为

$$\frac{T_{\mathrm{c}}(\boldsymbol{\varepsilon})}{T_{\mathrm{c}}(\boldsymbol{0})}=\exp\left[-\frac{1.04}{\lambda(\boldsymbol{0})}\left(\frac{\lambda(\boldsymbol{0})}{\lambda(\boldsymbol{\varepsilon})}-1\right)\right] \tag{2.1.23}$$

借助式（2.1.23），本书给出了描述 Nb_3Sn 超导体临界性能弱化的耦合本构关系，即

$$\frac{T_{\mathrm{c}}(\boldsymbol{\varepsilon})}{T_{\mathrm{c}}(\boldsymbol{0})}=\cosh\left(\sqrt{\tilde{U}(\boldsymbol{\varepsilon})/\bar{\rho}}Q\tau\right)^{-\frac{1.04}{\lambda(\boldsymbol{0})}\left(\frac{\langle\omega_1^2\rangle}{\langle\omega_0^2\rangle}-1\right)} \tag{2.1.24}$$

$$B_{\mathrm{c}2}(T,\boldsymbol{\varepsilon})=B_{\mathrm{c}20}\left\{1-\left(\frac{T}{T_{\mathrm{c}0}}\right)^{\gamma}[s(\boldsymbol{\varepsilon})]^{-\gamma/\alpha}\right\}s(\boldsymbol{\varepsilon}) \tag{2.1.25}$$

$$s(\boldsymbol{\varepsilon})=\cosh\left(\sqrt{\tilde{U}(\boldsymbol{\varepsilon})/\rho}Q\tau\right)^{-\frac{1.04}{\lambda(\boldsymbol{0})}\left(\frac{\langle\omega_1^2\rangle}{\langle\omega_0^2\rangle}-1\right)} \tag{2.1.26}$$

式中，$\bar{\rho}$ 为 Nb_3Sn 介质的密度；Q 为声子动量的大小；τ 为声子相干时间；$\langle\omega_1^2\rangle$ 和 $\langle\omega_0^2\rangle$ 分别为高应变和无应变状态下声子频率平方平均值的极限值；$\alpha\approx3$；$\gamma\approx1.5$；$\tilde{U}(\boldsymbol{\varepsilon})$ 为应变势能的非谐项，它和应变不变量之间的关系为

$$\tilde{U}(\boldsymbol{\varepsilon})=p_1I_1^4+p_{12}I_1^2J_2+p_2J_2^2 \tag{2.1.27}$$

式中，p_1、p_{12}、p_2 为描述应变能非谐项的参数。

通过以上对于上临界磁场强度、临界温度应变效应建模的相关介绍，可以发现：①在实际工程应用中所需要的力—电磁—热耦合本构关系既要以相关的物理背景为基础，还需要采用简单的数学形式来表示，以期在对 Nb_3Sn 超导体应变效应的起源给予合理解释的同时，方便其在磁体工程中的应用；②所有的理论解释都从电—声子谱函数入

手，借助修正的 McMillan 公式来导出包含应变作用的临界温度公式，或者借助 Eliashberg 理论来给出上临界磁场强度应变效应的表达式，其中基于应变不变量表示的应变势能中的非谐项是一个重要的物理参量，多数模型都在讨论这一参量对电—声子谱函数的影响。

Markiewicz [29-32]和 Valentinis 等[39]对于临界温度应变效应讨论的一个重要假设为 Nb_3Sn 超导体中应变势能的非谐项，即弹性常数的应变依赖性，尽管超导复合材料的整体应力—应变曲线由于 Cu-Sn 基体的塑性表现出非线性，但就 Nb_3Sn 超导体自身而言，它是一种脆性材料，拉伸的实验结果表明[41]应变对其弹性常数没有影响，因此这一讨论的可靠性还需要进一步验证。另外，如 Godeke[15]所述，Nb_3Sn 超导体临界电流的应变效应起源于应变作用下上临界磁场强度—温度（$H_{c2}(T)$）曲线的漂移，而对于这一效应的理解需要对应变诱导的费米面上电子态密度的演化进行研究，而在 Markiewicz 和 Valentinis 等的讨论中都没有考虑应变对于费米面上电子态密度 $N(E_F)$ 的影响规律。

2.2　多物理场环境下超导体相转变的唯象模型

考虑费米面上电子态密度与超导体相转变附近正常态电阻率之间的联系，按照本章开始时介绍的多物理场耦合解耦的方法，本节首先对多物理场环境下超导体相转变的规律进行建模。

研究 Nb_3Sn 超导体相转变附近的正常态电阻率行为，尤其是研究在强磁场、极低温区和外加载荷联合作用下的正常态电阻率响应，其重要性体现在以下几个方面：①为了刻画和描述多物理场环境（包含复杂应变场）下 Nb_3Sn 超导体临界性能的演变关系，需要准确描述其超导体相转变；②超导体相转变附近的正常态电阻率和临界曲面之下的超导态行为是相互关联的，对多物理场环境下正常态电阻率行为的解释，可以帮助我们了解 Nb_3Sn 超导体超导态反常行为的起源，而对于这些影响和决定超导体关键行为控制因素的测定，很难通过对超导体其他性质的测定来完成。同时，多物理场作用下的相转变展宽，也暗示着其背后磁通钉扎机制变化的相关重要信息；③超导体发生相转变，从超导态向正常态的电阻转变即失超。失超发生时，过热—过电压的作用会造成超导磁体结构的毁伤，对于超导体相转变的认识可以帮助我们对失超造成的磁体结构毁伤进行预防。

Mentink 等[42]通过实验测定了在不同磁场强度和应变水平下，Nb_3Sn 复合超导体的电阻率—温度曲线，曲线表现出如下特征：①超导体相转变附近正常态电阻率的变化趋势是非线性的，同时依赖磁场强度和施加的应变水平；②在强磁场和应力的联合作用下，Nb_3Sn 超导体相转变区变宽；③多物理场环境下的超导体相转变曲线的形状会发生变化，会表现出显著的非线性特征和多个场变量之间的耦合关联特征。这些特点同样体现在 Nb_3Sn 单晶体超导体相转变的测量曲线上[43]。同时，在对 Nb_3Sn 超导体磁电阻相转变的观测过程中，同样可以观察到这些特征。实验结果表明，对于 Nb_3Sn 薄膜[44]和 Nb_3Sn 超导复合材料[45]而言，在其上临界磁场附近，电阻率—磁场曲线呈现线性变化，当超导体相转变发生时，电阻率迅速下降，最终变为"零电阻"；在强磁场的作用下，超导体相转变区变宽，并且磁电阻相转变曲线的变化趋势依赖环境温度和超导体的受力状态[46]。

Godeke 等[45,47]建立了磁场作用下 Nb_3Sn 超导体电阻率转变的模型，该模型只能描述单一物理场作用下磁电阻转变的特性。多物理场（力—电—磁—热）耦合特性是 Nb_3Sn 超导体相转变的首个特征。为了准确描述 Nb_3Sn 超导体在力—电—磁—热多物理场服役工况下的电阻率转变规律，需要建立一个统一的模型来描述多物理场环境下超导体相转变规律。在多物理场环境下，Nb_3Sn 超导体相转变的强非线性特征主要来源于以下两个方面：①多物理场环境会诱导电—电子散射、电—声子散射，以及费米面上电子态密度的演变，从而使它们在对 Nb_3Sn 超导体电阻率—温度行为的控制上所起的作用发生改变，进而表现出正常态电阻率的多物理场耦合非线性特征[48]；②Nb_3Sn 超导体相转变展宽的非线性效应可以归因于磁通涡旋态与多物理场环境之间的耦合作用[49,50]。多物理场之间的耦合作用增加了对 Nb_3Sn 超导体相转变和相转变附近正常态电阻率行为研究的难度，为了准确描述实验现象，并且给出便于工程应用的表达式，本节对多物理场之间的作用进行了解耦处理，并建立了描述 Nb_3Sn 超导体相转变多物理场耦合效应的唯象模型，该模型可以准确描述实验观测到的电阻率变化特征。

2.2.1 多物理场环境下 Nb_3Sn 超导体相转变唯象模型的建立

Kim 等建立了一个可以精确描述超导体在宽温度域内正常态电阻率变化的理论模型，给出了一个类似并联电阻形式的 Nb_3Sn 超导体正常态电阻率模型：$1/\rho(T)=1/\rho_{\text{ideal}}+1/\rho_{\text{m}}$，其中，$1/\rho_{\text{ideal}}$ 是理想的正常态电阻率，$1/\rho_{\text{m}}$ 是饱和电阻率[51]。受此启发，本节假定超导体相转变电阻率 ρ 由正常态电阻率 ρ_{n} 和超导态电阻率 ρ_{s} 竞争决定，其中，超导态电流被认为可以"分流"正常态电流；对于由超导体和正常电阻器

并联组成的电路，其电阻率可以表示为

$$\frac{\rho}{\rho_n}=\frac{1}{1+\varPi} \tag{2.2.1}$$

式中，$\varPi=\rho_n/\rho_s$ 为无量纲电阻率函数。本节由此出发来讨论多物理场环境下 Nb_3Sn 超导体的电阻率转变。

1. 无量纲电阻率函数 $\varPi$ 的表达式

在大多数临界电流实验[45-48]中可以观测到，在多物理场环境中，Nb_3Sn 超导体经历超导态到正常态的转变，伴随超导态的完全消失，电压以近似指数的规律增加，而且当 Nb_3Sn 超导体过渡到正常态以后，初始的指数特征消失，正常态电阻率表现出多场耦合非线性特征。电阻率—温度的相变曲线中心点位于 $T_c(H,\varepsilon_{axi})$（该点通常用于定义超导体相转变温度，依赖施加的环境磁场强度 H 和超导体的轴向变形状态 ε_{axi}），曲线展宽为 $\Delta T_W(H,\varepsilon_{axi})$（展宽的变化同样依赖环境磁场强度和超导体的应变状态）。曲线的变化在两种极限状态之间：当无量纲温度 $t\equiv T/T_c(H,\varepsilon_{axi})$ 从 1 变到 0 时，超导体进入超导态，表明无量纲的电阻率函数需要连续单调地从 1 增加到 ∞；当无量纲温度从 1 开始逐渐增加时，超导体进入正常态，表明无量纲电阻率函数需要在半个相转变宽度内逐渐从 1 缩小到 0。无量纲函数 $\varPi=\rho_n/\rho_s$ 给出了这两种极限状况下电阻率的比值，这一比值在相转变宽度内连续变化。受 Kim 等[51]和 Godeke 等[47]工作的启发，通过修正 Arrhenius 定律，本节给出的无量纲电阻率函数 $\varPi$ 的形式为

$$\varPi=\exp\left(\frac{1-t}{\kappa}\right) \tag{2.2.2}$$

式中，无量纲参数 $\kappa\equiv\Delta T_W(H,\varepsilon_{axi})/T_c(H,\varepsilon_{axi})$ 为超导体相转变区的宽度。在环境磁场和外加载荷的联合作用下，相转变中心点温度 T_c 和相转变宽度 ΔT_W 会发生改变，它们的变化决定了超导体相转变曲线的整体形状。

环境磁场通过自旋—轨道散射对 Cooper 对的自旋产生影响，当自旋—轨道作用很强时，超导体相转变到正常态，自旋—轨道散射会抵消自旋顺磁性效应，限制依赖环境磁场的超导体相转变温度 $T_c(H)$[52]。施加在超导体上的力学载荷，会诱导材料声子态密度和电子能带结构的演变，从而导致超导体对于力学变形的敏感性[53]，Nb_3Sn 超导体临界性能的应变效应是通过临界温度 T_c 和上临界磁场强度 H_c 对应变的依赖性来定义的。

借助 Werthamer、Helfand 和 Hohenberg（WHH）理论[52]给出的临界温度随磁场强度和应变变化的隐式形式，可以得到显式形式的临界温度表达式为

$$T_{\mathrm{c}}(H,\varepsilon_{\mathrm{axi}})/T_{\mathrm{c}}(0,0)=s(\varepsilon_{\mathrm{axi}})^{1/3}(1-h)^{1/1.52} \tag{2.2.3}$$

式中，$h\equiv H/H_{\mathrm{c}}(0,\varepsilon_{\mathrm{axi}})$表示无量纲磁场，并有

$$H_{\mathrm{c}}(0,\varepsilon_{\mathrm{axi}})/H_{\mathrm{c}}(0,0)=s(\varepsilon_{\mathrm{axi}}) \tag{2.2.4}$$

式（2.2.3）和式（2.2.4）中，$T_{\mathrm{c}}(0,0)$和$H_{\mathrm{c}}(0,0)$表示无环境磁场和外加载荷作用下，电阻率相变曲线中心点处的温度和磁场值。应变函数$s(\varepsilon_{\mathrm{axi}})$表示超导体临界性能对于应变的敏感性。为了处理问题简化，本章暂不考虑应变的张量属性，采用最简单的 Ekin 幂律模型[1]描述一维轴向加载模式下的临界性能退化，表达式为

$$s(\varepsilon_{\mathrm{axi}})=1-a\left|\varepsilon_{\mathrm{axi}}\right|^{u} \tag{2.2.5}$$

式中，a和u为 Ekin 幂律模型参数。

描述超导体相转变另一个重要的参数为相转变宽度ΔT_{W}，它定义为$\Delta T_{\mathrm{W}}=T_{90\%}-T_{10\%}$[55]，其中，$T_{90\%}$和$T_{10\%}$分别表示电阻率突变值的 90%和 10%。多物理场的作用会诱导 Nb_3Sn 超导体相转变展宽，这一现象的产生可以定性地归因于很多因素，如磁通蠕动效应、涨落效应、双能隙超导体等[54-56]。为了精确描述超导体相转变，需要对相转变响应数据进行解构，对相转变展宽的多物理场耦合效应进行定量分析。按照 2.1 节中多物理场环境下 Nb_3Sn 超导体临界性能分析所采用的解耦思路，通过临界温度和上临界磁场强度对应变的依赖关系来引入对应变效应的描述，借助量纲分析方法，超导体相转变展宽可以表示为$\Delta T_{\mathrm{W}}(H,\varepsilon_{\mathrm{axi}})=KT_{\mathrm{c}}(0,\varepsilon_{\mathrm{axi}})g(H,H_{\mathrm{c}}(0,\varepsilon_{\mathrm{axi}}))$。其中，$K$是无量纲的比例常数；$g(H,H_{\mathrm{c}}(0,\varepsilon_{\mathrm{axi}}))$是描述环境磁场效应的无量纲函数；$H_{\mathrm{c}}(0,\varepsilon_{\mathrm{axi}})$表示环境温度为 0 K 时，应变诱导的上临界磁场退化。在对高温超导体电阻率相变的研究中，Josephson 耦合模型[51]和基于磁通动力学的 Tinkham 模型[57]表明磁场导致的相转变展宽可以表示为$\Delta T_{\mathrm{W}}\propto(H_{\mathrm{c}}(0,\varepsilon_{\mathrm{axi}})-H)^{\alpha}$。其中，$\alpha$是一个拟合参数，用来表示磁通运动所需要的激活能，借助该表达式可以知道，描述磁场对相转变展宽影响的无量纲函数g与$(1-h)^{\alpha}$成正比。通过上面的分析，可以给出参数κ的表达式为

$$\kappa=\bar{K}s(\varepsilon_{\mathrm{axi}})^{\alpha}(1-h)^{\alpha-1/1.52} \tag{2.2.6}$$

式中，无量纲参数$\bar{K}$取决于$T_{\mathrm{c}}(0,0)$和$H_{\mathrm{c}}(0,0)$。

2. 超导体相转变附近正常态电阻率的多物理场耦合效应

当温度区间在超导体相转变温度以上、马氏体相变温度（约 44 K）以下时，正常态电阻率 $\rho_{\mathrm{n}}(T)$ 随温度的变化曲线可以用关系式 $\rho_{\mathrm{n}}(T)=\rho_{00}+AT^2$ [58-60]来描述。式中，ρ_{00} 为 0 K 时的电阻率；A 为平方项的系数，它与费米面上电子态密度相关。在极低温区内，超导体正常态电阻率 T^2 的依赖关系是其本征属性，已有的电一电子散射机理[58]、非 Debye 型声子结构的电一声子带间散射机理[59]被证明不足以解释这一温度依赖关系[60]。尽管按照费米子准粒子散射的标准理论可以得到这一关系，但是目前研究人员关于这一关系的起源仍然没有达成共识。正常态的 Nb_3Sn 超导体可以采用朗道的费米液体模型来描述，准粒子的能量和基于局域密度泛函理论得到的本征能量吻合较好，正常态超导体的输运性质可以采用基于 Migdal 近似的 Bloch-Boltzmann 理论[61]来解释，在这一解释中强调电一声子耦合的主导作用。在多物理场环境下，电一电子散射、电一声子散射，以及费米面上电子态密度等关键物理参量的演变会诱导正常态电阻率变化，正常态电阻率多物理场耦合效应的物理解释仍不清晰，为了给出便于工程应用的本构关系，本节依据实验观测结果和之前对应变效应和磁场效应的研究，做出如下假设：①当温度区间在超导体相转变温度以上、马氏体相变温度（依赖环境磁场强度和超导体变形状态）以下时，电阻率 T^2 的依赖关系仍然成立，关系式中的参数残余电阻率和平方项系数 A 对超导体变形状态敏感，但对环境磁场不敏感；②磁场对超导体相转变温度依赖性的影响是通过其导致的临界温度 T_{c} 漂移产生的。在该假设下，多物理场环境下的正常态电阻率可以表示为

$$\rho_{\mathrm{n}}(T,H,\varepsilon_{\mathrm{axi}})=\rho_0(\varepsilon_{\mathrm{axi}})+\left[\rho_{\mathrm{n}}(T_{\mathrm{c}}(H,\varepsilon_{\mathrm{axi}})-\rho_0(\varepsilon_{\mathrm{axi}})\right]t^2 \tag{2.2.7}$$

式中

$$\rho_{\mathrm{n}}(T_{\mathrm{c}}(H,\varepsilon_{\mathrm{axi}}))=\rho_0(\varepsilon_{\mathrm{axi}})+A(\varepsilon_{\mathrm{axi}})T_{\mathrm{c}}^2(H,\varepsilon_{\mathrm{axi}}) \tag{2.2.8}$$

根据压力作用下富勒烯超导体[62]正常态电阻率性质的结果并将其推广，可以得到应变作用下残余电阻率的表达式为 $\rho_0(\varepsilon_{\mathrm{axi}})=\rho_{00}+\rho_{01}\exp(-k_0\varepsilon_{\mathrm{axi}})$。式中，$\rho_{00}$ 和 ρ_{01} 为不依赖应变的常数；k_0 为表示残余电阻率应变效应的无量纲常数。本章采用线性关系 $A(\varepsilon_{\mathrm{axi}})=A(0)+k_A\varepsilon_{\mathrm{axi}}$ 来近似应变作用下平方项系数 A 的变化。式中，$A(0)$ 为无应变作用时的系数值；k_A 为比例系数。

2.2.2 唯象模型预测结果有效性的讨论

Mentink 等[42]通过实验测定了多物理场环境下 Nb_3Sn 超导材料电阻率转变曲线，

图 2.1 和图 2.2 给出的是本章建立的唯象模型的预测结果与这一实验结果的比较。表 2.2 中列出了模型最优参数；在 Ekin 幂律模型中，$a=1250$（Nb_3Sn 超导体在压缩载荷作用下通常所采用的参数值），$u=1.9$（采用幂律模型来描述 Nb_3Sn 复合超导体临界性能应变效应时，这一参数值是 1.7，由于组织结构的差异，对于 Nb_3Sn 超导块体和复合超导体，参数 u 的不同已经被第一性原理模拟的结果所证实[63]）。通过唯象模型导出的无外场作用时的临界温度和上临界磁场强度分别为 17.82 K 和 25.43 T，这与 Nb_3Sn 块体的实验观测结果吻合较好[15,42]。模型给出的无外加载荷状态时的 Nb_3Sn 超导块体在温度为 19 K 时的电阻率为 15.7 μΩ·cm，这也和文献［64,65］给出的结果相符。从图 2.1 和图 2.2 中可见，在多物理场环境下，本章给出的唯象模型可以准确描述 Nb_3Sn 超导体从超导态过渡到正常态的电阻率变化特征；借助本章给出的唯象模型，可以再现 Nb_3Sn 超导体相转变过程中的多物理场耦合特征。

表 2.2　Mentink 等[42]实验结果计算时采用的模型参数

$T_{1/2}(0,0)$	$H_{1/2}(0,0)$		$\bar{K}$	α
17.82 K	25.43 T		0.13×10^{-2}	−2.10
ρ_{00}	ρ_{01}	k_0	$A(0)$	k_A
11.02 μΩ·cm	2.60 μΩ·cm	−86.58	0.58×10^{-2} μΩ·cm·K^{-2}	0.51 μΩ·cm·K^{-2}

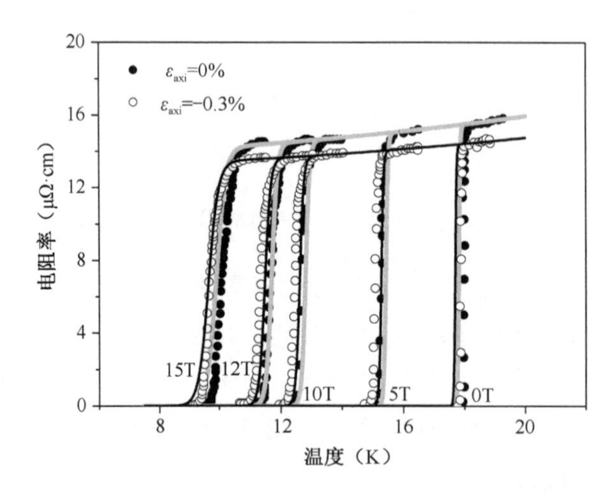

图 2.1　不同环境磁场强度和应变水平下，Nb_3Sn 超导体的相转变曲线

（散点曲线表示 Mentink 等[42]的实验结果，连续曲线表示模型预测结果）

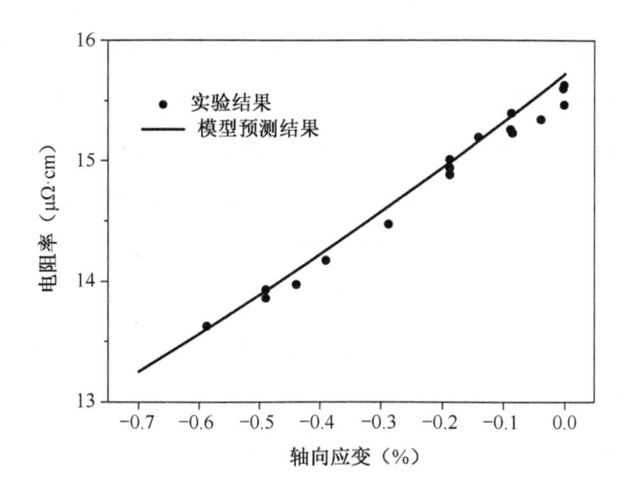

图 2.2 当环境温度为 19 K 时，受压 Nb_3Sn 超导块体的电阻率随压缩应变变化产生的非线性变化（散点曲线表示 Mentink 等[42]的实验结果，连续曲线表示模型预测结果）

对于磁电阻转变而言，本章模型中的核心关系式［见式（2.2.1）和式（2.2.2）］依然适用。对于电阻率—磁场变化曲线的描述，可以将电阻率—温度关系式中的无量纲温度变量t替换为无量纲磁场变量h（$h \equiv H/H_{1/2}(T,\varepsilon_{\text{axi}})$），在温度和应变联合作用下，上临界磁场强度的变化采用关系式$H_{1/2}(T,\varepsilon_{\text{axi}}) = H_{1/2}(0,0)(1-t^{1.52})s(\varepsilon_{\text{axi}})$[15]来描述。在一般情况下，磁电阻相变的无量纲相变宽度（$\kappa \equiv \Delta H_{\text{W}}(T,\varepsilon_{\text{axi}})/H_{1/2}(T,\varepsilon_{\text{axi}})$）依赖环境温度和超导体应变状态。这里，为了处理问题的简化，本书假定在变形很小的情况下，无量纲磁电阻相变宽度κ是一个常数，它对于环境温度和应变不敏感。MgB_2 的磁输运数据表明[66]，正常态电阻率随磁场强度的变化$\rho_{\text{n}}(H)$可以表示为$\Delta\rho_{\text{n}}(H)/\rho_0 \propto H^{\beta}$。式中，$\beta$为拟合参数。对于同为第二类超导体的 Nb_3Sn，本章直接采用式（2.2.9）来表示正常态磁电阻率对于磁场的依赖性。按照电阻率—温度曲线的建模方法，可以得到

$$\frac{\rho(H,T,\varepsilon_{\text{axi}})}{\rho_0(\varepsilon_{\text{axi}})+\left(\rho_n\left(H_{1/2}(T,\varepsilon_{\text{axi}})\right)-\rho_0(\varepsilon_{\text{axi}})\right)h^{\beta}} = \frac{1}{1+\exp\left(\dfrac{1-h}{\kappa}\right)} \tag{2.2.9}$$

式中

$$\rho_{\text{n}}(H_{1/2}(T,\varepsilon_{\text{axi}})) = \rho_0(\varepsilon_{\text{axi}}) + B(\varepsilon_{\text{axi}})H_{1/2}^{\beta}(T,\varepsilon_{\text{axi}}) \tag{2.2.10}$$

式中，表示正常态磁电阻率应变效应的函数$B(\varepsilon_{\text{axi}})$，在应变较小的情况下，本书仍然采用线性近似；对于 Nb_3Sn 超导块体，ρ_{n} 表示其正常态电阻率，对于 Nb_3Sn 复合超导体，

ρ_n 表示包含 Cu 基体磁电阻效应的正常态电阻率，这是因为在复合超导体电阻率测试实验中，很难将基体的影响效应排除在外[15]。采用 Godeke 等的实验数据[45]对上述模型进行验证，验证结果如图 2.3 所示。模型计算中的最优参数值在表 2.3 中给出；通过模型导出的 Nb_3Sn 复合超导体的临界温度和上临界磁场强度分别为 17.57 K 和 29.36 T，这与已有文献给出的复合超导体临界参数的实验结果吻合较好[45]。通过模型导出的 Nb_3Sn 复合超导体残余电阻率 $\rho(0)$ 远小于借助 Mentink 等实验给出的相应参数值，这是由于残余电阻率依赖实验样品，Mentink 等的实验采用的是 Nb_3Sn 超导块体；Nb_3Sn 超导体残余电阻率对于实验样品具有依赖性，这一现象已经被很多实验所证实[67-70]。通过图 2.3 可以发现，磁电阻转变过程可以借助本章给出的唯象模型来描述。

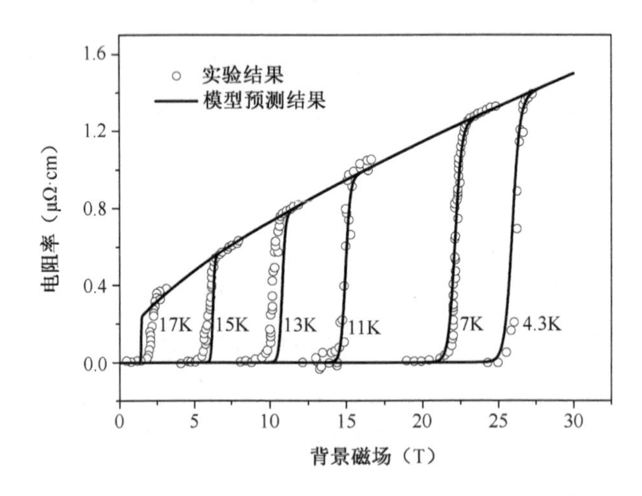

图 2.3 不同温度下的磁电阻转变

（散点曲线表示 Godeke 等[45]的实验结果，连续曲线表示模型预测结果）

表 2.3 Godeke 等[45]实验结果计算时采用的模型参数

$T_c(0,0)$	$H_c(0,0)$	κ	$\rho(0)$	$B(0)$	β
17.57 K	29.36 T	0.01	0.06 μΩ · cm	0.13 μΩ · cm · T^{-2}	0.7

针对 Mentink 等[42]和 Godeke 等[45]给出的多物理场环境下 Nb_3Sn 超导体超导态—正常态转变的实验结果，本章建立了分析这一现象的唯象模型，通过该唯象模型对实验数据的解构和对物理过程的解耦简化，再现了 Nb_3Sn 超导体相转变过程中所表现出来的多物理场耦合和强非线性特征。

2.3　本章小结

Nb_3Sn 超导体在磁体工程中的应用需求，促进了对其超导体临界性能和超导体相转变多物理场耦合效应和强非线性效应的研究进展，从经验模型到基于一定物理背景的半经验模型，对 Nb_3Sn 超导体在多物理场环境下临界性能的响应的探索一直在深入。本章介绍了基于应变不变量的超导体临界性能的经验和半经验模型，以及多物理场环境下超导体相转变的唯象模型，这些模型对分析和解构多物理场耦合作用下复杂的实验数据、认识和理解 Nb_3Sn 超导体临界性能多物理场耦合非线性行为、检验和评估超导磁体电磁性能起到了重要作用。

与此同时，现有对于 Nb_3Sn 超导体在多物理场环境下的临界性能演变实验的理论解释依然存在争论，超导磁体制造水平提升的需求对 Nb_3Sn 超导体临界性能的认识提出了新的要求。对于 Nb_3Sn 超导体临界性能多物理场耦合效应认识的深入，需要发展新的理论模型和计算方法，突破经验和半经验模型的局限性，以期对 Nb_3Sn 超导体临界性能有更加完善的认识。

参考文献

[1]　Ekin J W. Strain-scaling law for flux pinning in practical superconductors. Part 1: Basic relationship and application to Nb_3Sn conductors[J]. Cryogenics, 1980, 20(11): 611-624.

[2]　Fietz W A and Webb W W. Hysteresis in superconducting alloys-temperature and field dependence of dislocation pinning in niobium alloys[J]. Phys. Rev, 1969, 185(2): 862.

[3]　Hampshire D, Jones H and Mitchell E. An in depth characterization of $(NbTa)_3Sn$ filamentary superconductor[J]. IEEE Trans. Magn, 1985, 21(2): 289-292.

[4]　ten Haken B, Godeke A and ten Kate H H J. The strain dependence of the critical properties of Nb_3Sn conductors[J]. J. Appl. Phys, 1999, 85(6): 3247-3253.

[5]　Kramer E J. Scaling laws for flux pinning in hard superconductors[J]. J. Appl. Phys, 1973, 44(3): 1360-1370.

[6] Welch D O. Alteration of the superconducting properties of A15 compounds and elementary composite superconductors by nonhydrostatic elastic strain[J]. Adv. Cryog. Eng. Mater , 1980, 26: 48-65.

[7] Summers L T, Guinan M W, Miller J R, et al. A model for the prediction of Nb_3Sn critical current as a function of field, temperature, strain, and radiation damage[J]. IEEE Trans. Magn, 1991, 27(2): 2041-2044.

[8] Parks R D. Superconductivity[M]. New York: Dekker, 1969.

[9] Maki K. The magnetic properties of superconducting alloys Ⅰ [J]. Physics Physique Fizika, 1964, 1(2): 127-143.

[10] De Gennes P G. Superconductivity of metals and alloys[M]. New York: Benjamin, 1966.

[11] De Gennes P G. Behavior of dirty superconductors in high magnetic fields[J]. Phys. Kondens. Mater., 1964, 3(2): 79-90.

[12] Rainer D, Bergmann G. Temperature dependence of H_{c2} and κ_1 in strong coupling superconductors[J]. J. Low Temp. Phys, 1974, 14(5): 501-519.

[13] Eliashberg G M. Interactions between electrons and lattice vibrations in a superconductor[J]. Sov. Phys.-JETP, 1960, 11(3): 696-702.

[14] Godeke A, Haken B T, Kate H H J T, et al. A general scaling relation for the critical current density in Nb_3Sn[J]. Supercond. Sci. Technol, 2006, 19(10): R100-R116.

[15] Godeke A. Performance boundaries in Nb_3Sn superconductors[D]. Enschede, The Netherlands: University of Twente, 2005.

[16] Bottura L and Bordini B. $J_c(B,T,\varepsilon)$ parameterization for the ITER Nb_3Sn production[J]. IEEE Trans. Appl. Supercond, 2009, 19(3): 1521-1524.

[17] Keys S and Hampshire D. A scaling law for the critical current density of weakly-and strongly-coupled superconductors, used to parameterize data from a technological Nb_3Sn strand[J]. Supercond. Sci. Technol, 2003, 16(9): 1097.

[18] Taylor D and Hampshire D. The scaling law for the strain dependence of the critical current density in Nb_3Sn superconducting wires[J]. Supercond. Sci. Technol, 2005, 18(12): S241-S252.

[19] Watanabe K, Noto K and Muto Y. Upper critical fields and critical current densities in bronze processed commercial multifilamentary Nb_3Sn wires[J]. Magnetics, IEEE Trans. Magn, 1991, 27(2): 1759-1762.

[20] Ten Haken B, Godeke A, Ten Kate H H J. The influence of compressive and tensile axial strain on the critical properties of Nb_3Sn conductors[J]. IEEE Trans. Appl. Supercond, 1995, 5(2): 1909-1912.

[21] Lu X F, Hampshire D P. The field, temperature and strain dependence of the critical current density of a powder-in-tube Nb_3Sn superconducting strand[J]. Supercond. Sci. Technol, 2010, 23(2): 025002.

[22] Nijhuis A, Wessel W A J, Ilyin Y, et al. Critical current measurement with spatial periodic bending imposed by electromagnetic force on a standard test barrel with slots[J]. Rev. Sci. Instrum, 2006, 77(5): 054701.

[23] Nijhuis A, Ilyin Y and Wessel W. Spatial periodic contact stress and critical current of a Nb_3Sn strand measured in tarsis[J]. Supercond. Sci. Technol, 2006, 19: 1089-1096.

[24] Seeber B, Ferreira A, Abächerli V, et al. Critical current of a Nb_3Sn bronze route conductor under uniaxial tensile and transverse compressive stress[J]. Supercond. Sci. Technol, 2007, 20(9): S184-S188.

[25] Ekin J W, Bray S L and Bahn W L. Effect of transverse stress on the critical current of bronze-process and internal-tin Nb_3Sn[J]. J. Appl. Phys, 1991, 69(8): 4436-4438.

[26] Fukumoto M, Okada T, Nishijima S, et al. Strain effects in irradiated "in situ" Nb_3Sn superconductors[J]. J. Nucl. Mater, 1985, 133-134: 826-829.

[27] Ilyin Y, Nijhuis A and Krooshoop E. Scaling law for the strain dependence of the critical current in an advanced ITER Nb_3Sn strand[J]. Supercond. Sci. Technol, 2007, 20(3): 186-191.

[28] Godeke A, Ten Haken B, Ten Kate H H J, et al. A general scaling relation for the critical current density in Nb_3Sn[J]. Supercond. Sci. Technol, 2006, 19(10): R100-R116.

[29] Denis Markiewicz W. Invariant temperature and field strain functions for Nb_3Sn composite superconductors[J]. Cryogenics, 2006, 46(12): 846-863.

[30] Denis Markiewicz W. Invariant strain analysis of the critical temperature T_c of Nb_3Sn[J]. IEEE Trans. Appl. Supercond, 2005, 15(2): 3368-3371.

[31] Denis Markiewicz W. Elastic stiffness model for the critical temperature T_c of Nb_3Sn including strain dependence[J]. Cryogenics, 2004, 44(11): 767-782.

[32] Denis Markiewicz W. Comparison of strain scaling functions for the strain dependence of composite Nb_3Sn superconductors[J]. Supercond. Sci. Technol, 2008, 21(5): 054004.

[33] Kresin V Z. On the critical temperature for any strength of the electron-phonon coupling[J]. Phys. Lett. A, 1987, 122(8): 434-438.

[34] Kresin V Z, Gutfreund H and Little W A. Superconducting state in strong coupling[J]. Solid State Commun, 1984, 51(5): 339-342.

[35] Allen P B and Dynes R C. Transition temperature of strong-coupled superconductors reanalyzed[J]. Phys. Rev. B, 1975, 12(3): 905-922.

[36] Oh S and Kim K. A scaling law for the critical current of Nb_3Sn stands based on strong-coupling theory of superconductivity[J]. J. Appl. Phys, 2006, 99(3): 033909.

[37] Oh S and Kim K. A consistent description of scaling law for flux pinning in Nb_3Sn strands based on the kramer model[J]. IEEE Trans. Appl. Supercond, 2006, 16(2): 1216-1219.

[38] Arbelaez D, Godeke A and Prestemon S O. An improved model for the strain dependence of the superconducting properties of Nb_3Sn[J]. Supercond. Sci. Technol, 2008, 22(2): 025005.

[39] Valentinis D F, Berthod C, Bordini B, et al. A theory of the strain-dependent critical field in Nb_3Sn, based on anharmonic phonon generation[J]. Supercond. Sci. Technol, 2013, 27(2): 025008.

[40] Bardeen J, Cooper L N and Schrieffer J R. Theory of superconductivity[J]. Phys. Rev, 1957, 108(5): 1175-1204.

[41] Mitchell N. Finite element simulations of elasto-plastic processes in Nb_3Sn strands[J]. Cryogenics, 2005, 45(7): 501-515.

[42] Mentink M G T, Dhalle M M J, Dietderich D R, et al. Towards analysis of the electron density of states of Nb_3Sn as a function of strain[J]. AIP Conf. Proc, 2012, 1435(1): 225-232.

[43] Reibelt M, Schilling A and Toyota N. Application of a small oscillating magnetic field to reveal the peak effect in the resistivity of Nb_3Sn[J]. Phys. Rev B, 2010, 81(9): 094510.

[44] Orlando T P, McNiff E J, Foner S, et al. Critical fields, pauli paramagnetic limiting, and material parameters of Nb_3Sn and V_3Si[J]. Phys. Rev B, 1979, 19(9): 4545-4561.

[45] Godeke A, Jewell M C, Fischer C M, et al. The upper critical field of filamentary Nb_3Sn conductors[J]. J. Appl. Phys, 2005, 97(9): 093909.

[46] Oguro H, Awaji S, Nishijima G, et al. Room and low temperature direct three-

dimensional-strain measurements by neutron diffraction on as-reacted and prebent CUNB/Nb_3Sn wire[J]. J. Appl. Phys, 2007, 101(10): 103913.

[47] Godeke A, Jewell M C, Golubov A A, et al. Inconsistencies between extrapolated and actual critical fields in Nb_3Sn wires as demonstrated by direct measurements of H_{c2}, H^* and T_c[J]. Supercond. Sci. Technol, 2003, 16(9): 1019-1025.

[48] Qiao L, Yang L and Zheng X J. A simple phenomenological model for characterizing the coupled effect of strain states and temperature on the normal-state electrical resistivity in Nb_3Sn superconductors[J]. J. Appl. Phys, 2013, 114(3): 256101.

[49] Kadono R, Satoh K H, Koda A, et al. Magnetic field-induced quasiparticle excitation in Nb_3Sn: Evidence for anisotropic s-wave pairing[J]. Phys. Rev. B, 2006, 74(2): 024513.

[50] Lortz R, Lin F, Musolino N, et al. Thermal fluctuations and vortex melting in the Nb_3Sn superconductor from high resolution specific heat measurements[J]. Phys. Rev. B, 2006, 74(10): 104502.

[51] Kim D H, Gray K E, Kampwirth R T, et al. Possible origins of resistive tails and critical currents in high-temperature superconductors in a magnetic field[J]. Phys. Rev. B, 1990, 42(10): 6249-6258.

[52] Werthamer N R, Helfand E and Hohenberg P C. Temperature and purity dependence of the superconducting critical field, H_{c2} Electron spin and spin-orbit effects[J]. Phys. Rev, 1966, 147(1): 295-302.

[53] Qiao L, Zheng X J. A three-dimensional model for the superconducting properties of strained International Thermonuclear Experimental Reactor Nb_3Sn strands[J]. J. Appl. Phys, 2012, 112: 113909-7.

[54] Wang C C, Zeng R, Xu X, et al. Superconducting transition width under magnetic field in MgB_2 polycrystalline samples[J]. J. Appl. Phys, 2010, 108(9): 093907.

[55] Polak M, Hlasnik I and Krempasky L. Voltage-current characteristics of NbTi and Nb_3Sn superconductors in the flux creep region[J]. Cryogenics, 1973, 13(12): 702-711.

[56] Guritanu V, Goldacker W, Bouquet F, et al. Specific heat of Nb_3Sn: The case for a second energy gap[J]. Phys. Rev. B, 2004, 70(18): 184526.

[57] Tinkham M. Resistive transition of high-temperature superconductors[J]. Phys. Rev. Lett, 1988, 61(14): 1658-1661.

[58] Caton R and Viswanathan R. Analysis of the normal-state resistivity for the neutron-

irradiated A15 superconductors V_3Si, Nb_3Pt and Nb_3Al[J]. Phys. Rev. B, 1982, 25(1): 179-193.

[59] Ramakrishnan S, Nigam A K and Chandra G. Resistivity and magnetoresistance studies on superconducting A15 V_3Ga, V_3Au, and V_3Pt compounds[J]. Phys. Rev. B, 1986, 34(9): 6166-6171.

[60] Gurvitch M, Ghosh A K, Lutz H, et al. Low-temperature resistivity of ordered and disordered A15 compounds[J]. Phys. Rev. B, 1980, 22(1): 128-136.

[61] Allen P B, Pickett W E and Krakauer H. Anisotropic normal-state transport properties predicted and analyzed for high-T_c oxide superconductors[J]. Phys. Rev. B, 1988, 37(13): 7482-7490.

[62] Zettl A, Lu L, Xiang X D, et al. Normal-state transport properties of fullerene superconductors[J]. J. Supercond, 1994, 7(3): 639-642.

[63] De Marzi G, Morici L, Muzzi L, et al. Strain sensitivity and superconducting properties of Nb_3Sn from first principles calculations[J]. J. Phys.: Condens. Matter, 2013, 25(13): 135702.

[64] Godeke A. A review of the properties of Nb_3Sn and their variation with A15 composition, morphology and strain state[J]. Supercond. Sci. Technol, 2006, 19(8): R68-R80.

[65] Devantay H, Jorda J L, Decroux M, et al. The physical and structural properties of superconducting A15-type Nb-Sn alloys[J]. J. Mate. Sci, 1981, 16(8): 2145-2153.

[66] Bud'ko S L, Petrovic C, Lapertot G, et al. Magnetoresistivity and $H_{c2}(T)$ in MgB_2[J]. Phys. Rev. B, 2001, 63(22): 220503.

[67] Hopkins S C. Optimisation characterisation and synthesis of low temperature superconductors by current-voltage techniques[D]. Cambridge, England, United Kingdom: University of Cambridge, 2007.

[68] Webb G W, Fisk Z, Engelhardt J J, et al. Apparent T^2 dependence of the normal-state resistivities and lattice heat capacities of high-T_c superconductors[J]. Phys. Rev. B, 1977, 15(5): 2624-2629.

[69] Woodard D W and Cody G D. Anomalous resistivity of Nb_3Sn[J]. Phys. Rev, 1964, 136(1A): A166-A168.

[70] Gurvitch M, Ghosh A K, Lutz H, et al. Low-temperature resistivity of ordered and disordered A15 compounds [J]. Phys. Rev. B, 1980, 22(1): 128-136.

第 3 章

Nb_3Sn 超导体的微结构特征和多层级力学模型

在 Nb_3Sn 超导体临界性能多物理场耦合效应的研究中，应变函数 $s(\varepsilon)$ 是一个关键量，它是刻画多物理场环境下超导体临界性能退化行为的核心，这一函数形式的确立是磁体用 Nb_3Sn 超导体临界性能研究的关键。应变函数的确立，是以极低温区环境下 Nb_3Sn 超导体力学变形分析为基础的。

为了探索 Nb_3Sn 超导体临界性能应变效应的起源，早期大量的实验研究都集中在 Nb_3Sn 复合超导体宏观力学行为的测量上。在此期间，科研人员发明了极低温—强磁—载流环境下超导体力学变形及超导体临界性能的测量装置，如 TASIS（The Test Arrangement for Strain Influence on Strands）和 Pacman 测量装置[1-6]。借助这些实验装置，科研人员研究了轴向变形、弯曲变形和接触变形作用下 Nb_3Sn 超导体临界性能的退化规律，并开发了描述超导体临界性能多物理场耦合效应的经验和半经验模型。在这些测量中，宏观应变和依赖宏观应变的超导体临界温度、上临界磁场强度、临界电流密度是实验观测围绕的关键物理量。

随着新的测试技术和表征技术的发展，从微观角度上，如从晶格结构变化的角度，研究 Nb_3Sn 超导体临界性能应变效应的工作受到了越来越多的关注[7]。施加在 Nb_3Sn 超导体上的宏观尺度变形会传递到微细观尺度上。借助高能 X 射线衍射，Muzzi 等[8]通过实验测量了 Nb_3Sn 复合超导体在变形过程中，各组分相（Cu 基体、Nb 核、Nb_3Sn 超导体层）之间应力传递导致的晶格常数变化。之后的研究者采用脉冲中子技术[9]，确定了 Nb_3Sn 轴向晶格应变与加载应变之间的线性关系，关系表明随着宏观应变的增加，Nb_3Sn 晶格应变线性增加；实验同时证实了 Nb_3Sn 复合超导体宏观应力—应变曲线可以借助复合材料的混合律来解释。Awaji[10]通过中子和同步辐射技术，采用无损伤的方法测量了 Nb_3Sn 晶格的三维变形状态，实验测量结果表明了 Nb_3Sn 晶格应变对复合超导体的内部结构和变形历史的依赖性。

外加载荷作用时，Nb_3Sn 复合超导体的多层级结构会强烈影响晶体结构的局部变形状态。力学变形诱导使 Nb_3Sn 超导体临界性能弱化，会随超导体内应变状态的变化，发生由可逆退化向不可逆退化的转变，不可逆退化的产生与 Nb_3Sn 超导体层内微裂纹的萌生和演化及超导体内 Cu-Sn 基体的塑性变形息息相关。目前，对于应变作用下 Nb_3Sn 超导体临界性能弱化的机理仍然有争论[11-12]。同时，尽管已经发展起来的测试技术可以精准地测量外加载荷作用下 Nb_3Sn 晶格常数的变化，但是该技术仍不足以实时探测到最早的裂纹萌生和演化过程[13-14]。对于 Nb_3Sn 超导体力学变形的准确刻画，需要考虑 Nb_3Sn 超导体复杂的多级结构特征，同时需要发展相应的理论模型来弥补实验观测的不足。

Nb_3Sn 超导体临界性能多物理场耦合效应理论研究的滞后，制约了 Nb_3Sn 超导体和相应磁体工程技术的发展。

Nb_3Sn 超导体力学行为的研究是超导磁体设计的基础，同时也是探究其力—电磁—热耦合行为起源的基础。考虑 Nb_3Sn 超导体复杂的多尺度结构特征，本章从超导体微结构特征入手，建立了从原子尺度 A15 相晶体结构到超导体微结构，到宏观非均质 Nb_3Sn 复合超导体的多层级力学分析模型，该模型揭示了不同尺度 Nb_3Sn 超导体的变形特点。

3.1 Nb_3Sn 的晶体结构建模及力学性能

早期的 Nb_3Sn 超导体临界性能研究方法以唯象理论和实验观测的互动为主，随着研究的深入，需要从量子力学基本原理出发来讨论超导体体系的各种性质，这需要借助第一性原理方法。

第一性原理[15]（First-Principles）是基于量子力学理论，根据原子核与电子间的相互作用及基本运动规律，在不使用任何经验参数的基础上，通过近似处理求解薛定谔方程，直接得到超导体性能与其微观结构、组成成分之间的内在联系，它已经成为超导体研究中应用较为广泛的科学研究方法之一。近年来，随着计算机计算能力的大幅提高，第一性原理方法极大地推动了超导体计算力学等领域的发展。与传统的理论方法和实验方法相比，第一性原理计算不仅可以处理复杂的超导体体系，而且不受实验环境或仪器设备的制约，直接模拟计算极端条件下超导体的性能。

3.1.1 第一性原理模拟简介

1. 绝热近似与 Hartree-Fock 近似

为了确定 Nb_3Sn 超导体体系的基本物理性质，需要精确求解体系的薛定谔方程。超导体中的原子核—原子核、电子—电子及电子—原子核的相互作用极其复杂，多粒子系统的薛定谔方程为

$$H(\boldsymbol{r},\boldsymbol{R})\Psi(\boldsymbol{r},\boldsymbol{R}) = E^{\mathrm{H}}\Psi(\boldsymbol{r},\boldsymbol{R}) \tag{3.1.1}$$

式中，系统内全部电子的坐标集合用 $\boldsymbol{r}$ 表示；系统内部全部原子核坐标集合用 $\boldsymbol{R}$ 表示；

$H(\boldsymbol{r},\boldsymbol{R})$ 表示系统的哈密顿量；$\Psi(\boldsymbol{r},\boldsymbol{R})$ 表示系统的波函数；E^{H} 表示能量本征值。如果不考虑外场的作用，哈密顿量可由系统内所有粒子的动能和相互作用能组成，即由以下三个部分组成：

$$H = H_{\mathrm{e}} + H_{\mathrm{N}} + H_{\mathrm{e-N}} \tag{3.1.2}$$

式中，电子部分的哈密顿量为

$$\begin{aligned} H_{\mathrm{e}}(\boldsymbol{r}) &= T_{\mathrm{e}}(\boldsymbol{r}) + V_{\mathrm{e}}(\boldsymbol{r}) \\ &= -\sum_i \frac{h^2}{2m_i}\nabla_{n}^2 + \frac{1}{8\pi\varepsilon_0}\sum_{i\neq i'}\frac{e^2}{|\boldsymbol{r}_i - \boldsymbol{r}_{i'}|} \end{aligned} \tag{3.1.3}$$

式中，第一项表示所有电子的动能，第二项表示所有电子的相互作用势能。原子核部分的哈密顿量为

$$\begin{aligned} H_{\mathrm{N}}(\boldsymbol{R}) &= T_{\mathrm{N}}(\boldsymbol{R}) + V_{\mathrm{N}}(\boldsymbol{R}) \\ &= -\sum_j \frac{h^2}{2M_j}\nabla_{R_j}^2 + \frac{1}{8\pi\varepsilon_0}\sum_{j\neq j'}\frac{Z_j Z_{j'}}{|\boldsymbol{R}_j - \boldsymbol{R}_{j'}|} \end{aligned} \tag{3.1.4}$$

式中，第一项为所有原子核的动能，第二项为所有原子核间的相互作用能。电子与原子核相互作用部分的哈密顿量为

$$H_{\mathrm{e-N}}(\boldsymbol{r},\boldsymbol{R}) = -\sum_{i,j} V_{\mathrm{e-N}}(\boldsymbol{r}_i - \boldsymbol{R}_j) \tag{3.1.5}$$

超导体体系中包含数量庞大的电子和原子核，直接对 i 和 j 求和是不符合实际情况的，必须采用某种近似模型对实际情况进行抽象和简化。由于原子核的质量远大于电子的质量，根据动量守恒定律，可以认为当电子高速运动时，原子核只是在它们的平衡位置附近振动。因此，可以将原子核的运动和电子的运动解耦，分开考虑：①考虑电子运动时，原子核的位置相对电子而言是固定的，它们固定在瞬时位置；②考虑原子核运动时，不考虑电子的具体分布。这就是 Born 和 Oppenheimer 提出的绝热近似，也被称为 Born-Oppenheimer 近似[16]。根据该近似，可以构建原子核和电子运动的乘积形式表示系统总的波函数：

$$\Psi(\boldsymbol{r},\boldsymbol{R}) = \sum_n \chi_n(\boldsymbol{R})\Phi_n(\boldsymbol{r},\boldsymbol{R}) \tag{3.1.6}$$

式中，$\chi_n(\boldsymbol{R})$ 和 $\Phi_n(\boldsymbol{r},\boldsymbol{R})$ 分别代表原子核波函数和电子波函数。多电子系统的哈密顿量为

$$H_0(\boldsymbol{r},\boldsymbol{R}) = H_{\mathrm{e}}(\boldsymbol{r}) + V_{\mathrm{N}}(\boldsymbol{R}) + H_{\mathrm{e-N}}(\boldsymbol{r},\boldsymbol{R}) \tag{3.1.7}$$

对应电子运动的薛定谔方程为

$$H_0(\boldsymbol{r},\boldsymbol{R})\Phi_n(\boldsymbol{r},\boldsymbol{R}) = E_n(\boldsymbol{R})\Phi_n(\boldsymbol{r},\boldsymbol{R}) \tag{3.1.8}$$

其中，原子核的瞬时位置坐标 $\boldsymbol{R}$ 在 $\Phi_n(\boldsymbol{r},\boldsymbol{R})$ 中只作为参数，n 代表电子态量子数，将系统总的波函数式代入薛定谔方程式（3.1.1）中，便可给出原子核的运动方程：

$$\left[T_{\mathrm{N}}(\boldsymbol{R}) + E_n(\boldsymbol{R})\right]\chi_{n,\mu}(\boldsymbol{R}) = E_{n,\mu}^{\mathrm{H}}(\boldsymbol{R})\chi_{n,\mu}(\boldsymbol{R}) \tag{3.1.9}$$

通过绝热近似，将粒子体系简化为多电子体系之后，可以得到多电子的薛定谔方程为

$$\left[-\sum_i \nabla_{\boldsymbol{r}_i}^2 + \sum_i V(\boldsymbol{r}_i) + \frac{1}{2}\sum_{i,j}\frac{1}{\left|\boldsymbol{r}_i - \boldsymbol{r}_j\right|}\right]\Phi = \left[\sum_i H_i + \sum_{i,i'} H_{i,i'}\right] = E\Phi \tag{3.1.10}$$

尽管通过绝热近似对薛定谔方程进行了很大的简化，但是仍然避免不了电子之间的相互作用，公式依然很难求解。通过 Hartree 近似，忽略电子之间的相互作用，可以再次简化体系的薛定谔方程，并进一步给出单电子方程[17]：

$$\left[-\frac{1}{2}\nabla^2 + V_{\mathrm{ext}} + \sum_{j\neq i}^{N}\int\frac{\left|\varphi_j(\boldsymbol{r}_j)\right|^2}{\left|\boldsymbol{r}_j - \boldsymbol{r}_i\right|}\mathrm{d}\boldsymbol{r}_j\right]\varphi_i(\boldsymbol{r}_i) = E_i\varphi_i(\boldsymbol{r}_i) \tag{3.1.11}$$

哈密顿表达式（3.1.11）中的 $\sum_{j\neq i}^{N}\int\frac{\left|\varphi_j(\boldsymbol{r}_j)\right|^2}{\left|\boldsymbol{r}_j - \boldsymbol{r}_i\right|}\mathrm{d}\boldsymbol{r}_j$ 为经典静电势，表示第 i 个电子受到其他所有电子的库仑相互作用，也称为 Hartree 项，这个方程只针对第 i 个电子，所以是单电子方程。

Hartree 假设的多粒子波函数 $\Psi_H(\boldsymbol{r}) = \prod_{i=1}^{N}\psi_i(\boldsymbol{r}_i)$ 直接写成单粒子波函数的乘积，不满足反对称性。之后，Slater 发现行列式形式的波函数可以自然满足这种反对称性[18]：

$$\Psi_{\mathrm{HF}}(\boldsymbol{x}_1,\boldsymbol{x}_2,\cdots,\boldsymbol{x}_N) = \frac{1}{\sqrt{N!}}\begin{vmatrix} \psi_1(\boldsymbol{x}_1) & \psi_2(\boldsymbol{x}_1) & \dots & \psi_N(\boldsymbol{x}_1) \\ \psi_1(\boldsymbol{x}_2) & \psi_2(\boldsymbol{x}_2) & \dots & \psi_N(\boldsymbol{x}_2) \\ \vdots & \vdots & \ddots & \vdots \\ \psi_1(\boldsymbol{x}_N) & \psi_2(\boldsymbol{x}_N) & \dots & \psi_N(\boldsymbol{x}_N) \end{vmatrix} \tag{3.1.12}$$

为了满足这样的反对称性，Fock 将体系的波函数进行修正，给出：

$$\left[-\frac{1}{2}\nabla^2+V_{\text{ext}}+\sum_j^N\int\frac{\left|\varphi_j(\boldsymbol{r}')\right|^2}{\left|\boldsymbol{r}'-\boldsymbol{r}\right|}\mathrm{d}\boldsymbol{r}'\right]\varphi_i(\boldsymbol{r})-\sum_j^N\int\frac{\varphi_j^*(\boldsymbol{r}')\varphi(\boldsymbol{r}')}{\left|\boldsymbol{r}'-\boldsymbol{r}\right|}\mathrm{d}\boldsymbol{r}'\varphi_j(\boldsymbol{r})=\varepsilon_i\varphi_i(\boldsymbol{r}) \quad (3.1.13)$$

式（3.1.13）就是 Hartree-Fock 方程。借助绝热近似和 Hartree-Fock 近似，多体系薛定谔方程被极大地简化，减少了很多计算工作，从而可以对薛定谔方程进行求解。

2. 密度泛函理论

20 世纪 60 年代，Hohenberg、Kohn 和 Sham 提出了密度泛函理论（Density Functional Theory，DFT），DFT 的核心思想是把需要研究的多体问题转换为单体问题，它是研究多粒子系统基态理论的重要方法。

1927 年，Thomas 和 Fermi[19, 20]指出可以用电子密度来表示固体的基态物理性质，这是密度泛函理论思想的起源。Thomas-Fermi 理论是不含有轨道的，完全使用了电子密度，而现代密度泛函虽然也写成电子密度的函数，但它却含有轨道。1964 年，Hohenberg 和 Kohn 创立了密度泛函理论，并且严格证明了基态电子密度可以唯一决定体系的基态性质，并提出如下定理[21]。

定理一：哈密顿的外势场是电子密度的唯一泛函，即电子密度可以唯一确定外势场。

定理二：能量可以写成电子密度 ρ' 的泛函，即 $E[\rho']$，而且该泛函的最小值就是系统的基态能量。

根据上述定理，系统的基本变量由波函数替换成了电子密度 $\rho'(\boldsymbol{r})$，则对应的系统能量泛函可以表示为

$$E[\rho']=T[\rho']+\int v(\boldsymbol{r})\rho'(\boldsymbol{r})\mathrm{d}\boldsymbol{r}+\frac{1}{2}\iint\frac{\rho'(\boldsymbol{r})\rho'(\boldsymbol{r}')}{\left|\boldsymbol{r}-\boldsymbol{r}'\right|}\mathrm{d}\boldsymbol{r}\mathrm{d}\boldsymbol{r}'+E_{\text{xc}}[\rho'] \quad (3.1.14)$$

式中，$T[\rho']$ 代表电子动能，后三项则是对 Thomas-Fermi 模型的改进，分别表示外场对电子的作用、电子间的库仑排斥作用和交换关联相互作用。

需要注意的是，Hohenberg-Kohn 定理中依然有一些问题悬而未决：①如何确定电子密度函数；②如何确定动能泛函；③如何确定交换关联泛函。这些问题给后期的计算带来了很大的挑战，限制了 Hohenberg-Kohn 定理的实际应用。前两个问题可以通过 Kohn-

Sham 方程近似处理，第三个问题可以通过局域密度近似（LDA）来解决。

1）Kohn-Sham 方程

Kohn 和 Sham[22]为了解决 Hohenberg-Kohn 定理中出现的问题，提出了 Kohn-Sham 方程。根据 Hohenberg-Kohn 定理，基态能量和基态粒子数密度可由能量泛函对密度函数的变分得到

$$\int\left\{\frac{\delta T[\rho'(\boldsymbol{r})]}{\delta\rho'(\boldsymbol{r})}+v(\boldsymbol{r})+\int\frac{\rho'(\boldsymbol{r}')}{|\boldsymbol{r}-\boldsymbol{r}'|}\mathrm{d}\boldsymbol{r}'+\frac{\delta E_{\mathrm{xc}}[\rho'(\boldsymbol{r})]}{\delta\rho'(\boldsymbol{r})}\right\}\delta\rho'(\boldsymbol{r})\mathrm{d}\boldsymbol{r}=0 \tag{3.1.15}$$

由粒子数不变的条件

$$\int\delta\rho'(\boldsymbol{r})\mathrm{d}\boldsymbol{r}=0 \tag{3.1.16}$$

可以给出

$$\frac{\delta T[\rho'(\boldsymbol{r})]}{\delta\rho'(\boldsymbol{r})}+v(\boldsymbol{r})+\int\frac{\rho'(\boldsymbol{r}')}{|\boldsymbol{r}-\boldsymbol{r}'|}\mathrm{d}\boldsymbol{r}'+\frac{\delta E_{\mathrm{xc}}[\rho'(\boldsymbol{r})]}{\delta\rho'(\boldsymbol{r})}=\mu \tag{3.1.17}$$

式中，μ 为拉格朗日乘子。利用 N 个粒子波函数 $\Psi_i(\boldsymbol{r})$ 构成密度函数：

$$\rho'(\boldsymbol{r})=\sum_i^N|\Psi_i(\boldsymbol{r})|^2 \tag{3.1.18}$$

再利用 $\Psi_i(\boldsymbol{r})$ 的变分代替对 ρ' 的变分，E_i 代替拉格朗日乘子，可以得到

$$\delta\left\{E[\rho'(\boldsymbol{r})]-\sum_{i=1}^N E_i\left[\int\Psi_i^*(\boldsymbol{r})\Psi_i(\boldsymbol{r})\mathrm{d}\boldsymbol{r}-1\right]\right\}\Big/\delta\Psi_i(\boldsymbol{r})=0 \tag{3.1.19}$$

进而得到单电子方程为

$$\{-\nabla^2+V_{\mathrm{KS}}[\rho'(\boldsymbol{r})]\}\Psi_i(\boldsymbol{r})=E_i\Psi_i(\boldsymbol{r}) \tag{3.1.20}$$

式中，$V_{\mathrm{KS}}[\rho'(\boldsymbol{r})]$ 表示单电子有效势：

$$V_{\mathrm{KS}}[\rho'(\boldsymbol{r})]=v(\boldsymbol{r})+\int\frac{\rho'(\boldsymbol{r}')}{|\boldsymbol{r}-\boldsymbol{r}'|}\mathrm{d}\boldsymbol{r}'+\frac{\delta E_{\mathrm{xc}}[\rho'(\boldsymbol{r})]}{\delta\rho'(\boldsymbol{r})} \tag{3.1.21}$$

式（3.1.19）被称为 Kohn-Sham 方程，Kohn-Sham 方程的核心是用无相互作用的粒子模型代替有相互作用粒子哈密顿量中的相应项，而将有相互作用粒子的全部复杂性都归因

于交换关联相互作用泛函数中的 $E_{xc}[\rho']$。$E_{xc}[\rho']$ 包含两部分：一部分为相互作用电子体系与假定无相互作用电子体系的动能之差，另一部分为相互作用电子体系与假定无相互作用电子体系的相互作用能之差。

2）交互关联泛函

Kohn-Sham 方程系统阐述了相互作用的粒子动能泛函与粒子数密度之间的关系，借助该方程，可以将复杂的多电子系统问题转化为简单的单电子问题。进一步处理 Kohn-Sham 方程，需要找到交换关联泛函的表达式 $E_{xc}[\rho']$，这一项的获取是非常困难的，需要根据实际情况进行合理的近似和简化。通常采用的近似方法有两种：一种是局域密度近似（Local Density Approximation，LDA），另一种是广义梯度近似（Generalized Gradient Approximation，GGA）。

LDA 是由 Kohn 和 Sham[22]提出的，在这种近似下，交换关联泛函可以表达为

$$E_{xc}^{\mathrm{LDA}}[\rho'(\boldsymbol{r})]=\int\rho'(\boldsymbol{r})\varepsilon_{xc}[\rho'(\boldsymbol{r})]\mathrm{d}\boldsymbol{r} \tag{3.1.22}$$

式中，$\varepsilon_{xc}[\rho'(\boldsymbol{r})]$ 表示电子密度为 $[\rho'(\boldsymbol{r})]$ 的均匀电子气的交换关联能密度。LDA 的核心思想是假设空间中各处电子处于均匀分布状态，在 LDA 下可以很好地写出 Kohn-Sham 方程，且对于电子密度平缓变化的系统可以给出较好的结果。LDA 是在均匀电子气或电子密度变化足够缓慢的系统中提出的，用于描述密度变化大的非均匀电子气系统并不合适，因此在 LDA 的基础之上，通过引入电子密度的梯度展开因子 $\nabla n(\boldsymbol{r})$，提出了广义梯度近似，对应的交换关联泛函可以表达为

$$E_{xc}^{\mathrm{GGA}}[\rho'(\boldsymbol{r})]=\int\rho'(\boldsymbol{r})\varepsilon_{xc}[\rho'(\boldsymbol{r}),\nabla\rho'(\boldsymbol{r})]\mathrm{d}\boldsymbol{r} \tag{3.1.23}$$

总体来说，交换关联势理论仍然处于不断的发展之中，到目前为止，仍然有不少学者提出新的泛函形式，泛函的发展包含越来越多的物理信息，同时在固体物性描述方面也变得越来越精确。

3. 赝势方法

赝势（Pseudopotential）方法是密度泛函理论计算中常用的方法，所谓赝势，顾名思义，就是一种“假”的有效势，用来替代真实的原子核与电子的相互作用势。真实电子波函数在原子核附近具有较大的振荡，必须用非常多的平面波才可以展开，这使计算量变得很大。而利用赝势，可以使计算效率大幅提升，通过一个不发散的有效势替代真实

势能，形成一个变化比较平缓的赝波函数，再用较少数量的平面波展开来求解能量本征值。

赝势方法的思想起源于正交化平面波（Orthogonalized Plane-Wave，OPW）[23]方法。1940 年，Herring 为了解决平面波基组无法有效展开原子核附近波函数的问题，提出了正交化平面波方法。这种方法的核心思想是在平面波的基组上，额外增加一项芯电子的波函数。1959 年，Phillips 和 Kleinman[24]在 OPW 方法的基础上提出了最早的赝势概念。目前，在计算中比较常用的赝势方法有三种：模守恒赝势[25]（Norm Conserving Pseudo-Potential，NCPP）、超软赝势[26, 27]（Ultrasoft Pseudo-Potential，USPP）和投影缀加波[28]（Projector Augmented Wave，PAW）方法。

3.1.2 VASP 软件简介

VASP（Vienna Ab-initio Simulation Package）是一个基于密度泛函理论的软件包，可进行第一性原理的相关计算及分析，该软件在计算过程中通过赝势和平面波基组进行第一性原理计算。

VASP 一般在 Linux 系统下操作，通过 Fortran 语言编译可执行程序实现计算模拟。VASP 程序与其他第一性原理程序相似，其主要的输入信息就是晶体结构。一般来说，VASP 需要四个输入文件，它们都是文件名固定的文本文件。

（1）INCAR：INCAR 是 VASP 模拟的核心输入文件，也是最复杂的输入文件。它决定 VASP 需要计算什么、以什么精度计算等关键信息。INCAR 文件包含大量参数，但很多都有默认值。

（2）POSCAR：文件中包含元胞和原子坐标信息，以及初始速度等信息。

（3）KPOINTS：文件包含倒易空间 k 点网格的坐标和权重。KPOINTS 文件有多种格式，以适应不同的计算任务。

（4）POTCAR：POTCAR 是超软赝势或 PAW 势函数文件，VASP 提供了元素周期表中几乎所有元素的势函数文件。在计算含有多种元素的体系时，需要根据元素在 POTCAR 中出现的顺序，把多个原子的 POTCAR 文件拼接在一起，生成一个晶体结构对应的 POTCAR 文件。通过提交计算任务，最后在 OUTCAR 中读取相关计算结果信息并进行分析，在 CHGCAR 中读取电荷密度信息，在 WAVECAR 中读取波函数结果。

3.1.3　Nb_3Sn 晶体结构建模及基本力学性能参数计算

A15 相 Nb_3Sn 具有体心立方晶体结构，每个单胞中的原子数为 8，其中，Sn 原子以体心立方点阵结构排列，在每个面上有 2 个 Nb 原子存在，晶体点阵间距约为 2.645 Å，如图 3.1 所示。

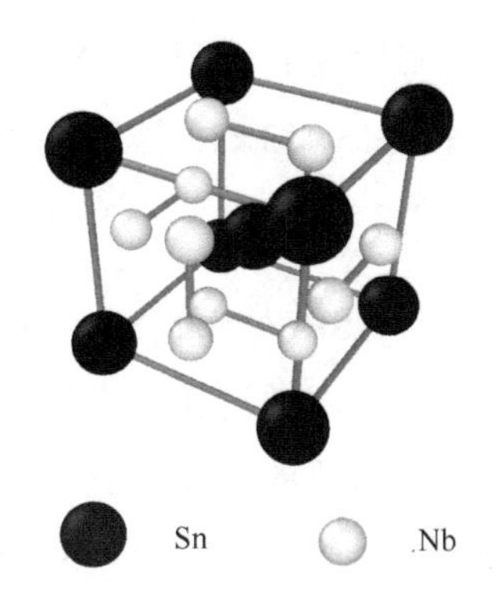

图 3.1　Nb_3Sn 单晶体的晶体结构

晶格常数是晶体物质的基本结构参数，它与原子间的结合能有直接关系，晶格常数的变化反映了晶体内部的成分、受力状态等的变化；而弹性常数对于理解固体的基本物理性质（如力学稳定性、材料硬度、强度，延展性和脆性）则是至关重要的。对于晶格常数的确定，单纯从数据库中获取的结构，只能作为一个合理的初始值，与计算得到的理论结构还有一定差距，因此需要对该结构进行优化才可以获取稳定的晶格参数信息。通过以下两个方法可以实现对晶格常数的计算：①Birch-Murnaghan 状态方程拟合；②VASP 在计算过程中，通过调节 ISIF 参数直接优化晶胞。对于弹性常数的计算而言，可以通过以下两种方法实现：①通过应变—能量的方法进行计算；②通过应变—应力的方法进行计算。本节通过调节 ISIF 参数直接优化晶胞来获取晶格常数，利用应变—应力的方法对弹性常数进行计算。对于任意晶系的晶体结构而言，其弹性常数矩阵有 21 个独立的弹性常数。晶体所属的晶系不同，其对称性也各不相同，晶系独立的弹性常数的个数随着对称性的升高而减少。Nb_3Sn 属于立方晶系（需要补充的是，在稳定存在的 Nb_3Sn 中，有极少部分属于四方晶系[5]，取决于 Sn 原子含量和环境温度），其独立的弹性个数只有 3 个，即 C_{11}、C_{12} 和 C_{44}。

在采用基于密度泛函理论的 VASP 软件包进行 Nb_3Sn 单晶体晶格常数和基本弹性力学性能参数的计算时，VASP 程序同时提供了 USPP 文件和 PAW 文件，由于 PAW 方法原则上总是优于 USPP 方法，所以采用 PAW 方法产生的赝势来描述 Nb_3Sn 体系中原子核和核外电子的相互作用，采用 Perdew、Burke 和 Ernzerhof（PBE）提出的广义梯度近似（GGA）方法来描述交换关联势，同时采用 Monkhorst-Pack 的 k 点网络方法对布里渊区进行积分。为保证拉伸模拟过程的准确性和体系总能量的充分收敛，对 k 点网格和截断能 ENCUT 进行了收敛测试。在计算 Nb_3Sn 单胞晶格常数的过程中，取 ISIF=3、ENCUT=700，采用 $13\times13\times13$ 的 k 点网格；在计算 Nb_3Sn 单胞弹性常数的过程中，取 ISIF=3、IBRION=6、NFREE=4，采用 $13\times13\times13$ 的 k 点网格，电子自洽迭代和离子步收敛判据分别设置为 10^{-5} eV 和−0.02 eV/ Å。

本节利用第一性原理计算软件 VASP 对 Nb_3Sn 单胞的晶格常数和弹性常数进行计算，并与实验结果进行对比（见表 3.1）。通过比较发现，计算得到的晶格常数和弹性常数与实验观测结果吻合较好，这表明赝势的正确及计算方法的可靠性，且计算符合弹性稳定判据，即对立方晶系有 $C_{11}+2C_{12}>0$，$C_{44}>0$，$C_{11}-C_{12}>0$。

表 3.1 Nb_3Sn 单晶体基本力学性能参数：第一性原理计算结果和实验测量结果的对比

晶格常数	C_{11}（GPa）	C_{12}（GPa）	C_{44}（GPa）	晶格常数（Å）
第一性原理模拟结果	253.2	101.3	32.6	5.33
实验结果[29]	253.8	112.4	39.6	5.29

3.2 Nb_3Sn 超导体的分子动力学模型

晶界是 Nb_3Sn 超导体中主要的有效磁通钉扎中心，它是研究超导体临界性能变化的关键。Nb_3Sn 晶体结构中，点阵间距约为 2.645 Å，工程用 Nb_3Sn 高场超导体平均晶粒尺寸为 100～200 nm，巨大的尺度跨越会给 Nb_3Sn 超导体的第一性原理建模和计算带来挑战。这时，采用分子动力学模拟来研究 Nb_3Sn 多晶体的变形，同时对晶界结构进行原子尺度建模，提供了一种粗化但切实可行的研究思路。

3.2.1 分子动力学模拟简介

分子动力学模拟是一种在原子尺度上进行超导体力学性能和微观机理模拟计算的方法。在给定的初始条件和边界条件下，利用经典力学方法建立的体系运动方程进行数值求解得到体系原子的位置、速度等信息，并应用统计物理的方法计算出模拟体系的性质。分子动力学方法与基于量子力学理论的第一性原理计算方法相比，具有节省计算资源、模拟体系大等特点[30-31]。

1. 模拟体系的势函数

势函数是体系中原子势能的经验表达式，是影响分子动力学模拟结果准确性的关键因素。势函数根据Born-Oppenheimer近似原理，忽略电子运动，将原子能量视为原子核位置的函数。势函数可以根据量子力学计算结果和实验结果得到。根据模拟体系和模拟情况的不同，分子动力学模拟需要采用不同的势函数。

1）对势函数

早期的分子动力学模拟采用的是对势函数。对势函数将原子间的相互作用简化为原子对之间的相互作用，忽略了体系对原子的影响。对势函数形式一般由两个部分组成，即代表原子间相互吸引作用的引力项和代表原子间相互排斥作用的斥力项。比较常见的对势有L-J势[32]、Morse势[33]等。式（3.2.1）为L-J势函数的形式：

$$E = 4\epsilon\left[\left(\frac{\sigma}{r_{ij}}\right)^{12} - \left(\frac{\sigma}{r_{ij}}\right)^{6}\right] \quad (r_{ij} < r_c) \tag{3.2.1}$$

式中，r_{ij}为两个原子间的距离；r_c为截断半径；ϵ、σ为势能参数，与相互作用的两个原子的种类有关。

对势函数对于惰性气体和部分无机化合物的分子动力学研究有较好的效果。但是对势函数过于简化，对于需要考虑电子云影响的模拟体系而言，不能准确给出其许多特性，如在金属体系的模拟中会得到柯西关系（$C_{12} = C_{14}$）[34]、计算空位形成能和结合能时与实验结果不符等情况。为此，研究者提出了含有多体相互作用的多体势函数。

2）多体势函数

多体势函数是考虑多粒子相互作用的势函数。嵌入原子势（EAM势）[35-36]、FS势[37]、Glue势[38]等多体势的提出有效地解决了对势在分子动力学模拟中存在的问题。这类多体势引入了电子运动与原子的相互作用项，原子能量被视为中心原子与其他原子相互作用产生的势能及其嵌入均匀电子气中的嵌入能之和，多体势函数具有如下形式：

$$E_i = \sum_{j\neq i}^{N} F\left(\rho'\left(r_{ij}\right)\right) + \frac{1}{2}\sum_{j\neq i}^{N}\phi\left(r_{ij}\right) \tag{3.2.2}$$

式中，F 为嵌入能函数，是中心原子处电子密度 ρ' 的函数，表示中心原子嵌入电子密度为 ρ 的电子云中的嵌入能；ϕ 为中心原子的对势函数。多体势函数参数需要通过拟合实验数据得到，是经验势函数。

EAM 势嵌入能的计算基于两个假设：①体系的电子密度由其组元的电子密度线性叠加；②组元原子的电子密度为 s 带、d 带电子密度的球形平均。因此，EAM 势对于电子密度不对称分布的情况并不适用，无法准确描述过渡金属的特性。Baskes 在 EAM 势的基础上，根据键结合方向的电子密度的影响提出了修正嵌入原子势（MEAM 势），MEAM 势可以有效地处理键结合方向比较强的模拟体系。张维邦等根据解析形式的 EAM 势提出了修正解析嵌入原子势（MAEAM 势）[39-40]，该势函数模型修正了由电子态密度非球对称分布导致的能量变化。

在 Nb_3Sn 晶体的分子动力学模拟中，本节采用了组合势函数的形式来定义原子间的相互作用[41-43]：Nb-Nb 作用的势函数采用 Zhang 等开发的用于 $Ni_{62}Nb_{38}$ 的原子嵌入势，Sn-Sn 作用的势函数采用 MEAM 势，Nb-Sn 间的势函数采用 L-J 势。

2. 牛顿运动方程的建立及求解方法

1）运动方程

分子动力学模拟的基本原理是牛顿运动定律。首先，计算出系统总势能 U；其次，系统总势能 U 对原子位置求一阶导数得到原子所受的力；再次，根据牛顿第二定律计算原子加速度；最后，预测 t 时刻原子的位置和速度。之后重复上述步骤，计算各时刻原子的位置和速度，得到原子的运动轨迹。

模拟体系的总势能 U，由各原子势能求和得到，总势能 U 是体系原子位置的函数。根据经典力学理论，原子 i 所受的力可以表示为

$$\boldsymbol{F}_i = -\frac{\partial U}{\partial \boldsymbol{r}_i} \tag{3.2.3}$$

根据牛顿第二定律，原子的加速度可以表示为

$$\boldsymbol{a}_i = \frac{\boldsymbol{F}_i}{m_i} \tag{3.2.4}$$

得到原子加速度后，可以预测 t 时刻原子的位置和速度：

$$\begin{aligned} \boldsymbol{a}_i &= \frac{\mathrm{d}^2}{\mathrm{d}t^2}\boldsymbol{r}_i = \frac{\mathrm{d}}{\mathrm{d}t}\boldsymbol{v}_i \\ \boldsymbol{v}_i &= \boldsymbol{v}_i^0 + \boldsymbol{a}_i t \\ \boldsymbol{r}_i &= \boldsymbol{r}_i^0 + \boldsymbol{v}_i t + \boldsymbol{a}_i t^2 \end{aligned} \tag{3.2.5}$$

式中，$\boldsymbol{v}_i^0$、$\boldsymbol{r}_i^0$ 分别为原子的初始速度和初始位置。

2）数值求解

分子动力学模拟需要通过数值求解的方式来计算 t 时刻原子的速度和位置，其中最常用的数值求解方法是 Verlet 算法[44]，Verlet 算法应用有限差分的方法来求解。在 $t \pm \Delta t$ 时刻原子的位置 $\boldsymbol{r}(t \pm \Delta t)$ 可以通过泰勒展开表示为

$$\begin{aligned} \boldsymbol{r}(t+\Delta t) &= \boldsymbol{r}(t) + \boldsymbol{v}(t)\Delta t + (1/2)\boldsymbol{a}(t)\Delta t^2 + O(\Delta t^3) \\ \boldsymbol{r}(t-\Delta t) &= \boldsymbol{r}(t) - \boldsymbol{v}(t)\Delta t + (1/2)\boldsymbol{a}(t)\Delta t^2 + O(\Delta t^3) \end{aligned} \tag{3.2.6}$$

将式（3.2.6）中的两式相加，得到 $t \pm \Delta t$ 时刻的原子位置 $\boldsymbol{r}(t \pm \Delta t)$：

$$\boldsymbol{r}(t+\Delta t) = -\boldsymbol{r}(t-\Delta t) + 2\boldsymbol{r}(t) + \boldsymbol{a}(t)(\Delta t)^2 + O(\Delta t^3) \tag{3.2.7}$$

将式（3.2.6）中的两式相减，得到 t 时刻的原子速度 $\boldsymbol{v}(t \pm \Delta t)$：

$$\boldsymbol{v}(t) = \frac{\boldsymbol{r}(t+\Delta t) - \boldsymbol{r}(t-\Delta t)}{2\Delta t} \tag{3.2.8}$$

在分子动力学计算中，时间步长 Δt 的取值通常在飞秒量级，在计算时忽略 Δt 的高阶项 $O(\Delta t^3)$，容易导致在计算原子位置和瞬时速度时产生误差。为解决这一问题，并统一原子位置和速度的精度，Verlet 开发了蛙跳算法[45]。

Verlet 蛙跳算法直接给出了位移、速度和加速度三者之间的关系：

$$\begin{aligned} \boldsymbol{v}\left(t + \frac{1}{2}\Delta t\right) &= \boldsymbol{v}\left(t - \frac{1}{2}\Delta t\right) + \boldsymbol{a}\Delta t \\ \boldsymbol{r}(t+\Delta t) &= \boldsymbol{r}(t) + \boldsymbol{v}\left(t + \frac{1}{2}\Delta t\right)\Delta t \end{aligned} \tag{3.2.9}$$

该算法假设已知 $\boldsymbol{v}(t - 1/2\Delta t)$ 和 $\boldsymbol{r}(t)$，首先利用 $\boldsymbol{r}(t)$、式（3.2.3）和式（3.2.4）求得 t 时刻的加速度 $\boldsymbol{a}(t)$，再由式（3.2.9）计算 $t+\Delta t$ 时刻原子位置的预测值。原子在 t 时刻

的瞬时速度为 $\boldsymbol{v}(t-1/2\Delta t)$ 和 $\boldsymbol{v}(t-1/2\Delta t)$ 的算术平均值：

$$\boldsymbol{v}(t)=\frac{\boldsymbol{v}(t+1/2\Delta t)-\boldsymbol{v}(t-1/2\Delta t)}{2} \tag{3.2.10}$$

Verlet 蛙跳算法可以节省存储空间，而且具有计算结果精度高、稳定性强等优点，目前已被广泛应用到分子动力学计算中。

从上述算法可以看出，选择合适的时间步长是确保分子动力学模拟结果精确性的关键。选择合适的时间步长，可以在节省模拟时间的同时确保模拟结果的准确性，本节在 Nb_3Sn 晶体的分子动力学模拟中选取的时间步长是 1fs。

3. 描述模拟体系外部环境的系综

在分子动力学模拟中，用系综来描述模拟体系的宏观环境，使模拟环境接近实验环境。系综是在一定的宏观条件下，是结构和性质完全相同但处于各种运动状态的、各自独立的系统的集合[46]。在分子动力学模拟中，常用的系综有微正则（NVE）系综、正则（NVT）系综、等温等压（NPT）系综。NVE 系综在计算时系统体积是不变的，且体系不与外界发生能量交换，适用于能量与粒子数量不变的孤立系统；在 NVT 系综中，粒子数量 N、体系体积 V 和体系温度 T 是恒定的，体系通过与外界发生能量交换来保持体系温度的恒定；在 NPT 系综中，体系处于等温等压的外部环境下，在模拟过程中体系的压强、温度不变。

选择不同的系综会影响分子动力学的模拟结果及模拟体系的结构。本节考察的重点是静水压强加载模式下 Nb_3Sn 单晶体和多晶体的力学变形，由于静水压强是全方位、均匀地对物体施加压力，即环境压力，因此在 Nb_3Sn 晶体在静水压强作用下力学响应的分子动力学模拟中采用 NPT 系综来施加静水压强。

4. 边界条件

分子动力学模拟需要根据研究问题的情况选择边界条件。边界条件分为周期性边界条件和非周期性边界条件，其中，非周期性边界条件又分为固定边界条件、收缩边界条件。在进行 Nb_3Sn 晶体的分子动力学模拟中，在 x 、 y 、 z 三个方向均采用周期性边界条件，这样可以减少边界效应的影响，更好地反映 Nb_3Sn 晶体的力学变形特性。

图 3.2 是周期性边界条件的二维示意图。中心阴影正方形处为实际的模拟系统，其周围 8 个正方形为模拟系统的周期性镜像。当粒子从模拟盒子的一侧移除时，会有对应

的粒子从盒子的对侧移入，如图 3.2 中的深色粒子所示；在计算原子间相互作用时，采用最近镜像原则。

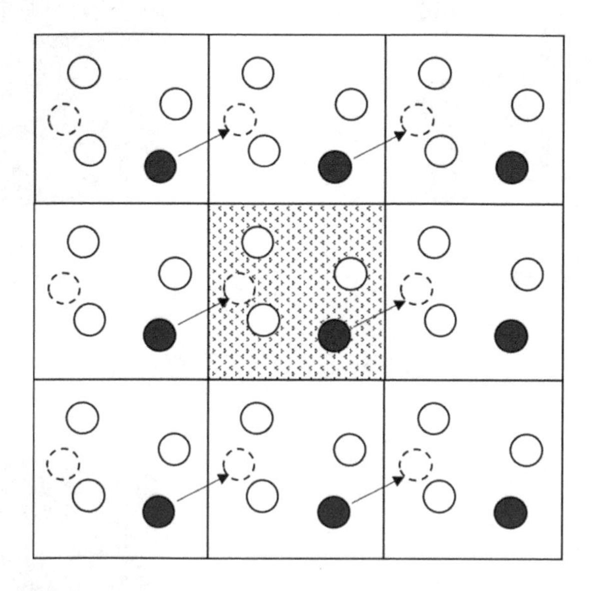

图 3.2　Nb_3Sn 分子动力学建模的周期性边界条件的二维示意图

3.2.2　Nb_3Sn 分子动力学模拟

1. Nb_3Sn 单晶体模型

Nb_3Sn 晶胞具有 A15 相结构，如图 3.3（a）所示。图 3.3（b）是本节建立的 Nb_3Sn 单晶体模型，模型中所使用的晶格常数 a=5.29 Å，模拟单元是边长为 50a 的正方体，含有 10^6 个原子。Nb_3Sn 单晶体的[001]、[010]、[100]晶轴分别对应模拟盒子的 x、y、z 三个方向。通过施加周期性边界条件，模拟体系可以被视为准无限大体系。

2. Nb_3Sn 多晶体模型

为了研究晶界变形对 Nb_3Sn 超导体临界性能弱化的影响，本节基于二维 Voronoi 图建立了 Nb_3Sn 多晶体模型，如图 3.4 所示。多晶体模型是边长为 100a 的立方体，包含 4 个取向不同的晶粒（具有周期性特征）。建立的多晶体模型需要经过分子动力学模拟中的弛豫过程使体系达到平衡状态，以得到合理的晶界结构。

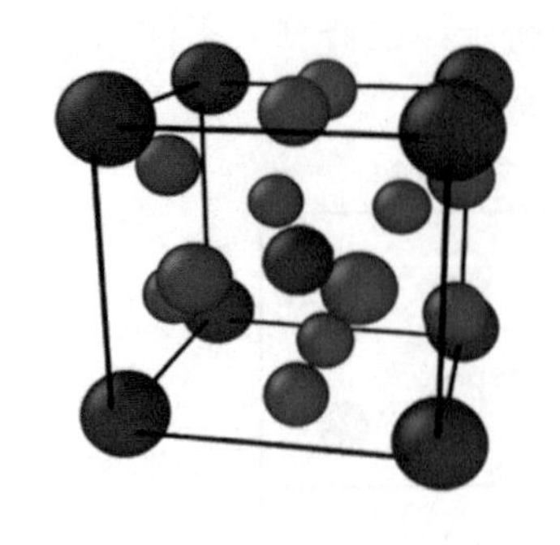

（a）A15 相结构

（b）Nb_3Sn 单晶体模型

图 3.3　Nb_3Sn 晶胞结构和单晶体模型

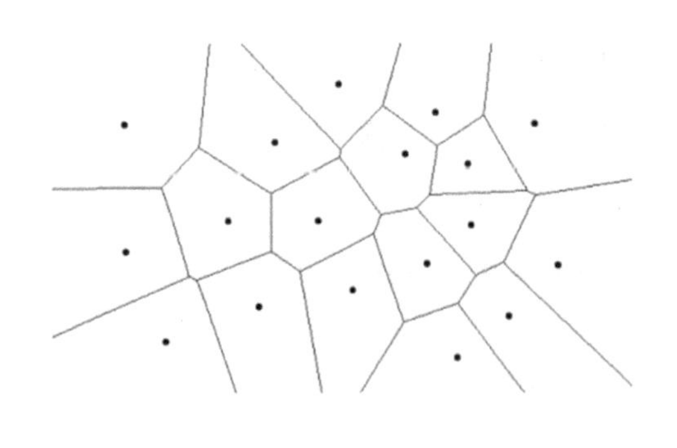

（a）二维 Voronoi 图

（b）Nb_3Sn 多晶体模型

图 3.4　二维 Voronoi 图和 Nb_3Sn 多晶体模型

1）Nb_3Sn 多晶体晶粒取向赋予

Nb_3Sn 多晶体晶粒取向赋予的基本步骤如下。

（1）随机赋予各晶粒取向。

（2）建立以晶体坐标系原点为中心，完整包含所有晶粒，且[100]、[010]、[001]三个晶向与 x、y、z 轴重合的 Nb_3Sn 单晶球。

（3）将 Nb_3Sn 单晶球绕球心旋转，使其[100]、[010]、[001]三个方向与晶粒 i 的[100]、[010]、[001]三个晶向重合。

（4）在旋转后的单晶球中取出位于晶粒 i 区域内的原子作为晶粒 i 的原子。

Nb_3Sn 单晶球的旋转过程可以采用欧拉角 $(\varphi_1、\phi、\varphi_2)$ 来确定，并可采用该欧拉角来表示晶粒取向；通过坐标变换的方式给出旋转后的原子坐标，坐标变换矩阵由欧拉角给出：

$$\boldsymbol{g}=\begin{bmatrix} \cos\varphi_1\cos\varphi_2-\sin\varphi_1\sin\varphi_2\cos\phi & \sin\varphi_1\cos\varphi_2+\cos\varphi_1\sin\varphi_2\cos\phi & \sin\varphi_2\sin\phi \\ -\cos\varphi_1\sin\varphi_2-\sin\varphi_1\cos\varphi_2\cos\phi & -\sin\varphi_1\sin\varphi_2-\cos\varphi_1\cos\varphi_2\cos\phi & \cos\varphi_2\sin\phi \\ \sin\varphi_1\sin\phi & -\cos\varphi_1\sin\phi & \cos\phi \end{bmatrix}$$

（3.2.11）

旋转后原子坐标 $\boldsymbol{P}'$ 可以表示为

$$\boldsymbol{P}'=\boldsymbol{P}\boldsymbol{g}^{\mathrm{T}} \tag{3.2.12}$$

在截取晶粒 i 内的原子时，通过判断原子与代表晶粒 i 的二维 Voronoi 图各表面的相对位置来判断原子是否在晶粒 i 区域内。选取晶粒 i 区域内的一点 A（选取代表晶粒 i 的种子点 i），将 A 点和二维 Voronoi 图各表面上的一点所确定的向量 $\boldsymbol{q}$ 与各表面法向量 $\boldsymbol{n}$ 做点乘，所得值的正负代表 A 点与各表面的相对位置，如图 3.5 所示，若所得值为正则记为“1”，反之则记为“−1”。将这些“1”与“−1”组合为一个向量 $\boldsymbol{G}$，作为判断点是否在晶粒内的依据。当原子点所得向量 $\boldsymbol{G}_0$ 与 $\boldsymbol{G}$ 相等时，则认为原子点在晶粒内。

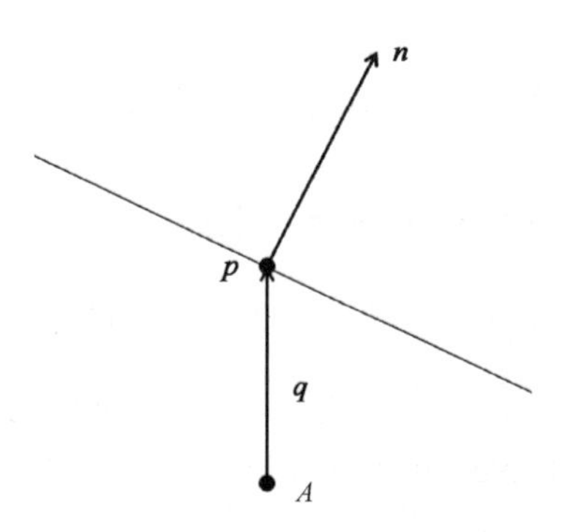

图 3.5　点与平面相对位置示意图

2）Nb_3Sn 多晶体模型周期性边界条件的建立

在分子动力学模拟中施加了周期性边界条件，这就要求 Nb_3Sn 多晶体模型具备周期性的特点。为了满足这一条件，首先要建立具有周期性结构的二维 Voronoi 图。以二维

Voronoi 图为例，如图 3.6 所示，首先生成模拟区域（见图 3.6 中深色方框区域）中种子点的镜像，然后以这些种子点和镜像种子点共同构建二维 Voronoi 图，模拟区域的二维 Voronoi 图就具有了周期性特点。之后，需要模拟盒子内属于同一晶粒的区域在组合完整时为单晶，在图 3.6 中 A_1、A_2 区域就属于同一晶粒，其中原子在组合完整时为单晶，即 A_2 区域内原子移到 A_2' 区域后与 A_1 区域原子组成的体系仍为单晶。这需要在给晶粒区域填充原子时先填充满一个完整的晶粒，之后将超出模拟区域的部分移到模拟区域内对应的位置。

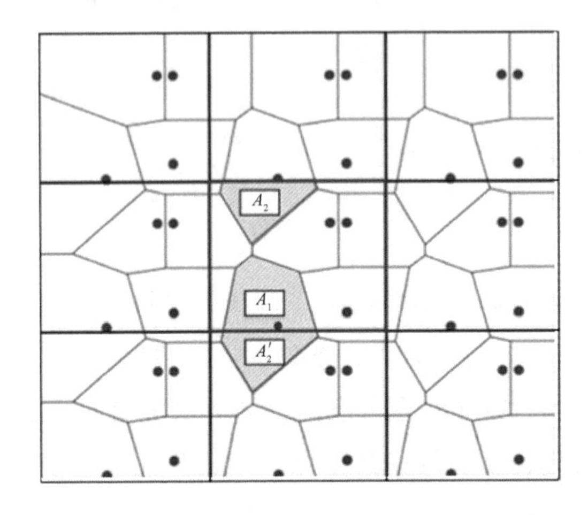

图 3.6　具有周期性特点的二维 Voronoi 图的构建示意图

3.2.3　静水压强加载模式下 Nb_3Sn 单晶体和多晶体的变形分析

1. 静水压强加载模式下 Nb_3Sn 单晶体的变形

本节利用 Lammps 程序进行了静水压强作用下 Nb_3Sn 单晶体变形的分子动力学模拟（计算模型如图 3.3 所示），在计算中通过高斯分布随机给出指定温度下原子的初始速度。分子动力学模拟给出了 Nb_3Sn 单晶体的弹性常数和晶格常数，如表 3.2 所示。实验结果[29]和第一性模拟结果的对比，表明了该势函数在力学性能参数上描述的可靠性。

表 3.2　Nb_3Sn 单晶体弹性力学性能参数

晶格常数	C_{11}（GPa）	C_{12}（GPa）	C_{44}（GPa）	晶格常数（Å）
本节工作	284.1	95.84	53.76	5.21
第一性原理模拟果	253.2	101.3	32.6	5.33
实验结果[29]	253.8	112.4	39.60	5.29

分子动力学模拟可以给出压力和低温环境联合作用下 Nb_3Sn 单晶体在原子尺度的变形和晶格结构变化，对这些细节的分析可以弥补实验观测的不足。在静水压强加载之前，本节在温度区间 4.2～44.2 K 均匀选取了 41 个温度点，分别在这些温度和无外部压强加载的条件下，用 NPT 系综弛豫了 40000 步（时间步长为 0.001ps），使晶体结构在这些温度环境下达到平衡状态。弛豫完成之后，在各温度下对模拟单元连续施加静水压强（0～10 GPa）。在静水压强作用下原子尺度的局部变形状态可通过可视化软件 Ovito 获取。

图 3.7 给出了在温度区间 4.2～44 K 内模拟单元的体积变化。从图 3.7 中可见，在无静水压强作用（0 GPa）时，随着温度的增加，Nb_3Sn 单晶体的体积增加。当环境温度从 4.2 K 变化到 44 K 时，体积增加了 0.161%。在加载 0.6 GPa、2.6 GPa、5.7 GPa、9.2 GPa 的静水压强下，当环境温度从 4.2 K 变化到 44 K 时，模拟单元体积分别增加了 0.151%、0.138%、0.121%、0.106%，体积的变化率取决于单晶体所承受的静水压强载荷。

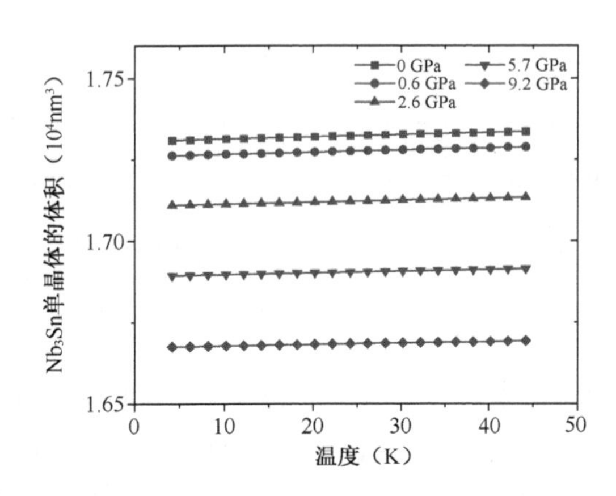

图 3.7 在不同静水压强加载条件下，Nb_3Sn 单晶体的体积随温度的变化

在 4.2 K 的低温环境下，当加载的静水压强从 0 GPa 变化到 10 GPa 时，Nb_3Sn 单晶体三个方向的主应变和体积变化分别如图 3.8（a）和图 3.8（b）所示。图 3.8（a）为静水压强加载下三个主应变的变化趋势，从图中可以看出三个主应变均随静水压强的增大而增加，且近似成线性关系。三个主应变重合，这与经典弹性力学理论给出的结论吻合，即 $\varepsilon_1=\varepsilon_2=\varepsilon_3$。随着加载静水压强的增大，当到达高静水压强区时，与弹性力学分析得到的线性关系不同，主应变与静水压强的变化成弱非线性关系，这起源于高静水压强下原子间的非谐相互作用。一般来说，弹性阶段加载静水压强和变形的关系可以用弹性常数来描述。其中，弹性常数 C_{ij} 为单位体积内原子间作用总势能 U 对应变分量的二阶偏导数，

即 $C_{ij}=\partial^2 U/V_0\partial\varepsilon_i\partial\varepsilon_j$ ，其中 V_0 是模拟体系的体积。当施加在 Nb_3Sn 单晶体上的静水压强较小时，原子偏离平衡状态的位移较小，考虑势能中原子间相对位移（应变）的二次方项即可准确描述体系的变形，根据上述表达式得到的弹性模量为常数，即加载静水压强和变形之间成线性关系；当施加在 Nb_3Sn 单晶体上的静水压强较大时，原子偏离平衡状态的位移增大，势能中的原子间相对位移（应变）的高次项（非谐项）不能忽略，从而使得加载静水压强与变形之间成非线性变化趋势。从图 3.8（b）可见，单晶体体积随静水压强增大而减小，当静水压强达到 10 GPa 时，Nb_3Sn 单晶体体积减小了约 4%。

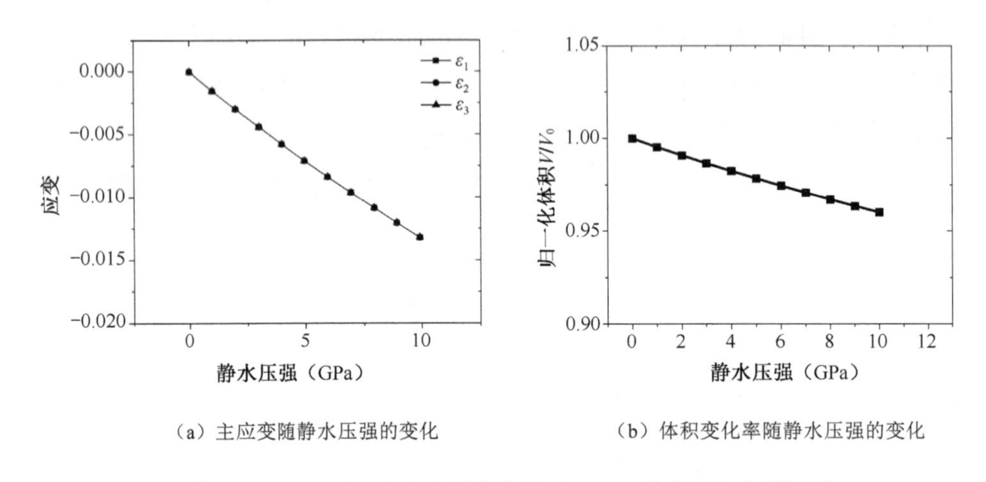

（a）主应变随静水压强的变化　　（b）体积变化率随静水压强的变化

图 3.8　4.2 K 时，在静水压强作用下 Nb_3Sn 单晶体的变形情况

借助可视化软件 Ovito，本节对静水压强加载下的 Nb_3Sn 单晶体的变形进行了可视化处理，给出了 Nb_3Sn 单晶体在 10 GPa 静水压强加载下的平面平均应力、整体和局部原子的 Mises 应力分布图。图 3.9（a）给出了 Nb_3Sn 单晶体平面的平均应力 σ_{xx} 、σ_{yy} 、σ_{zz} ，从图中可以看出平均应力在 10 GPa 左右（加载静水压强的大小）。图 3.9（b）为 Nb_3Sn 单晶体的 Mises 应力分布云图，从图中可以看出在该静水压强的作用下，Nb_3Sn 单晶体发生了明显的晶格畸变，Mises 应力主要集中在 Nb 原子上。图 3.9（c）为 Nb_3Sn 单晶体原子等效应力的分布直方图，可以看出 Mises 应力在 35 GPa 以上的原子数是应力在 2 GPa 左右的 3 倍；从应力分布上看，Sn 原子的 Mises 应力要明显小于 Nb 原子的 Mises 应力。模拟结果表明，Sn 原子所承受的局部 Mises 应力接近 2 GPa，而 Nb 原子所承受的 Mises 应力在 37 GPa 左右。

图 3.10 给出了在 10 GPa 静水压强载荷作用下，Nb_3Sn 单晶体 $x-z$ 平面上的主应力分布云图，其中主应力 σ_1 、σ_2 、σ_3 的方向分别沿 x 轴、y 轴、z 轴方向。从图 3.10 中

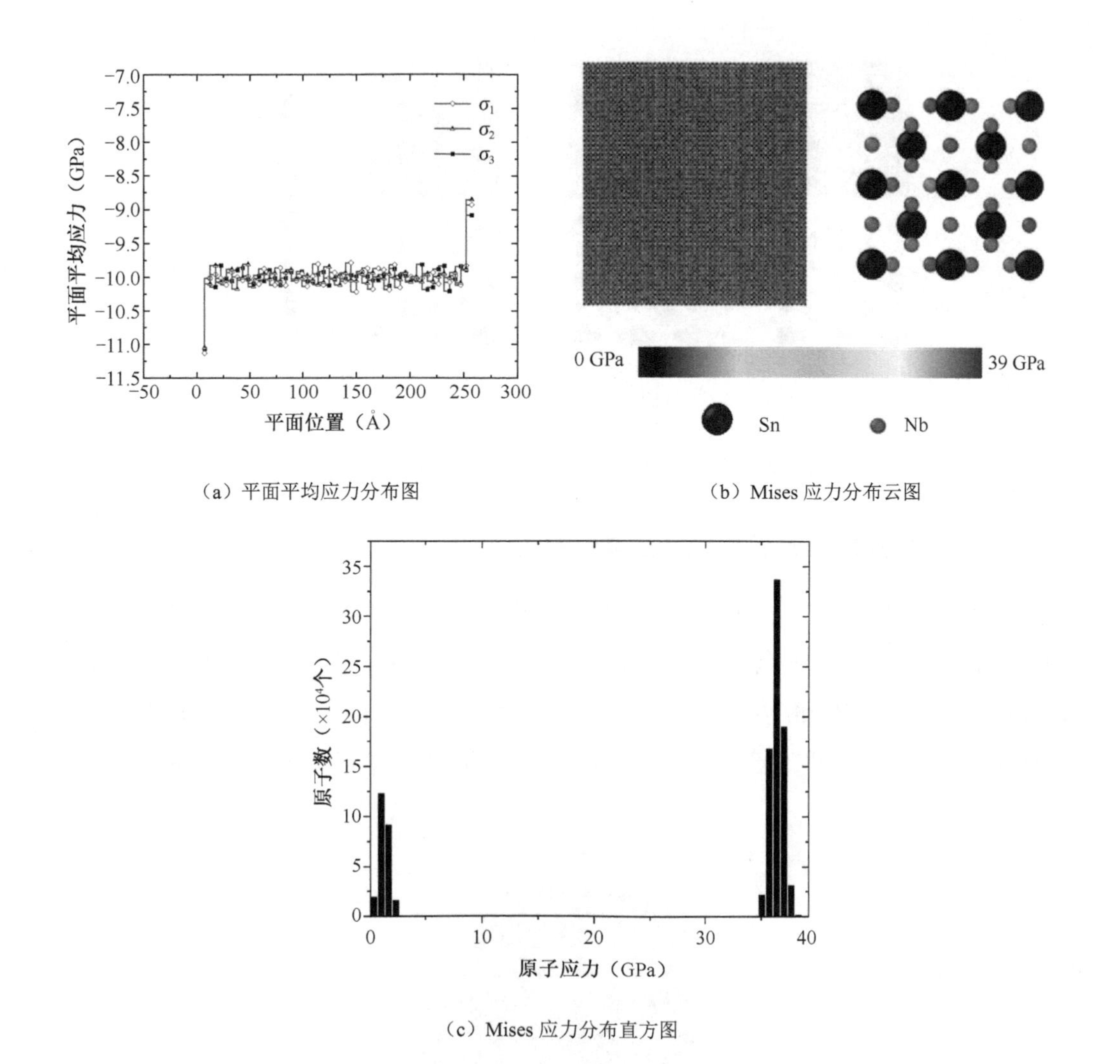

（a）平面平均应力分布图　　（b）Mises 应力分布云图

（c）Mises 应力分布直方图

图 3.9　静水压强加载下 Nb_3Sn 单晶体的应力分布情况

可以看出，各方向 Sn 原子均受到较大的压应力（局部原子应力在 57 GPa 左右），这个压应力的大小要大于 Nb 原子所受应力的大小；当 Nb 原子所在 Nb 链的方向与主应力方向平行时，会受到一个压应力，而其他方向的 Nb 链原子在该方向的应力则为拉应力。从图 3.10 中可以看出，所有 Nb 链原子的局部原子应力在大小上大致相同，均在 20 GPa 左右。这表明在静水压强作用下，Sn 原子承受各方向的主应力，而 Nb 原子只在 Nb 链方向承受压应力，在其他方向承受拉应力，这也是导致等效 Mises 应力主要集中在 Nb 链原子的原因。

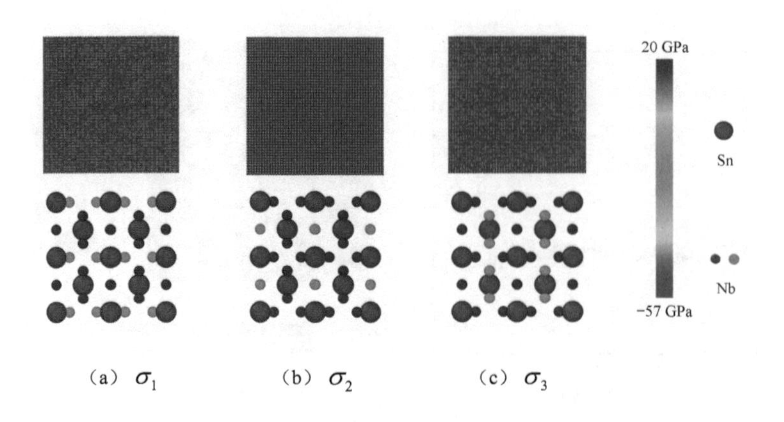

（a）σ_1　　（b）σ_2　　（c）σ_3

图 3.10　Nb_3Sn 单晶体 x–z 面的主应力分布云图

2. 静水压强加载模式下 Nb_3Sn 多晶体的变形

基于构造的 Nb_3Sn 多晶体模型，本节采用分子动力学程序 Lammps 进行了静水压强作用下的 Nb_3Sn 多晶体力学响应分析。模型是边长为 515.041 的正方体结构，如图 3.11 所示，由 4 个取向不同的 Nb_3Sn 晶粒构成，原子总数为 7824661 个。通过施加周期性边界条件，使该模拟单元的运算不受边界影响，从而使模拟结果更接近实际的 Nb_3Sn 多晶体组织结构。

图 3.11　Nb_3Sn 多晶体模型

图 3.12 所示为在静水压强作用下，Nb_3Sn 多晶体模拟单元的 Mises 应力分布变化。从图 3.12 中可以看出 Nb_3Sn 多晶体晶界上的 Mises 应力和晶粒内部相比表现出明显的不同。在 Mises 应力分布图中，可以清晰地看出晶界的位置和轮廓。晶界上大多数原子的 Mises 应力在 20 GPa 左右；随着静水压强的增大，晶界上具有高原子 Mises 应力值的原子数目逐步增加。为了更加清楚地展示在静水压强作用下 Nb_3Sn 多晶体的变形状态，后文中分别对晶粒内部和晶界上 Nb 原子和 Sn 原子的 Mises 应力进行统计。

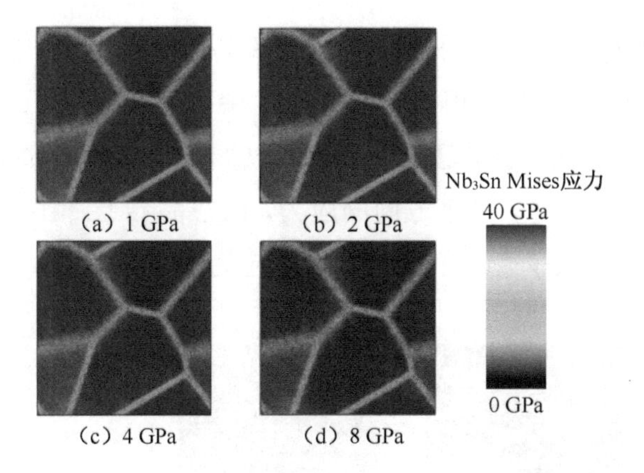

图 3.12　在静水压强作用下，Nb_3Sn 多晶体内部的 Mises 应力分布

图 3.13 所示为在静水压强作用下的 Nb_3Sn 多晶体中 Nb 原子的 Mises 应力分布变化图。整体来看，Nb 原子的 Mises 应力值分布为 30～36 GPa，晶界上 Nb 原子的 Mises 应力小于晶粒内部 Nb 原子的 Mises 应力，而最大的 Nb 原子 Mises 应力出现在晶界周围，并且随着静水压强的增大，晶界周围具有高 Mises 应力的 Nb 原子数目在增加。由于 Nb_3Sn 多晶体中单个晶粒内部晶格完整，在静水压强作用下晶粒内部的应力分布符合 Nb_3Sn 单晶体应力分布特性，即 Nb 原子在 A15 相结构中呈链状，且单胞中 Nb 链间相互成正交排列，在静水压强作用下，Nb 原子只在 Nb 链方向承受压应力，在其他方向承受拉应力，导致等效应力主要集中在 Nb 链原子。随着静水压强的增大，晶粒内部 Nb 原子 Mises 应力逐渐增大。而在晶界上，超导相结构不完整，Nb 原子的链状排列被打乱，其所受的等效应力相对较小。

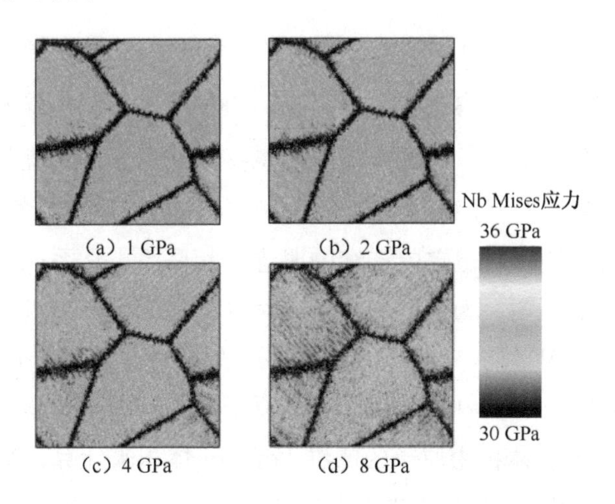

图 3.13　Nb_3Sn 多晶体中 Nb 原子的 Mises 应力分布

图 3.14 所示为在静水压强作用下的 Nb_3Sn 多晶体模拟单元内 Sn 原子的 Mises 应力分布变化图，剖面位置与图 3.13 相同。从图 3.14 中可以观察到，在静水压强作用下，晶粒内部 Sn 原子的 Mises 应力小于晶界上 Sn 原子的 Mises 应力。这表明在静水压强的作用下，晶粒内的 Sn 原子承受了各个方向的应力，而在晶界上，由于超导相结构不完整，静水压强的作用使得 Sn 原子受力不均匀，发生应力集中，Mises 应力较大。

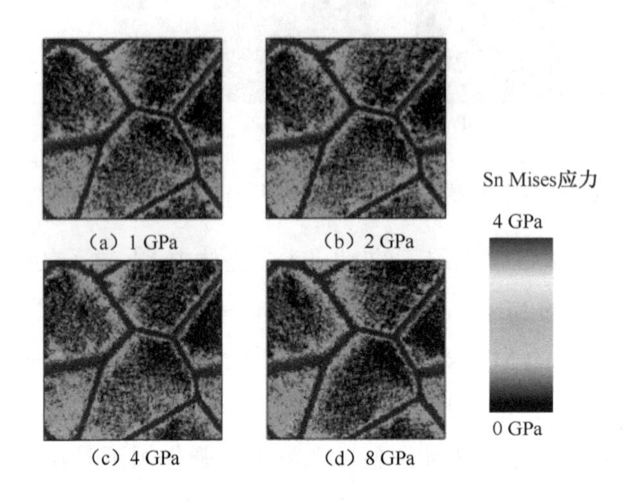

图 3.14　Nb_3Sn 多晶体中 Sn 原子的 Mises 应力分布

在上面的应力分析中，单个原子局部应力的表达式为

$$\sigma_{ij}^{\alpha}=\frac{1}{\Omega^{\alpha}}\left(\frac{-p_{\alpha}^{i}p_{\alpha}^{j}}{m}-\frac{1}{2}\sum_{\beta\neq\alpha}f_{\alpha\beta}^{i}r_{\alpha\beta}^{j}\right)=\sigma_{ij}^{\alpha,v}+\sigma_{ij}^{\alpha,w} \tag{3.2.13}$$

式中，Ω_{α} 为原子体积，p_{α} 为原子动量分量，$f_{\alpha\beta}$ 为 α 原子与 β 原子间的相互作用力分量，$r_{\alpha\beta}$ 是两原子距离。从式（3.2.13）中可见，原子应力具有能量密度的量纲，包括两部分贡献：①原子动量的贡献，即具有动能的意义；②原子间相互作用的贡献，即势能的贡献[47]。采用式（3.2.13）计算得到的是局部原子应力（离散的概念），为了和超导磁体工程用应力分析（连续介质假定中连续的概念）相联系，体系应力张量可以通过对原子应力张量求体积平均得到。为了得到晶界连续区的应力分布情况，在计算应力时，本节对原子应力进行了体积平均，如式(3.2.14)所示。处理计算结果时首先取截断距离 R_c，对与 i 原子距离在截断距离以内的所有原子的原子应力和原子体积进行求和得到总原子应力 $\boldsymbol{S}_i$ 和总体积 V_i，原子体积由原子的二维 Voronoi 体积来计算，然后由 $\boldsymbol{S}_i/V_i$ 求出 i 原子的应力 $\boldsymbol{\sigma}_i$。之后，利用该应力张量计算晶界连续区的 Mises 应力。

$$\begin{cases} \boldsymbol{S}_i = \boldsymbol{S}_\text{F}(i) + \sum\limits_{j=N_i} \boldsymbol{S}_\text{G}(j) \\ V_i = V_\text{F}(i) + \sum\limits_{j=N_i} V_\text{G}(j) \\ N_i = \left\{ j : \left| \boldsymbol{r}_i - \boldsymbol{r}_j \right| < R_\text{c} \right\} \\ \boldsymbol{\sigma}_i = \boldsymbol{S}_i / V_i \end{cases} \tag{3.2.14}$$

图 3.15 给出了在不同静水压强作用下，按照连续介质力学概念等效给出的 Nb_3Sn 多晶体内部 Mises 应力分布云图的演化。Nb_3Sn 连续区的 Mises 应力分布为 0～10 GPa，主要集中在 0～4 GPa，占总原子数的 93.6%，在晶界附近存在明显的应力集中现象。

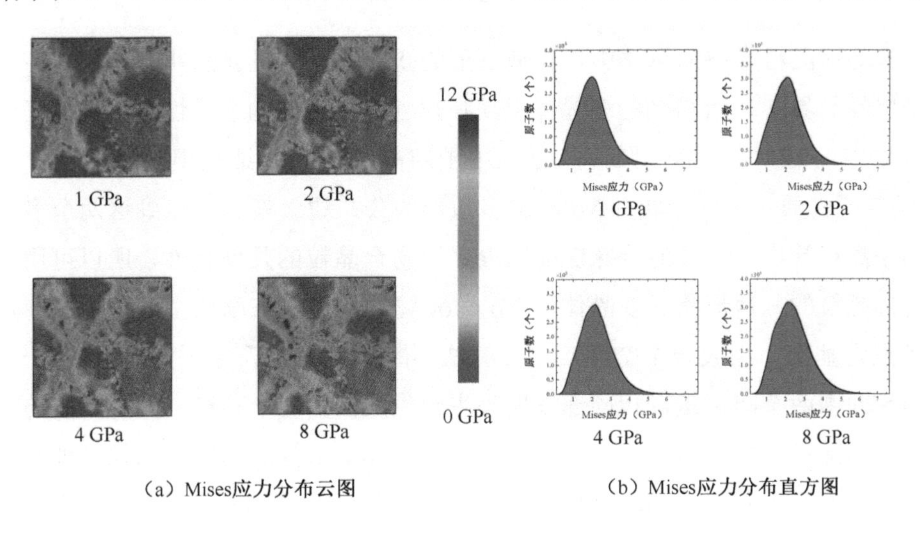

（a）Mises应力分布云图　　（b）Mises应力分布直方图

图 3.15　Nb_3Sn 多晶体内部的 Mises 应力分布

3.3　Nb_3Sn 多晶体的有限元模型

分子动力学模拟的可靠性依赖经验势函数，粗化处理原子间的相互作用使模拟体系的原子数目有了很大的提升，但是与超导磁体工程的设计需求仍然有很大的差距。为此，本节尝试采用晶体有限元方法对 Nb_3Sn 多晶体的变形行为进行更大尺度上的模拟。

多晶体材料的许多重要的宏观力学现象依赖微观尺度上的力学响应。宏观上，大多数多晶体材料在弹性变形下是各向同性且均匀的；微观尺度上，由于晶粒的各向异性产生了不均匀的应力（局部应力）。局部应力的分布规律与多晶体材料中每个晶粒形状和晶粒取向有关，微结构局部应力场的变化依赖单晶力学性能、晶粒取向分布规律及晶粒形貌特征等因素，前两个因素影响了多晶体材料宏观的应力应变响应及变形的演化特征等材料的整体力学行为，而材料的局部现象则需要具有代表性的晶粒形貌特征来预测。

目前，许多学者采用有限元法（FEM）来模拟多晶体材料的力学行为[48, 49]，在该方法中使用如立方体、八面体、十二面体等规则图形定义晶粒，规则晶粒模型对材料内在尺寸、形态变化进行了简化，而实际微观结构的形态和分布更加复杂，因此一些学者采用数值分析方法或者来自实验的统计数据构造随机多晶体计算模型。

在构造多晶体晶粒形态的算法中，几何图形的 Voronoi 随机算法能够形成整齐的线型结构和平坦的晶界[50]，所得到的多晶体晶粒在尺寸、形态上的差异性，也能很好地代表多晶体的形貌特征。Voronoi 图被广泛应用于结晶学、微观结构模拟等领域。由于 Voronoi 图的重要性质——两个相邻 Voronoi 多边形的公共边上任意一点到这两个多边形的生成元的距离相等，这一几何特殊性能够很好地吻合晶粒的几何特性，所以可用于描述多晶体内部晶粒的几何形状。多晶体的 Voronoi 算法构造以在欧氏空间区域内布置随机分布种子点为基础，生成一个空间点集，算法判断点间的欧氏距离并做垂直平分线，相当于三维空间中两个随机点以相同速率向外生长生成面，三个随机点间生长面的交点形成了线，四个随机点生长面则可形成交点。因此 Voronoi 算法构造的晶粒是外凸的，也与多晶体材料的凝固和再结晶的过程相符。Voronoi 图的生成过程如下：在规定的区域（此区域可以是二维平面，也可以是三维空间）内生成位置随机且不重合的生成元（生成晶粒所需的种子点）；二维情况下相邻两生成元之间生成一条直线，这条直线垂直平分两生成元的连线，三维情况下相邻两生成元之间则生成一个平面，这个平面就是晶界面。依照这种规律生成所有的晶界面，可以认为晶粒是由生成元向空间中各个方向以均匀的速度生长，直到遇见附近的晶粒为止，这一过程很好地模拟了晶粒由小变大的生长过程。

本节采用 Neper（Neper 是由著名学者 Romain Quey 为主要作者编写的一款专门用于晶体建模的开源软件，其晶体建模功能丰富，内置多种算法，可以建成各种形状及形貌的多晶体模型[51]）中的 Voronoi 随机化算法生成 Nb_3Sn 多晶体模型中的晶粒形貌，通过施加周期性边界条件，采用有限元分析方法（FEM）计算了静水压强加载下含 400 个晶粒、取向随机的 Nb_3Sn 多晶体的局部力学响应，并分析了其内部晶粒晶界处的细观变形状态。

3.3.1　Nb_3Sn Voronoi 多晶体的有限元模型信息

Nb_3Sn 的原子排布具有 A15 相的 A_3B 形式，晶体结构属于体心立方结构。晶界是 Nb_3Sn 中主要的有效磁通钉扎中心。根据实验观测结果[52,53]，借助 Neper 软件[51]，本节采用 Voronoi 随机化算法生成了多晶体模型，其长、宽、高均为 1 μm，包含 400 个晶粒，晶粒形貌为等轴晶，平均晶粒尺寸为 135 nm，生成的 Nb_3Sn 多晶体模型如图 3.16 所示。Nb_3Sn 多晶体中晶粒的形貌和取向是随机的，要提高对 Nb_3Sn 多晶体材料有限元分析的准确性，有限元模型既要能够准确描述多晶体结构特征，又要满足其随机性，从而才能代表一般 Nb_3Sn 多晶体的基本特征。为此本文采用 Voronoi 随机化算法，具体过程为：在立方体内部随机产生 400 个点，然后以这 400 个点为种子点，生成 400 个区域；每个区域内的点满足到各自所属种子点的距离是到所有 400 个种子点中最近的，单个区域内的点的集合即为多晶体的一个晶粒，这样就产生了 400 个晶粒；两个晶粒的相遇边界形成晶界面，晶界面上各点在两晶粒种子点的垂直平分线位置，从而生成立方相多晶体模型。从图 3.16 中可以看出，Nb_3Sn 多晶体为不规则的晶界面的多面体的组合，晶界面是随机的，不同的颜色代表不同的晶粒，晶界面的位置在相邻两种颜色的晶粒的结合处。所生成的多晶体模型符合 Nb_3Sn 多晶体的基本特征且晶粒和晶界面的分布具有随机性，实现了多晶体不规则特征的表达。生成的 Nb_3Sn 多晶体模型以“*.inp”文件格式存储，进一步处理后导入有限元软件 Abaqus 中进行计算模拟。文件中包含 400 个晶粒的取向角、单元、节点、单元集（晶粒）和节点集（面）等信息，取向角用于多晶体模型的取向赋予，其他信息在 Abaqus 可以直接读取和调用。

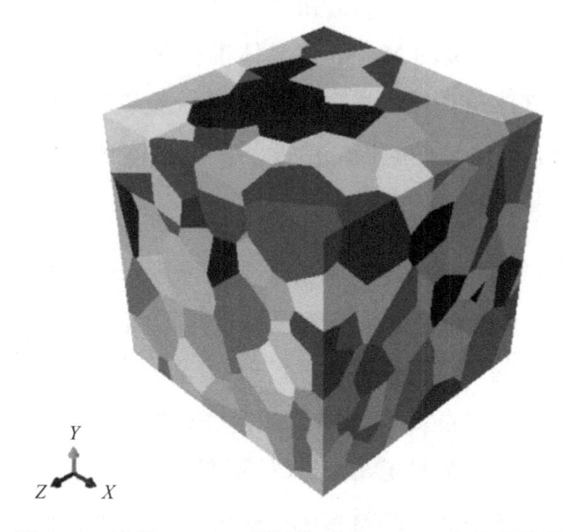

图 3.16　采用 Voronoi 算法生成的 Nb_3Sn 多晶体模型

Nb_3Sn 多晶体结构的网格划分采用的是 Neper 软件包调用的 Gmsh 网格自动划分程序，共包含 3093885 个四面体单元。网格划分如图 3.17 所示，所有的晶粒分别被划分为不同数量的四面体单元。

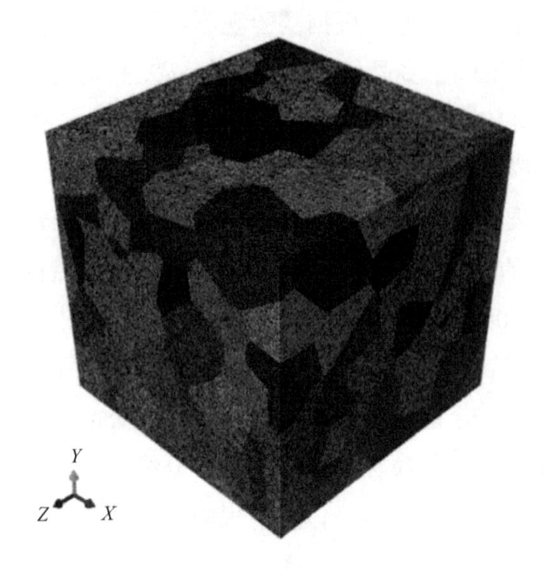

图 3.17　Nb_3Sn 多晶体结构的网格划分

3.3.2　晶粒弹性矩阵及随机取向赋予

Nb_3Sn 多晶体的局部应力还与晶粒取向有关，为此还需要对所生成的 Nb_3Sn 多晶体模型施加随机取向，从而完整地描述 Nb_3Sn 多晶体的受力情况，其分析结果也具有一般性和说服力。Neper 软件包生成的 Nb_3Sn 多晶体模型含有 400 个晶粒，各晶粒的取向采用随机分布，通过三个欧拉角（φ_1、ϕ、φ_2）来表示多晶体内部的晶粒取向。为了提高晶体有限元模拟的精度，在 4.2 K 的极低温度下，单晶体坐标系下立方晶系 Nb_3Sn 的弹性常数取自实验测量结果[54]。

为了表示晶粒取向，首先要确定两个笛卡儿坐标系：一个是全局坐标系 X-Y-Z（试样坐标系或整体坐标系），全局坐标系一般根据试样形状取其重要表面的法线方向为坐标轴方向；另一个是晶体的局部坐标系 $x'-y'-z'$（单晶体坐标系）。在全局坐标系下，由于晶粒取向差异，不同晶粒的弹性矩阵形式是变化的；在局部坐标系下，Nb_3Sn 弹性力学本构关系 $\boldsymbol{\sigma}=\boldsymbol{C}:\boldsymbol{\varepsilon}$ 中的弹性矩阵 $\boldsymbol{C}$ 的形式是不变的。目前常用的晶粒取向赋予方法有两种：①将每个晶粒的取向加到它的材料刚度矩阵中，同种材料采用不同的材料刚度来代表不同的晶粒取向；②同种材料采用统一的刚度矩阵，但每个晶粒的局部坐标系不同，不同的局部坐标系代表不同的晶粒取向。

在第一种方法中，三次旋转将多晶体模型整体笛卡儿坐标系与单晶体坐标系重合的过程可以用取向坐标变换矩阵 $\boldsymbol{g}$[55]来表示［见式（3.2.11）］。弹性矩阵 $\boldsymbol{C}$ 的形式为

$$\boldsymbol{C}=\begin{bmatrix} C_{11} & C_{12} & C_{12} & 0 & 0 & 0 \\ & C_{11} & C_{12} & 0 & 0 & 0 \\ & & C_{11} & 0 & 0 & 0 \\ & & & C_{44} & 0 & 0 \\ & & & & C_{44} & 0 \\ & & & & & C_{44} \end{bmatrix} \tag{3.3.1}$$

多晶体坐标系下的弹性常数矩阵 $\boldsymbol{C}^g$ 由单晶体弹性常数矩阵通过与坐标变换矩阵关联的旋转矩阵 $\boldsymbol{M}$ 运算得到，即

$$\boldsymbol{C}^g=\boldsymbol{M}\boldsymbol{C}\boldsymbol{M}^{\mathrm{T}} \tag{3.3.2}$$

对应取向坐标变换矩阵 $\boldsymbol{g}$，令

$$\boldsymbol{g}=\begin{bmatrix} g_{11} & g_{12} & g_{13} \\ g_{21} & g_{22} & g_{23} \\ g_{31} & g_{32} & g_{33} \end{bmatrix} \tag{3.3.3}$$

则矩阵 $\boldsymbol{M}$ 的形式为

$$\boldsymbol{M}=\begin{bmatrix} g_{11}^2 & g_{12}^2 & g_{13}^2 & 2g_{12}g_{13} & 2g_{11}g_{13} & 2g_{11}g_{12} \\ g_{21}^2 & g_{22}^2 & g_{23}^2 & 2g_{22}g_{23} & 2g_{21}g_{23} & 2g_{21}g_{22} \\ g_{31}^2 & g_{32}^2 & g_{33}^2 & 2g_{32}g_{33} & 2g_{31}g_{33} & 2g_{31}g_{32} \\ g_{21}g_{31} & g_{22}g_{32} & g_{23}g_{33} & g_{22}g_{33}+g_{32}g_{23} & g_{21}g_{31}+g_{33}g_{21} & g_{21}g_{32}+g_{31}g_{22} \\ g_{31}g_{11} & g_{32}g_{12} & g_{33}g_{13} & g_{32}g_{13}+g_{12}g_{33} & g_{33}g_{11}+g_{13}g_{31} & g_{31}g_{12}+g_{11}g_{32} \\ g_{11}g_{21} & g_{12}g_{22} & g_{13}g_{23} & g_{12}g_{23}+g_{22}g_{13} & g_{13}g_{21}+g_{23}g_{11} & g_{11}g_{22}+g_{21}g_{12} \end{bmatrix} \tag{3.3.4}$$

按照上述步骤计算出的多晶体坐标系下的弹性常数矩阵 $\boldsymbol{C}^g$，可以逐一赋予每个晶粒取向。本节采用这种方法并借助 Python 编程可以快速实现 Abaqus 中对 400 个晶粒的取向赋予。

在第二种方法中，Nb_3Sn 多晶体结构中所有晶粒取向均采用随机取向[56]。为了在后续分析取向分布函数时可以缩小取向空间的范围，可将立方晶系的三个欧拉角都控制在

0° ～90° [57]。通过引入 Python 中 Math 模块与 Random 模块中的随机函数生成与晶粒数目一致的多组随机数（每组 3 个随机数，其值均为 0° ～90° ），把所得的每组随机数当作每个晶粒的三个欧拉角的值，随后根据式（3.2.11）计算得到取向坐标变换矩阵。之后，根据取向坐标变换矩阵的定义，得到晶体坐标系 x' 轴、y' 轴上的点在全局坐标系下的坐标。有了以上两个坐标点之后，就可以通过 Abaqus 软件中的三点式方法来创建局部坐标系。有了局部坐标系后，可以利用 Python 编程将生成的 400 个局部坐标系赋予到每个晶粒上。

3.3.3 周期性边界条件

Nb_3Sn 多晶体在静水压强作用下的受力分析采用的是使用广泛的有限元工程分析软件 Abaqus。对于基于单胞分析的细观有限元模型，学者们大多选择施加周期性边界条件[58]。为获得更加准确的细观力学响应，本节对所研究的单胞模型施加了周期性边界条件。周期性位移场 $\boldsymbol{u}_i$ 为

$$\boldsymbol{u}_i = \bar{\varepsilon}_{ik}\boldsymbol{x}_k + \boldsymbol{u}_i^* \tag{3.3.5}$$

式中，$\bar{\varepsilon}_{ik}$ 向为单胞平均应变；$\boldsymbol{x}_k$ 为单胞内任意点的坐标；$\boldsymbol{u}_i^*$ 为周期性位移修正量[58]。因为 $\boldsymbol{u}_i^*$ 在周期性单胞的平行相对面上是相同的，所以在单胞模型的平行对立面上，式（3.3.5）可以转化为

$$\boldsymbol{u}_i^{j+} - \boldsymbol{u}_i^{j-} = \bar{\varepsilon}_{ik}\left(\boldsymbol{x}_k^{j+} - \boldsymbol{x}_k^{j-}\right) = \bar{\varepsilon}_{ik}\Delta\boldsymbol{x}_k^j \tag{3.3.6}$$

式中，$\Delta\boldsymbol{x}_k^j$ 为常数，$\boldsymbol{u}_i^{j+}$ 和 $\boldsymbol{u}_i^{j-}$ 分别为两对立面上的位移场，$\boldsymbol{x}_k^{j+}$ 和 $\boldsymbol{x}_k^{j-}$ 分别为两对立面上对应点的坐标，给定 $\bar{\varepsilon}_{ik}$ 就可以通过式（3.3.6）实现周期性边界条件的施加，并且满足变形协调和应力连续的要求。式（3.3.6）可以直接应用到有限元中周期性边界条件的施加，但前提条件是要保证单胞模型平行相对边界面上网格节点一一对应，即单胞采用周期性网格划分[58]。由于本节所建立的立方相多晶体模型为非周期性网格划分的模型，所以采用张超[59]所提出的一般周期性边界条件，即主面上的网格节点使用从面上对应点的插值表示，具体表达式为

$$\boldsymbol{u}(M) = \boldsymbol{N}(M)\boldsymbol{\delta}(M) \tag{3.3.7}$$

$$\boldsymbol{u}_i^{j+}(M^*) - \boldsymbol{u}(M) = \bar{\varepsilon}_{ik}\Delta\boldsymbol{x}_k^j \tag{3.3.8}$$

式中，点 M^* 为立方晶系多晶体模型边界面上任意节点，由于非周期性网格划分，其平

行相对边界面上对应的点 M 并不一定正好处于网格节点位置，而很有可能落于某个三角形单元内。位于从面上的点 M 的位移可以由包围它的三角形单元的节点位移插值获得。$\boldsymbol{u}(M)$ 为 M 点的位移矩阵，$\boldsymbol{N}(M)$ 为从平面上对应点 M 处的单元形函数矩阵，$\boldsymbol{\delta}(M)$ 为包围点 M 的单元节点位移矩阵[77]。$\boldsymbol{N}(M)$ 和 $\boldsymbol{\delta}(M)$ 可分别由式（3.3.9）和式（3.3.10）求得，即

$$\boldsymbol{N}(M)=[\boldsymbol{N}_1(M) \quad \boldsymbol{N}_2(M) \quad \boldsymbol{N}_3(M)] \tag{3.3.9}$$

$$\boldsymbol{\delta}(M)=\left[\boldsymbol{u}_i^{j-}(S_1) \quad \boldsymbol{u}_i^{j-}(S_2) \quad \boldsymbol{u}_i^{j-}(S_3)\right]^{\mathrm{T}} \tag{3.3.10}$$

式中，S_1、S_2、S_3 为包围 M 点的三角形单元的三点坐标，$\boldsymbol{N}_1(M)$、$\boldsymbol{N}_2(M)$ 和 $\boldsymbol{N}_3(M)$ 分别为 S_1、S_2、S_3 三点的单元型函数矩阵，$\boldsymbol{u}_i^{j-}(S_1)$、$\boldsymbol{u}_i^{j-}(S_2)$ 和 $\boldsymbol{u}_i^{j-}(S_3)$ 分别为 S_1、S_2、S_3 三点的位移场；i 和 j 的取值为 1、2、3。一般周期性边界条件则可以用式（3.3.8）表示，将式（3.3.7）、式（3.3.9）、式（3.3.10）代入得到完整的表达式为

$$\begin{gathered}\boldsymbol{u}_i^{j+}(M^*)-[\boldsymbol{N}_1(M) \quad \boldsymbol{N}_2(M) \quad \boldsymbol{N}_3(M)] \\ \left[\boldsymbol{u}_i^{j-}(S_1) \quad \boldsymbol{u}_i^{j-}(S_2) \quad \boldsymbol{u}_i^{j-}(S_3)\right]^{\mathrm{T}}=\overline{\boldsymbol{\varepsilon}}_{ik}\Delta \boldsymbol{x}_k^j\end{gathered} \quad (i,\ j=1,\ 2,\ 3) \tag{3.3.11}$$

根据上述理论，利用 Python 实现主面上节点和从面上三个插值点的配对及每组方程的建立。

3.3.4 Nb_3Sn 多晶体模型计算结果分析

在不同的静水压强作用下，Nb_3Sn 多晶体模型表现出了不同的力学响应。图 3.18 给出了 Nb_3Sn 多晶体材料在不同的静水压强作用下 $y-x$ 平面、z=0.88 μm 位置剖面 Nb_3Sn 多晶体内部的 Mises 等效应力云图，加载的静水压强分别为 2 GPa、4 GPa、6 GPa、8 GPa。模拟结果揭示了在静水压强作用下，Nb_3Sn 超导体内部应力分布的非均匀特征。从图 3.18 中可以直观地看到，随着静水压强的增大，应力云图颜色逐渐加深，表明多晶体内局部 Mises 应力不断变大。在 2 GPa 的静水压强作用下，Nb_3Sn 多晶体内仅个别晶粒处发生较强的应力集中；而当加载的静水压强达到 6 GPa 和 8 GPa 时，应力集中的现象在多晶体内部普遍发生，发生的位置在晶粒相互作用的晶界处，同时由于取向及晶粒作用区域的相互影响，多晶体内的 Mises 应力在晶粒互相作用区域达到极大值。

如图 3.19 所示为 $y-x$ 平面、z=0.88 μm 位置剖面在 8 GPa 的静水压强作用下的 Mises 应力与加载静水压强 P 的比值关系分布图，从图 3.19 中可以看出各晶粒内的应力

分布表现出一定的差异，在晶界附近、多晶粒作用交点处出现很高的应力，这种应力集中现象是由于相邻晶粒的变形不协调产生的，同时还受到晶粒取向、多晶界交汇边界等因素的影响。根据应力云图分析可知，Nb_3Sn 多晶体内部绝大多数离散单元 Mises 应力与加载静水压强 P 的比值在 0.11 左右。当加载的静水压强为 2 GPa 时，Nb_3Sn 多晶体内部 Mises 应力值集中在 0.23 GPa 附近；而当加载的静水压强为 8 GPa 时，Nb_3Sn 多晶体内部 Mises 应力值集中在 0.9 GPa 左右。

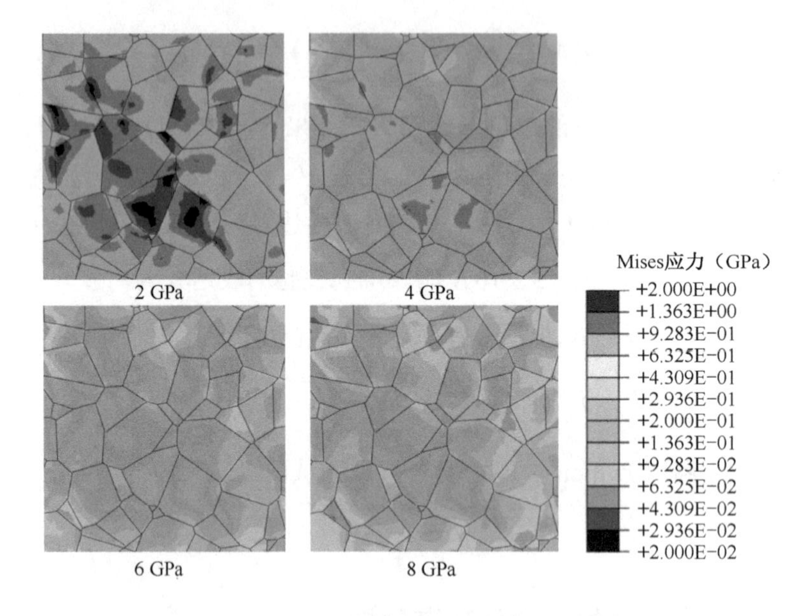

图 3.18　在不同静水压强作用下，Nb_3Sn 多晶体内部的 Mises 等效应力云图

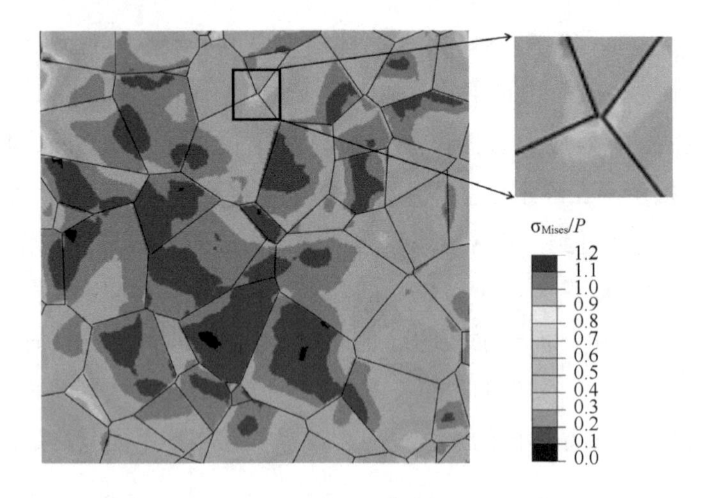

图 3.19　在 8 GPa 的静水压强作用下，Nb_3Sn 多晶体内部 Mises 应力与静水压强 P 的比值分布

图 3.20 所示为在静水压强加载模式下，Nb_3Sn 多晶体内取出的两个单独的晶粒的应力云图。从图 3.20 中可以看出单个晶粒的力学响应在其不同的位置上表现也不同，两个晶粒的应力情况与自身形状及相邻晶粒的形貌和取向有关，由于周围晶粒对该晶粒变形的约束作用，应力集中现象多出现在晶粒的棱角上。

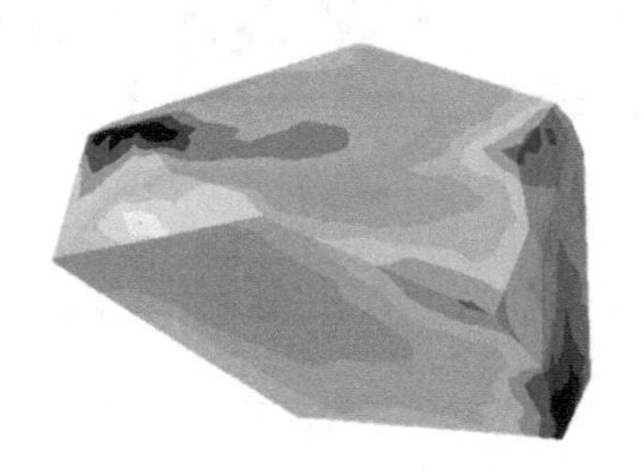

图 3.20　在静水压强加载模式下，多晶体内部 Nb_3Sn 晶粒的 Mises 应力云图

为了研究在不同静水压强作用下 Nb_3Sn 多晶体晶界应力随静水压强变化的变化情况，取 $y-x$ 平面、$z=0.88$ μm 位置的截面作为观察截面，在该截面选取如图 3.21 所示的晶界作为研究对象。分别将 1 GPa、2 GPa、4 GPa、6 GPa 和 8 GPa 静水压强加载下沿晶界的应力分量提取，其与加载应力比值沿 x 轴方向绘制，结果如图 3.22 所示。从图 3.22 中可以看出：①在给定的加载应力下，沿粗实线所示的晶界，晶界应力分量的值是波动的，应力最大值对应于多晶粒作用的交点位置，应力的最小值对应于离多晶粒交点较远的晶界位置；②在不同的加载应力下，晶粒间晶界应力与宏观加载应力的比值是一致的，表现为不同加载应力下的变化曲线是重合的。

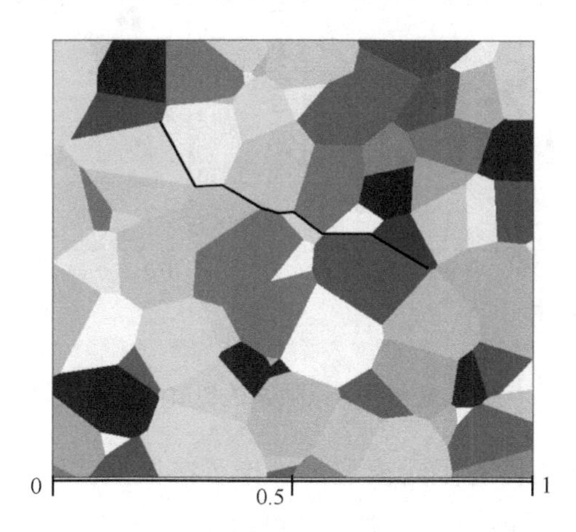

图 3.21　$y-x$ 平面、$z=0.88$ μm 位置的截面上所选取的晶界（黑色粗实线）

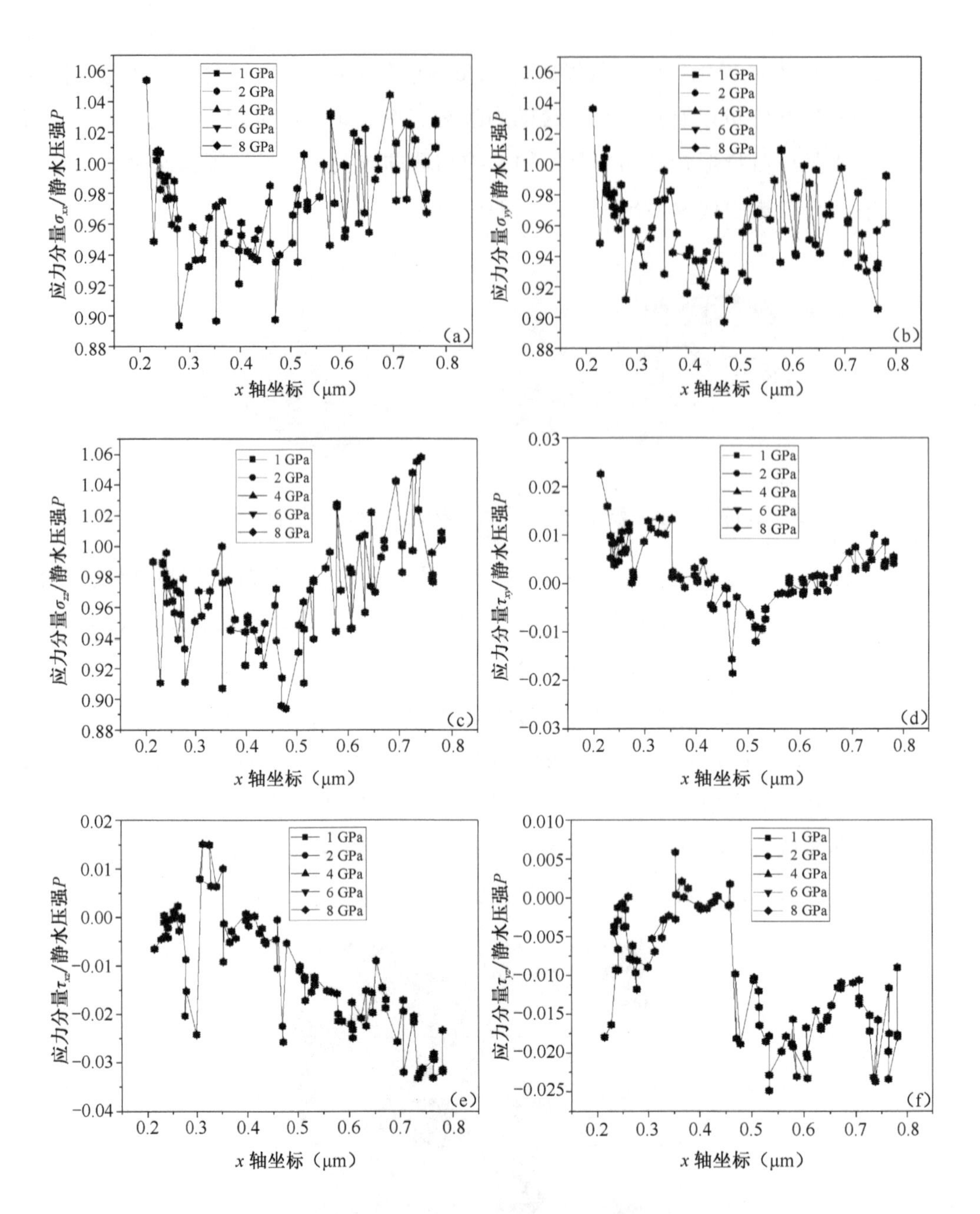

图 3.22　应力分量与静水压强 P 的比值随坐标位置的变化

本节借助 Nb_3Sn 多晶体有限元模型，讨论了在极低温区环境下及静水压强作用下 Nb_3Sn 晶粒内和晶界处的局部应力状态，模拟结果揭示了超导体内部应力的非均匀分布特征，在晶界交汇处容易出现应力集中现象；通过比较多晶体内部不同的 Nb_3Sn 晶粒内的应力云图可以发现，由于晶粒形貌和取向的不同，其局部应力分布状态也不相同。对于单个晶粒而言，由于周围晶粒对其变形的限制作用，在棱角处容易发生应力集中的现象。

3.4　Nb_3Sn 复合超导体的有限元模型及应力状态分析

基于运行环境对 Nb_3Sn 超导体电磁特性、机械性能、失超稳定性及能量损耗要求的考虑，实用 Nb_3Sn 超导材料采用多芯复合导体结构，一般由配置和体积比各异的多股 Nb 芯、Sn 源材料、Nb_3Sn 层（超导电流的有效载体）和正常态金属层构成，是一种典型的复合材料结构。Nb_3Sn 复合超导体具有复杂的多级结构特征。如图 3.23（a）[60]所示，以青铜法（The Bronze Process）制备工艺得到的 Nb_3Sn 复合超导体为例，其横截面的细观组织结构具有明显的空间周期性。这种呈现空间周期性重复排列的最基本结构单元如图 3.23（b）[61]所示。其材料组分包含制备过程中未反应完全的 Nb 核、Nb_3Sn 超导相及 Cu（Sn）基体，如图 3.23（c）[62]所示。在 Nb_3Sn 复合超导体中，Nb-Nb_3Sn 层中的晶粒形貌十分复杂，单个 Nb_3Sn 芯丝结构的中心为热处理过程中未完全与青铜基体中的 Sn 反应的 Nb 核，靠近 Nb 核的部分为反应后生成的 Nb_3Sn 柱状晶，Nb_3Sn 层的中部为细小的等轴晶。其中，等轴晶的平均晶粒尺寸约为 0.15 μm，柱状晶宽度与深度约为 0.15 μm，沿半径方向长度为 0.38～0.8 μm[63]。工程用 Nb_3Sn 高场超导复合材料平均晶粒尺寸为 0.1～0.2 μm。

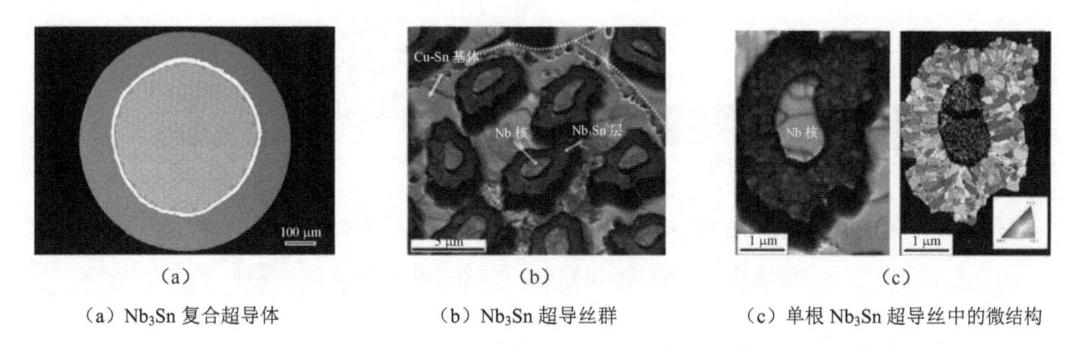

（a）Nb_3Sn 复合超导体　（b）Nb_3Sn 超导丝群　（c）单根 Nb_3Sn 超导丝中的微结构

图 3.23　Nb_3Sn 复合超导体的横截面结构：从细观组织层次到晶粒显微组织层次图像

3.4.1　Nb_3Sn 复合超导体的多级结构

一方面，对于 Nb_3Sn 复合超导体的建模，需要考虑工程用超导体所呈现出的复杂的多级结构特征：在晶体缺陷层次上，由于晶界是超导体磁通钉扎的中心，在对超导体临界性能力学效应的起源研究上，需要涵盖晶界的影响；在晶粒显微组织层次上，由于 Nb_3Sn 等轴晶和柱状晶的晶粒形貌和取向的差异，需要探讨等轴晶区和柱状晶区局部应力分布的差异；在细观组织层次上，由于复合超导体基本结构单元 Nb 核-Nb_3Sn-Cu（Sn）基体的周期性重复堆积排布特征，需要在复合超导体建模过程中，考虑基本结构单元的周期性排布特征。另一方面，复合超导体结构的建模需要考虑计算资源和分析效率的限制，要求分析模型在抓住结构重要特征建模的同时，发挥计算和解析分析的最大效能，给出工程可用的计算分析模型。综上所述，本节根据 Nb_3Sn 复合超导体多级结构特征，构建了由主计算模型（晶体结构模型）和辅助解析分析模型（密排纤维增强复合材料模型）耦合而成的分析模型，如图 3.24 所示，并讨论了 Nb_3Sn 复合超导体中微结构的力学响应特点。

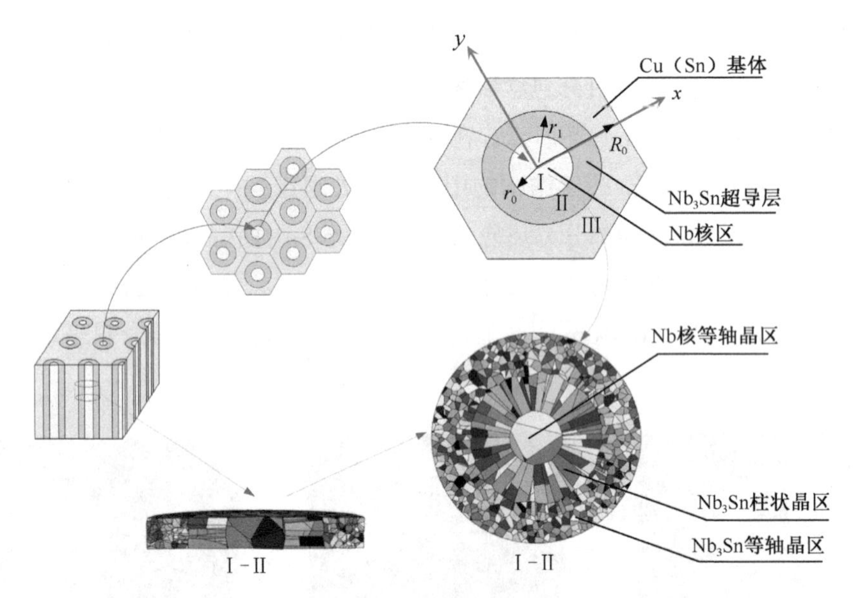

图 3.24　本节构造的 Nb_3Sn 复合超导体多级结构：区域 I 表示 Nb 核，区域 II 表示 Nb_3Sn 超导相，区域 III 表示 Cu（Sn）基体

1. Nb_3Sn 复合超导体多级结构的主计算模型

图 3.25 所示为主计算模型的几何结构。主计算模型是由 4628 个晶粒组成的圆柱体，其高为 0.7 μm，直径为 5 μm。按其组成材料分为两个区域，中心呈圆形的区域为 Nb 核区，其余部分为 Nb_3Sn 超导层。按其材料成分与晶粒形貌分为三个区，分别是 Nb 核等轴晶区、Nb_3Sn 柱状晶区、Nb_3Sn 等轴晶区。根据实验观测结果，各区的区域半径分别

为 0.675 μm、0.925 μm、0.9 μm[63]，其中，Nb_3Sn 柱状晶区的长度为 0.3～0.8 μm，平均深度约为 0.15 μm，Nb_3Sn 等轴晶区的平均等效半径为 0.15 μm[63]。

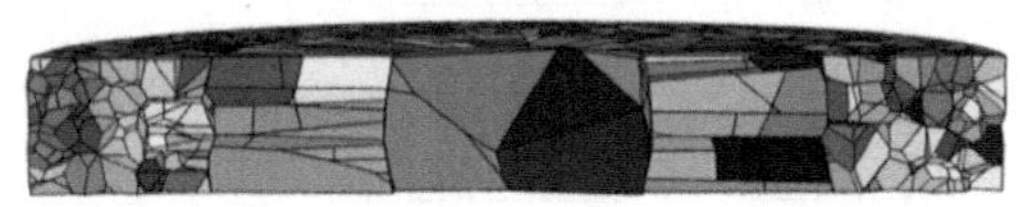

图 3.25　主计算模型的几何结构

Nb_3Sn 复合超导体多层级结构的主计算模型是借助多晶体建模软件 Neper 中的坐标导入法与多尺度划分相结合的方法生成的。其中，模型整体采用的是坐标导入法。Nb 核等轴晶区、Nb_3Sn 柱状晶区及一小部分与 Nb_3Sn 柱状晶区相邻的 Nb_3Sn 等轴晶区的生成采用了多尺度划分的方法。计算模型生成的具体步骤为：通过精准控制生成晶粒所需的初始种子坐标，由 Voronoi 算法便可生成所需的 3 个区域——Nb 核等轴晶区、Nb_3Sn 柱状晶区、Nb_3Sn 等轴晶区；为了与实际结构及晶粒形貌尺寸相吻合，还需分别对 Nb 核等轴晶区、Nb_3Sn 柱状晶区、Nb_3Sn 等轴晶区的晶粒进行再划分。根据实验观测得到的真实晶体结构特点，将 Nb_3Sn 柱状晶区的每个晶粒划分为 2 份，以此保证其长度与实际结构一致，其平均深度由 Nb_3Sn 柱状晶区的晶粒总数控制在 0.15 μm 左右。将 Nb_3Sn 等轴晶区中与 Nb_3Sn 柱状晶区相结合的部分每个晶粒划分为 4 份，本节计算模型生成的 Nb_3Sn 等轴晶区的平均相当直径为 0.15004 μm，与文献中给出的 0.15 μm 十分接近[63]。Nb 核等轴晶区划分为 7 份，以保证其相当直径约为 0.675 μm（Nb 核等轴晶区的 Nb 的晶粒尺寸为 0.675 μm[62-64]）。

下面将分别从几何实体、材料参数、网格划分、载荷条件几个方面对 Nb_3Sn 复合超导体多级结构中的主计算模型进行介绍。

1）几何实体

因为 Neper 中生成的几何模型文件格式为“*.tess”，在有限元分析软件中无法直接调用，而 Neper 中与 Abaqus 兼容的“*.inp”文件格式又难以生成，所以本节通过 Abaqus

本身拥有的可以实现由点成线、由封闭线框生成平面，再由封闭平面生成几何实体的特点，在 Abaqus 中把主计算模型生成出来。由于点线面信息量巨大，为了提高工作效率与准确性，整个模型的绘制采用计算机语言 Python 编程的方式，主模型的生成流程如图 3.26 所示。

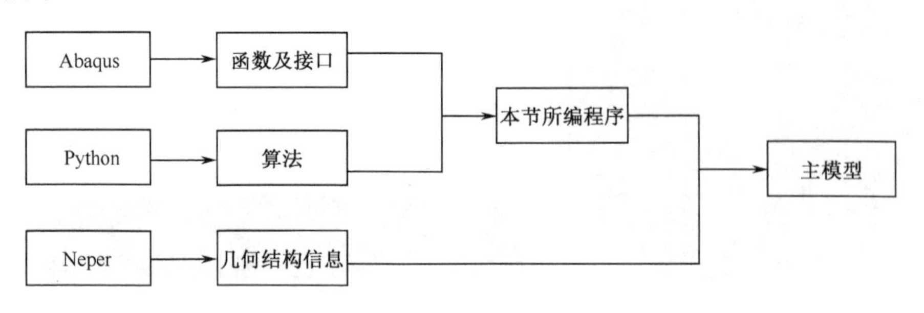

图 3.26　主模型的生成流程

首先，将“*.tess”格式文件中的模型几何信息（点、线、面、体）提取出来；其次，通过计算机语言 Python 对 Abaqus 进行二次开发，生成一个能利用上述几何信息在 Abaqus 中生成几何模型的程序；最后，运行此程序生成 Abaqus 可执行语句，并在 Abaqus 中的 Python 接口运行这些语句，即可生成本节中经后续处理可以用于计算的有限元几何模型。这个过程中涉及数据的读取、调用、存储等数据结构的相关知识。利用 Neper 中提取的数据，通过这一程序可以实现在 Abaqus 中自动生成模型的功能，提高了工作效率。通过基本的点、线、面、体的信息就可以生成形貌复杂的晶体结构，经过测试，此程序运行十分稳定，能够将 Neper 中的几何模型如实地在 Abaqus 中重现。相关的计算流程也为在 Abaqus 中建立复杂 Voronoi 多面体提供了一种新的方法。图 3.27 所示为在 Abaqus 中生成的主计算模型的几何结构。

图 3.27　在 Abaqus 中生成的主计算模型的几何结构

2）材料参数

对于 Nb 单晶和 Nb_3Sn 单晶，在温度 T=4.2 K 时，它们的材料刚度矩阵形式均如式（3.3.1）所示。对于 Nb 单晶：C_{11} =249.75 GPa，C_{12} =129.75 GPa，C_{44} =30.25 GPa[64]；对于 Nb_3Sn 单晶，它的基本弹性性能参数与前文一致。本节中，Nb_3Sn 复合多晶体中晶粒取向赋予采用 3.3.2 节中所述的第二种方法。

3）网格划分

由于 Nb_3Sn 晶粒的形状不规则，所以主计算模型统一采用适应性较强的 C3D10 四面体单元来进行网格划分；同时由于模型所含边的长度不一，无法统一一个较为适当的尺寸来充当全局划分网格种子的尺度，所以整体模型的网格划分采用的是网格局部布种方法。具体步骤如下：①对模型中的所有边的长度进行统计、分类；②运用 Python 编程，通过遍历循环的方式来拾取模型中的每条几何边，并为第一步已经分类好的边规定网格种子的个数；③应用 Abaqus 内的网格布种及选择单元类型的语句对每条几何边进行局部布种，并最终统一生成 C3D10 四面体单元。网格模型如图 3.28 所示，它由 5476116 个 C3D10 四面体单元构成。

图 3.28　本节的网格模型

4）载荷条件

本节的模拟单元加载模式分为单轴拉伸和单轴压缩两种，每种模式下有两种工况，在不同工况下，z 轴均为加载方向。轴向与径向具体加载数值如表 3.3 所示。

表 3.3　边界载荷条件

加载应变	Nb_3Sn-Cu（Sn）界面处的应力（GPa）
0.1%	−0.0004115
0.2%	−0.0008230
−0.1%	0.0004115
−0.2%	0.0008230

其中，轴向应力的数值由实验测量得到的 Nb_3Sn 复合材料弹性模量值和加载应变计算得到，侧面径向应力的数值由辅助分析模型计算得到。

2. Nb_3Sn 复合超导体多级结构的辅助分析模型

由于 Nb_3Sn 复合超导体特殊的微细观结构形态，有限元离散会带来巨大的计算量，为了减小计算量，同时考虑其他结构单元对代表性单元（主计算模型）弹性变形的影响，本节基于密排纤维增强复合材料的相关理论，建立了辅助模型。辅助模型与主模型之间的耦合通过 Nb_3Sn 复合晶体结构-Cu（Sn）基体表面的应力状态关联来实现。

从细观组织层次来看，在 Nb_3Sn 复合超导体中，局部的超导纤维排布具有六角对称性，如图 3.29 所示，未反应完全的 Nb 核、Nb_3Sn 超导层、Cu（Sn）基体的半径分别为 r_0、r_1 和 R_0。由于制备温度（943.15 K）和使用温度（4.2 K）的差异，Nb_3Sn 复合超导体各相材料中存在残余应变。本节以拉伸加载模式下对应 Nb_3Sn 复合超导体临界参数的最大值点作为初始状态来分析［此时，Nb_3Sn 内为零应变状态，而 Cu（Sn）基体已经进入塑性变形状态］。对于 Nb-Nb_3Sn 芯丝和 Cu（Sn）基体，分别采用弹性力学模型和理想线性强化弹塑性力学模型来描述。根据密排纤维增强复合材料力学理论，极坐标系中的相容方程为

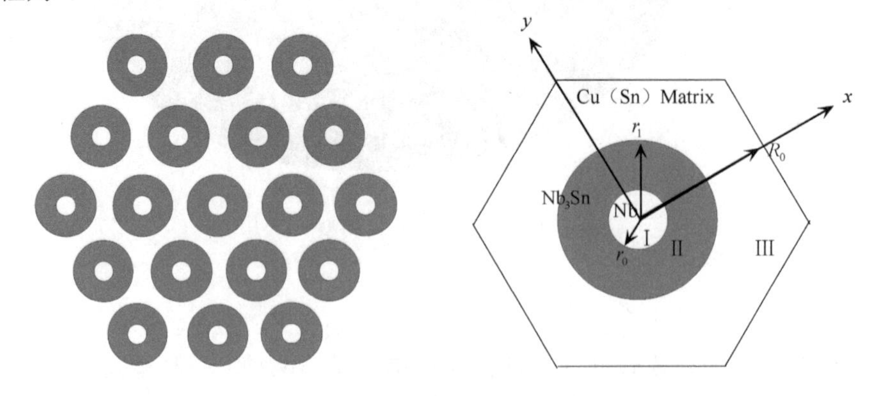

图 3.29　Nb_3Sn 复合超导体横截面结构的简化分析模型

$$\left\{\frac{\partial^2}{\partial r^2}+\frac{1}{r}\frac{\partial}{\partial r}+\frac{1}{r^2}\frac{\partial^2}{\partial \theta^2}\right\}^2\phi=0 \tag{3.4.1}$$

边界Ⅰ-Ⅱ、Ⅱ-Ⅲ处的连续条件如下。

在 $r=r_0$ 处，有

$$\sigma_{rr}|_{\mathrm{I-II}}=\sigma_{rr}|_{\mathrm{I-II}};\ \sigma_{r\theta}|_{\mathrm{I-II}}=\sigma_{r\theta}|_{\mathrm{I-II}};\ u_r|_{\mathrm{I-II}}=u_r|_{\mathrm{I-II}};\ u_\theta|_{\mathrm{I-II}}=u_\theta|_{\mathrm{I-II}} \tag{3.4.2}$$

在 $r=r_1$ 处，有

$$\sigma_{rr}|_{\mathrm{II-III}}=\sigma_{rr}|_{\mathrm{II-III}};\ \sigma_{r\theta}|_{\mathrm{II-III}}=\sigma_{r\theta}|_{\mathrm{II-III}};\ u_r|_{\mathrm{II-III}}=u_r|_{\mathrm{II-III}};\ u_\theta|_{\mathrm{II-III}}=u_\theta|_{\mathrm{II-III}} \tag{3.4.3}$$

界面Ⅲ（六边形边界）上的边界条件为

$$u_n=u_0;\ \sigma_{nt'}=0;\ \int_{-t_0}^{t_0}\sigma_{nn}\mathrm{d}t'=0 \tag{3.4.4}$$

式中，u_n 为六边形边界的垂向位移，$\sigma_{nt'}$ 为六边形边界的剪切应力，σ_{nn} 为六边形边界的垂向应力，t_0 为六边形边长的一半，t' 为六边形边界的切线坐标，n 为六边形边界的法向坐标。同时，六角对称性要求在求解区域Ⅰ、Ⅱ、Ⅲ内：

$$u_\theta(r,\pm\pi/6)=0;\ \sigma_{r\theta}(r,\pm\pi/6)=0 \tag{3.4.5}$$

上述应力相容方程的基本解为[66]

$$\begin{aligned}\phi=&\frac{1}{2}a_1^{(0)}r^2+a_2^{(0)}\ln r+a_3^{(0)}r^2\ln r+\sum_{i=1}^{\infty}[(a_1^{(i)}r^{6i+2}+a_2^{(i)}r^{6i}+a_3^{(i)}r^{-6i+2}+\\&a_4^{(i)}r^{-6i})\cos(6i\theta)+(a_5^{(i)}r^{6i+2}+a_6^{(i)}r^{6i}+a_7^{(i)}r^{-6i+2}+a_8^{(i)}r^{-6i})\sin(6i\theta)]\end{aligned} \tag{3.4.6}$$

应力场的计算得到

$$\sigma_r=\frac{1}{r}\frac{\partial\phi}{\partial r}+\frac{1}{r^2}\frac{\partial^2\phi}{\partial\theta^2};\quad \sigma_\theta=\frac{\partial^2\phi}{\partial r^2};\quad \tau_{r\theta}=-\frac{\partial}{\partial r}(\frac{1}{r}\frac{\partial\phi}{\partial\theta}) \tag{3.4.7}$$

应变场可以表示为

$$\begin{aligned}&\varepsilon_{rr}=(1/E)[\sigma_{rr}-\upsilon(\sigma_{\theta\theta}+\sigma_{zz})];\quad \varepsilon_{\theta\theta}=(1/E)[\sigma_{\theta\theta}-\upsilon(\sigma_{zz}+\sigma_{rr})]\\&\varepsilon_{zz}=(1/E)[\sigma_{zz}-\upsilon(\sigma_{rr}+\sigma_{\theta\theta})]=\varepsilon_{\mathrm{app}};\quad \varepsilon_{r\theta}=\left[2(1+\upsilon)/E\right]\sigma_{r\theta}\end{aligned} \tag{3.4.8}$$

式中，$\varepsilon_{\mathrm{app}}$ 表示施加的轴向应变；记剪切模量 $\mu=\left[E/2(1+\upsilon)\right]$。对于已经进入塑性状态的 Cu（Sn）基体，其等效剪切模量为 $\mu=\left[H/(1+2\upsilon)\right]$，其中，$H$ 和 υ 分别表示 Cu（Sn）基

体的应变硬化率和泊松比。应变与位移之间的关系为

$$\varepsilon_{rr}=\frac{\partial u_r}{\partial r};\quad \varepsilon_{\theta\theta}=\frac{u_r}{r}+\frac{1}{r}\frac{\partial u_\theta}{\partial\theta};\quad \varepsilon_{r\theta}=\frac{1}{r}\left(\frac{\partial u_r}{\partial\theta}-u_\theta\right)+\frac{\partial u_\theta}{\partial r} \tag{3.4.9}$$

式中，u_r 和 u_θ 分别表示径向位移和环向位移。

按照式（3.4.7）～式（3.4.9）对各个区域内的应力场、应变场、位移场进行求解［分别采用下标 f、m、n 表示描述 Nb 核、Nb_3Sn 超导层、Cu（Sn）基体区域变形所涉及的参数］，考虑到六角对称性及零点的奇异性，描述各个区域变形状态所需的参数分别如下。

Ⅰ：a_{1f}^0、a_{1f}^i、a_{2f}^i；

Ⅱ：a_{1m}^0、a_{2m}^0、a_{1m}^i、a_{2m}^i、a_{3m}^i、a_{4m}^i；

Ⅲ：a_{1n}^0、a_{2n}^0、a_{1n}^i、a_{2n}^i、a_{3n}^i、a_{4n}^i。

在下文中将根据界面处的连续条件及边界条件确定决定这些参数的方程组。

根据界面Ⅰ与界面Ⅱ之间（半径为 r_0）σ_{rr}、$\sigma_{r\theta}$、u_r、u_θ 的连续条件及正弦函数、余弦函数的正交关系可以得到

$$a_{1f}^0-a_{1m}^0-a_{2m}^0r_0^{-2}=0 \tag{3.4.10}$$

$$\begin{gathered}-(6i+1)(6i-2)r_0^{6i}a_{1f}^i-6i(6i-1)r_0^{6i-2}a_{2f}^i+(6i+1)(6i-2)r_0^{6i}a_{1m}^i+\\6i(6i-1)r_0^{6i-2}a_{2m}^i+(6i-1)(6i+2)r_0^{-6i}a_{3m}^i+6i(6i+1)r_0^{-6i-2}a_{4m}^i=0\end{gathered} \tag{3.4.11}$$

$$\begin{gathered}(6i+1)r_0^{6i}a_{1f}^i+(6i-1)r_0^{6i-2}a_{2f}^i-(6i+1)r_0^{6i}a_{1m}^i-\\(6i-1)r_0^{6i-2}a_{2m}^i+(6i-1)r_0^{-6i}a_{3m}^i+(6i+1)r_0^{-6i-2}a_{4m}^i=0\end{gathered} \tag{3.4.12}$$

$$(1/2\mu_f)(1-2\upsilon_f)a_{1f}^0-(1/2\mu_m)[(1-2\upsilon_m)a_{1m}^0-a_{2m}^0r_0^{-2}]=-(\upsilon_m-\upsilon_f)\varepsilon_{\text{app}} \tag{3.4.13}$$

$$\begin{gathered}(1/2\mu_f)[(6i+4\upsilon_f-2)r_0^{6i}a_{1f}^i+6ir_0^{6i-2}a_{2f}^i]-(1/2\mu_m)[(6i+4\upsilon_m-2)r_0^{6i}a_{1m}^i+\\6ir_0^{6i-2}a_{2m}^i-(6i-4\upsilon_m+2)r_0^{-6i}a_{3m}^i-6ir_0^{-6i-2}a_{4m}^i]=0\end{gathered} \tag{3.4.14}$$

$$\begin{gathered}(1/2\mu_f)[(6i+4(1-\upsilon_f))r_0^{6i}a_{1f}^i+6ir_0^{6i-2}a_{2f}^i]-(1/2\mu_m)[(6i+4(1-\upsilon_m))r_0^{6i}a_{1m}^i+\\6ir_0^{6i-2}a_{2m}^i+(6i+4(\upsilon_m-1))r_0^{-6i}a_{3m}^i+6ir_0^{-6i-2}a_{4m}^i]=0\end{gathered} \tag{3.4.15}$$

界面Ⅱ与界面Ⅲ之间（半径为 r_1）σ_{rr}、$\sigma_{r\theta}$、u_r、u_θ 的连续条件可以得到

$$a_{1m}^0 - a_{1n}^0 + a_{2m}^0 r_1^{-2} - a_{2n}^0 r_1^{-2} = 0 \tag{3.4.16}$$

$$\begin{aligned}&(a_{1m}^i - a_{1n}^i) r_1^{6i}(6i+1)(6i-2) + (a_{2m}^i - a_{2n}^i) r_1^{6i-2}(6i)(6i-1) + \\ &(a_{3m}^i - a_{3n}^i) r_1^{-6i}(6i-1)(6i+2) + (a_{4m}^i - a_{4n}^i) r_1^{-6i-2}(6i)(6i+1) = 0\end{aligned} \tag{3.4.17}$$

$$\begin{aligned}&(a_{1m}^i - a_{1n}^i) r_1^{6i}(6i)(6i+1) + (a_{2m}^i - a_{2n}^i) r_1^{6i-2}(6i)(6i-1) - \\ &(a_{3m}^i - a_{3n}^i) r_1^{-6i}(6i)(6i-1) - (a_{4m}^i - a_{4n}^i) r_1^{-6i-2}(6i)(6i+1) = 0\end{aligned} \tag{3.4.18}$$

$$1/2\mu_m \left\{(1-2\upsilon_m) a_{1m}^0 r_1 + a_{2m}^0 r_1^{-1}\right\} - \upsilon_m \varepsilon_{\text{app}} r_1 = 1/2\mu_n \left\{(1-2\upsilon_n) a_{1n}^0 r_1 + a_{2n}^0 r_1^{-1}\right\} - \upsilon_n \varepsilon_{\text{app}} r_1 \tag{3.4.19}$$

$$\begin{aligned}&1/2\mu_m [a_{1m}^i r_1^{6i+1}(6i+4\upsilon_m-2) + a_{2m}^i r_1^{6i-1}(6i) - a_{3m}^i r_1^{-6i+1}(6i-4\upsilon_m+2) - a_{4m}^i r_1^{-6i-1}(6i)] \\ &= 1/2\mu_n [a_{1n}^i r_1^{6i+1}(6i+4\upsilon_n-2) + a_{2n}^i r_1^{6i-1}(6i) - a_{3n}^i r_1^{-6i+1}(6i-4\upsilon_n+2) - a_{4n}^i r_1^{-6i-1}(6i)]\end{aligned} \tag{3.4.20}$$

$$\begin{aligned}&1/2\mu_m [a_{1m}^i r_1^{6i+1}(6i+4(1-\upsilon_m)) + a_{2m}^i r_1^{6i-1}(6i) + a_{3m}^i r_1^{-6i+1}(6i+4(\upsilon_m-1)) + a_{4m}^i r_1^{-6i-1}(6i)] \\ &= 1/2\mu_n [a_{1n}^i r_1^{6i+1}(6i+4(1-\upsilon_n)) + a_{2n}^i r_1^{6i-1}(6i) + a_{3n}^i r_1^{-6i+1}(6i+4(\upsilon_n-1)) + a_{4n}^i r_1^{-6i-1}(6i)]\end{aligned} \tag{3.4.21}$$

根据坐标转换关系，$u_n = \bar{u}_{r_n}\cos\theta - \bar{u}_{\theta_n}\sin\theta$，$\sigma_{nt'} = 1/2(\bar{\sigma}_{rr_n} - \bar{\sigma}_{\theta\theta_n})\sin(2\theta) + \bar{\sigma}_{r\theta_n}\cos(2\theta)$，$\sigma_{nn} = 1/2(\bar{\sigma}_{rr_n} + \bar{\sigma}_{\theta\theta_n}) + 1/2(\bar{\sigma}_{rr_n} - \bar{\sigma}_{\theta\theta_n})\cos(2\theta) - \bar{\sigma}_{r\theta_n}\sin(2\theta)$（其中，上标表示相应位移和应力在六边形边界上的取值），得到六边形界面的垂向位移、垂向应力和切向应力分别为

$$\begin{aligned}u_n = &-\upsilon_n \varepsilon_{\text{app}} R_0 + (R_0/2\mu_n)((1-2\upsilon_n) a_{1n}^0 - R_0^{-2} a_{2n}^0 \cos^2\theta - \\ &\sum_{i=1}^{\infty}[(6i+4\upsilon_n-2) R_0^{6i} a_{1n}^i \cos^{-6i}\theta + (6i) R_0^{6i-2} a_{2n}^i \cos^{-6i+2}\theta - \\ &(6i-4\upsilon_n+2) R_0^{-6i} a_{3n}^i \cos^{6i}\theta - (6i) R_0^{-6i-2} a_{4n}^i \cos^{6i+2}\theta]\cos(6i\theta) - \\ &\sum_{i=1}^{\infty}[(6i+4(1-\upsilon_n)) R_0^{6i} a_{1n}^i \cos^{-6i}\theta + (6i) R_0^{6i-2} a_{2n}^i \cos^{-6i+2}\theta + \\ &(6i+4(\upsilon_n-1)) R_0^{-6i} a_{3n}^i \cos^{6i}\theta + (6i) R_0^{-6i-2} a_{4n}^i \cos^{6i+2}\theta]\sin(6i\theta)\tan\theta\end{aligned} \tag{3.4.22}$$

$$\begin{aligned}\sigma_{nn} = &a_{1n}^0 + R_0^{-2} a_{2n}^0 \cos^2\theta\cos(2\theta) - \\ &2\sum_{i=1}^{\infty}[-(6i+1) R_0^{6i} a_{1n}^i \cos^{-6i}\theta + (6i-1) R_0^{-6i} a_{3n}^i \cos^{6i}\theta]\cos(6i\theta) - \\ &\sum_{i=1}^{\infty} 6i[(6i+1) R_0^{6i} a_{1n}^i \cos^{-6i}\theta + (6i-1) R_0^{6i-2} a_{2n}^i \cos^{-6i+2}\theta + \\ &(6i-1) R_0^{-6i} a_{3n}^i \cos^{6i}\theta + (6i+1) R_0^{-6i-2} a_{4n}^i \cos^{6i+2}\theta]\cos(6i\theta)\cos(2\theta) - \\ &\sum_{i=1}^{\infty} 6i[(6i+1) R_0^{6i} a_{1n}^i \cos^{-6i}\theta + (6i-1) R_0^{6i-2} a_{2n}^i \cos^{-6i+2}\theta - \\ &(6i-1) R_0^{-6i} a_{3n}^i \cos^{6i}\theta - (6i+1) R_0^{-6i-2} a_{4n}^i \cos^{6i+2}\theta]\sin(6i\theta)\sin(2\theta)\end{aligned} \tag{3.4.23}$$

$$\sigma_{nt'}=\{R_0^{-2}a_{2n}^0\cos^2\theta-\sum_{i=1}^{\infty}6i[(6i+1)R_0^{6i}a_{1n}^i\cos^{-6i}\theta+(6i-1)R_0^{6i-2}a_{2n}^i\cos^{-6i+2}\theta+ \\ (6i-1)R_0^{-6i}a_{3n}^i\cos^{6i}\theta+(6i+1)R_0^{-6i-2}a_{4n}^i\cos^{6i+2}\theta]\cos(6i\theta)\}\sin(2\theta)+ \\ \sum_{i=1}^{\infty}6i[(6i+1)R_0^{6i}a_{1n}^i\cos^{-6i}\theta+(6i-1)R_0^{6i-2}a_{2n}^i\cos^{-6i+2}\theta-(6i-1)R_0^{-6i}a_{3n}^i\cos^{6i}\theta- \\ (6i+1)R_0^{-6i-2}a_{4n}^i\cos^{6i+2}\theta]\sin(6i\theta)\cos(2\theta) \tag{3.4.24}$$

对界面的法向位移和切向剪应力关于切向位移进行傅里叶展开[66]：

$$\sigma_{nt'}=\sum_{j=1}^{\infty}b_j\sin j\pi(t'/t_0)=\sum_{j=1}^{\infty}b_j\sin(j\pi\sqrt{3}\tan\theta)=0 \tag{3.4.25}$$

$$u_n=a_0/2+\sum_{j=1}^{\infty}a_j\cos(j\pi\sqrt{3}\tan\theta)=u_0 \tag{3.4.26}$$

展开系数满足

$$b_j=2\sqrt{3}\int_0^{\pi/6}\sigma_{nt'}\sin(j\pi\sqrt{3}\tan\theta)\sec^2\theta\mathrm{d}\theta=0 \tag{3.4.27}$$

$$a_j=2\sqrt{3}\int_0^{\pi/6}u_n\cos(j\pi\sqrt{3}\tan\theta)\sec^2\theta\mathrm{d}\theta=0 \tag{3.4.28}$$

由于界面垂向位移 u_0 未知，还需要补充 $\int_{-t_0}^{t_0}\sigma_{nn}\mathrm{d}t'=R_0\int_{-\pi/6}^{\pi/6}\sigma_{nn}\sec^2\theta\mathrm{d}\theta=0$ 来求解相关的系数，σ_{nn} 为偶函数，上式可简化为

$$\int_0^{\pi/6}\sigma_{nn}\sec^2\theta\mathrm{d}\theta=0 \tag{3.4.29}$$

由式（3.4.10）～式（3.4.21）及式（3.4.27）～式（3.4.29）得到求解未知参数的线性代数方程组 $\boldsymbol{AX}=\boldsymbol{B}$，其中 $\boldsymbol{X}=\left[a_{1f}^0\ a_{1f}^i\ a_{2f}^i\ a_{1m}^0\ a_{1m}^0\ a_{1m}^i\ a_{2m}^i\ a_{3m}^i\ a_{4m}^i\ a_{1n}^0\ a_{1n}^0\ a_{1n}^i\ a_{2n}^i\ a_{3n}^i\ a_{4n}^i\right]$，矩阵 $\boldsymbol{A}$、$\boldsymbol{B}$ 的元素值由上述方程给出。

在拉伸过程中，Nb_3Sn 超导丝区域（区域Ⅱ）内的应变场为

$$\varepsilon_r=1/2\mu_m\{(1-2\upsilon_m)a_{1m}^0-a_{2m}^0r^{-2}-\sum_{i=1}^{\infty}[a_{1m}^i(6i+1)r^{6i}(6i+4\upsilon_m-2)+ \\ a_{2m}^i(6i-1)r^{6i-2}(6i)-a_{3m}^i(-6i+1)r^{-6i}(6i-4\upsilon_m+2)- \\ a_{4m}^i(-6i-1)r^{-6i-2}(6i)]\cos(6i\theta)\}-\upsilon_m\varepsilon_{\mathrm{app}} \tag{3.4.30}$$

$$\varepsilon_{\theta}=1/2\mu_m\{(1-2\upsilon_m)a_{1m}^0+a_{2m}^0r^{-2}-\sum_{i=1}^{\infty}[a_{1m}^ir^{6i}((6i+4\upsilon_m-2)-(6i)(6i+4(1-\upsilon_m)))+a_{2m}^ir^{6i-2}(6i-(6i)(6i))-a_{3m}^ir^{-6i}((6i-4\upsilon_m+2)-(6i)(6i+4(\upsilon_m-1)))-a_{4m}^ir^{-6i-2}(6i-(6i)(6i))]\cos(6i\theta)\}-\upsilon_m\varepsilon_{\text{app}} \quad (3.4.31)$$

$$\varepsilon_{r\theta}=1/2\mu_m\{\sum_{i=1}^{\infty}[a_{1m}^ir^{6i}(6i)(12i+2)+a_{2m}^ir^{6i-2}(6i)(12i-2)-a_{3m}^ir^{-6i}(6i)(12i-2)-a_{4m}^ir^{-6i-2}(6i)(12i+2)]\sin(6i\theta)\} \quad (3.4.32)$$

Nb_3Sn 复合超导体中各组分材料在环境温度为 4.2 K 时的杨氏模量和泊松比[66,67]分别在表 3.4 中给出。佛罗里达州立大学美国强磁场国家实验室研究员韩柯课题组对 Cu-6wt%Sn 合金在环境温度为 4.2 K 时的拉伸实验结果表明，Cu（Sn）基体的应变硬化率为 0.92 GPa；对于进入塑性变形状态的 Cu（Sn）基体，在变形时其体积不变，表明其塑性泊松比为 0.5。根据上述材料参数值，通过计算可以得到 Nb_3Sn-Cu（Sn）界面上的应力状态（见表 3.3）。

表 3.4　当环境温度为 4.2 K 时，Nb_3Sn 复合超导体中不同相的弹性力学性能参数

相	E（GPa）	υ
Nb	105(1−0.15(T−293)/1000)	0.38
Nb_3Sn	65	0.3

3. 主模型与辅助模型之间的耦合

本节考虑了 Nb_3Sn 复合超导体轴向变形分别为±0.1%和±0.2%时，Nb_3Sn 等轴晶区和 Nb_3Sn 柱状晶区的应力分布情况。在模拟过程中，将 Nb-Nb_3Sn 复合晶体结构作为隔离体，隔离体边界的应力状态由加载应力和辅助模型求解得到的应力状态决定，通过圆柱体 Nb-Nb_3Sn 复合晶体结构侧面的应力状态关联，将上述两个模型进行耦合。同时，根据复合材料力学理论，本节研究的 Nb_3Sn 模型边界之间满足变形协调与应力连续两个重要的条件。因此，可以将 Nb_3Sn 主模型作为一个代表性体积单元（RVE），在其轴向施加周期性边界条件。周期性边界条件的施加方法和前文中多晶体 Nb_3Sn 模型周期性边界条件的施加方法一致，如式（3.3.5）～式（3.3.11）所示。

3.4.2　Nb_3Sn 复合超导体中微结构的应力状态

探讨 Nb_3Sn 复合超导体中微结构的应力分布特点，是超导体临界性能应变效应分析

的基础，同时有助于理解超导体内部裂纹萌生和扩展的过程，对应变导致的超导体临界性能的可逆变化和不可逆变化的理解和控制具有重要作用。借助上述模型，本节研究了拉伸及压缩载荷作用下 Nb_3Sn 复合超导体中微结构的应力状态，模拟生成了具有复杂形貌的晶粒及晶界区的应力云图，展示了超导体内部应力分布的非均匀性。

图 3.30 给出了不同加载应变水平下 Nb_3Sn 复合超导体内部晶粒和晶界区的应力云图分布情况。从图 3.30 可见，应力集中区域主要发生在等轴晶区，表明在 Nb_3Sn 等轴晶粒分布区域内会发生更加显著的超导体临界性能弱化现象；同时，这一区域也是超导体断裂发生的高概率区域。通过比较不同的加载应变水平，发现应力集中发生的区域都在等轴晶区。

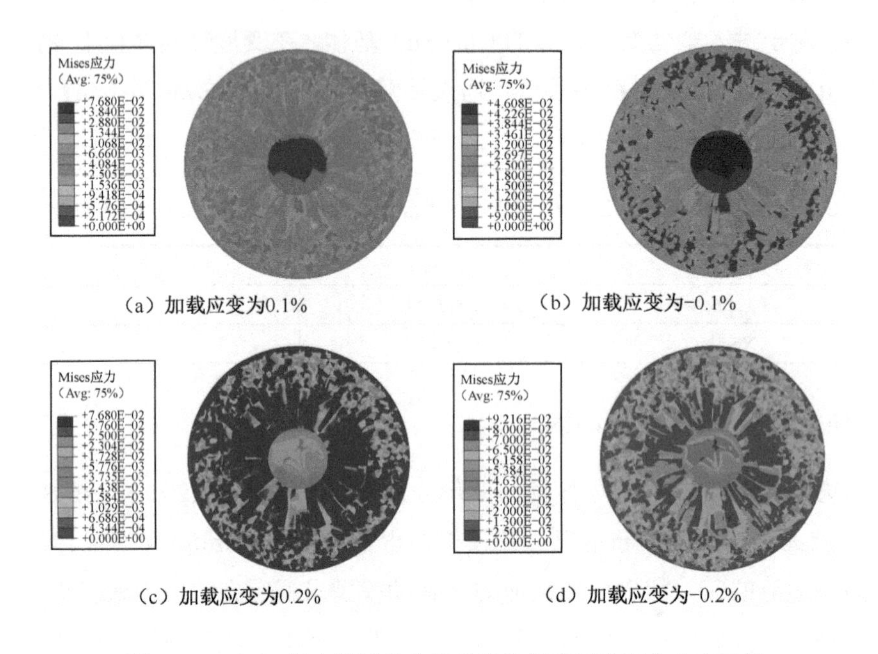

(a) 加载应变为0.1%　　(b) 加载应变为−0.1%

(c) 加载应变为0.2%　　(d) 加载应变为−0.2%

图 3.30　Nb_3Sn 复合超导体内部晶粒和晶界区的应力分布云图

本节继续分析了 Nb_3Sn 复合超导体单元横截面内沿任一晶界路线上局部应力的分布特点。如图 3.31 所示，横坐标 r 表示任一晶界路线上的点到坐标原点的距离，纵坐标 $\sigma_{\text{Mises}}/\sigma_a$（局部 Mises 应力 σ_{Mises} 和施加应力 σ_a 的比值）表示在晶界路线上任一点的无量纲应力值，曲线给出了沿贯穿柱状晶区和等轴晶区的同一晶界路线上无量纲应力 $\sigma_{\text{Mises}}/\sigma_a$ 的变化趋势；不同加载应变水平下得到的无量纲应力 $\sigma_{\text{Mises}}/\sigma_a$ 随 r 的变化曲线是重合的。模拟结果表明由于超导体内微结构的影响，无量纲应力 $\sigma_{\text{Mises}}/\sigma_a$ 的值在 0.2～2.08 波动变化，这和通常认为的恒定值 1 是不同的：如果将 Nb_3Sn 复合超导体按照均匀介质来建模，按照弹性力学理论计算得到的无量纲应力σ_{Mises}/σ_a值为 1，且不随r发生变化。在不同的加载应变水平下，无量应力参数值大于 1 的区域都出现在等轴晶区，表明在轴向载荷作用下，等轴晶晶粒间的相互作用使得局部应力增大。同时，从图 3.31 中可见，沿晶界路线，会有无量纲应力值突然变化的情况出现，表明在这些点周围发生应力跳跃的现象，最大的应力跳跃（对应最大的无量纲应力值 2.08）出现在三叉晶界的晶界交汇区。

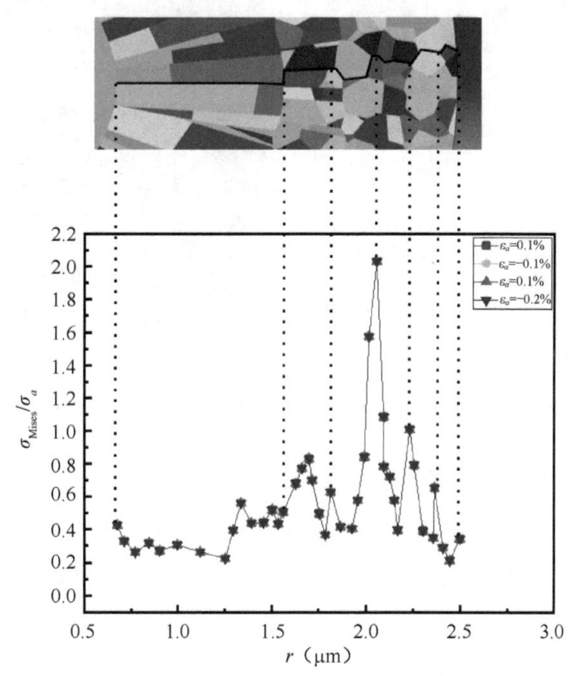

图 3.31　贯穿柱状晶区和等轴晶区的任一晶界路线上，无量纲应力参数（Mises 应力和施加应力的比值）的变化趋势

为了更加清楚地展示沿给定晶界路线应力跳跃的细节，图 3.32 中给出了相邻晶粒内部的二维应力分布图，图示中施加的轴向应变分别为±0.1%和±0.2%。沿给定晶界，各点应力状态的变化取决于不同的晶粒形貌和晶粒取向，为了对 Nb_3Sn 晶粒形貌和取向的作用规律进行量化的描述，本节在图 3.33 中给出了应力张量中各个分量沿晶界路线的变化趋势。从图 3.33 中可见，各应力分量和施加应力的比值沿晶界波动变化，稳定的最大值发生在 Nb-Nb_3Sn 界面点，模拟结果再次确认了应力跳跃现象的发生。随着r（Nb_3Sn 复合超导体单元横截面内晶界上任意一点到坐标原点的距离）的增大，正应力（σ_{xx}、σ_{yy}、σ_{zz}）波动减小（在 Nb_3Sn 等轴晶区内近似保持为常数），而剪切应力分量（τ_{xy}、τ_{yz}、τ_{xz}）在 0 左右波动变化。在 Nb_3Sn 柱状晶区，各个应力分量的变化比较平缓，较

为明显的应力跳跃发生在等轴晶区。应力跳跃现象的发生和局部的应力集中现象有关，这取决于邻近晶粒的形貌和取向，它们对彼此之间的变形形成强烈的约束作用。

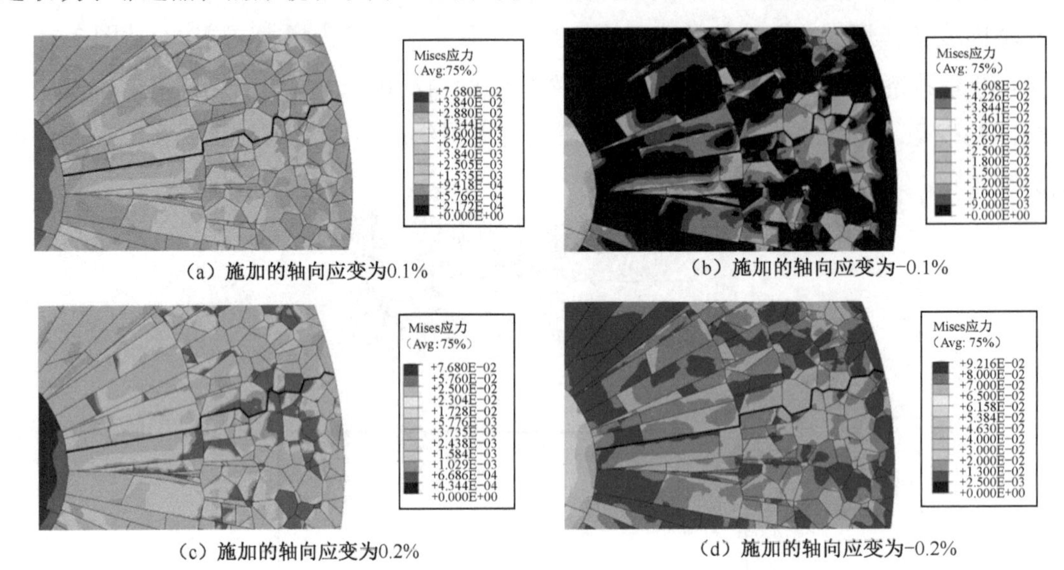

（a）施加的轴向应变为0.1%　（b）施加的轴向应变为−0.1%

（c）施加的轴向应变为0.2%　（d）施加的轴向应变为−0.2%

图 3.32　沿取定晶界路线相邻晶粒内部的二维应力分布情形

为了解应力集中产生的原因并确定应力集中发生的位置，本节选择了几组邻近的晶粒组，并分析了每组晶粒中的应力分布情况，如图 3.34 所示。对于单个 Nb_3Sn 晶粒，不管是等轴晶粒还是柱状晶粒，相对较高的应力值区域都分布在晶界上。每个晶粒具有不同的形貌和取向，因此单个晶粒内部的应力状态是由邻近的晶粒的变形状态决定的。晶界交汇区有较强的变形约束作用，所以更容易形成应力集中。

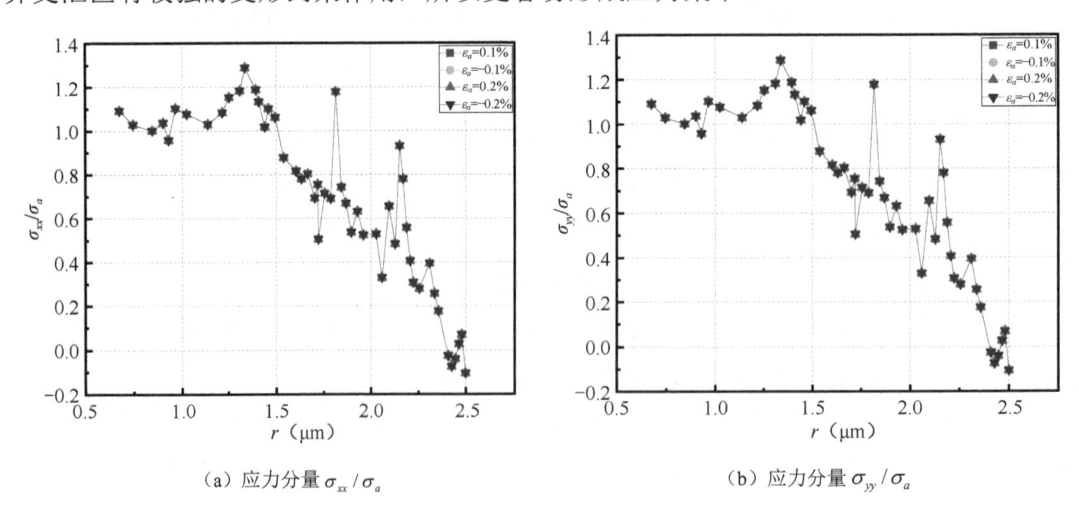

（a）应力分量 σ_{xx}/σ_a　（b）应力分量 σ_{yy}/σ_a

图 3.33　应力分量沿给定晶界的变化趋势

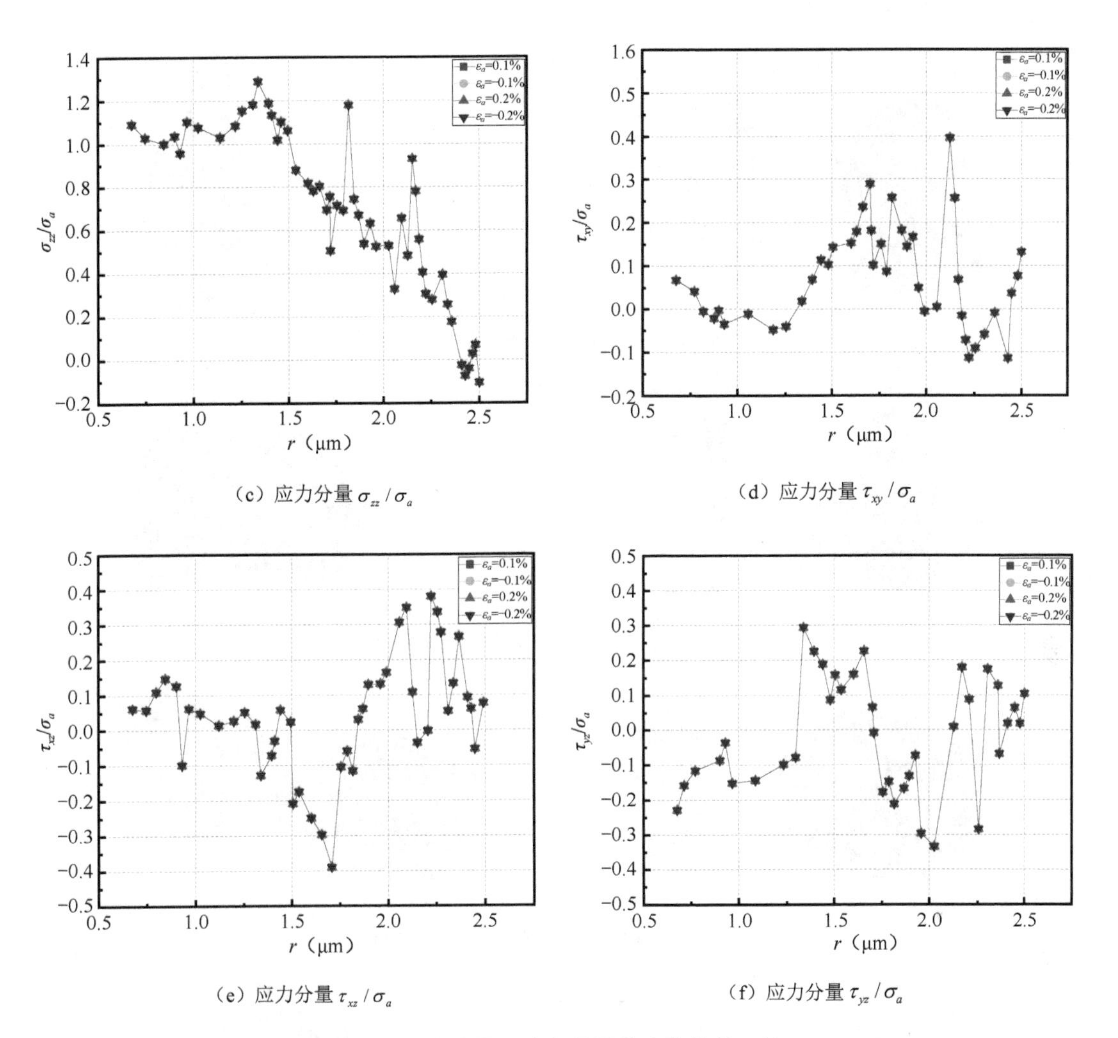

（c）应力分量 σ_{zz}/σ_a　　（d）应力分量 τ_{xy}/σ_a

（e）应力分量 τ_{xz}/σ_a　　（f）应力分量 τ_{yz}/σ_a

图 3.33　应力分量沿给定晶界的变化趋势（续）

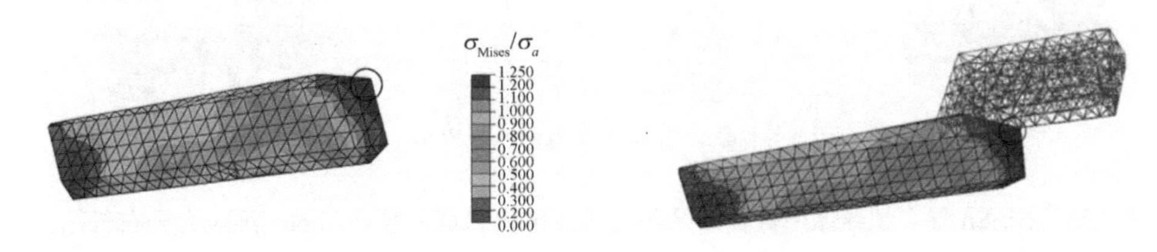

（a）邻近的柱状晶晶粒组，晶界取向角为 10.41°

图 3.34　Nb_3Sn 复合超导体中等轴晶区和柱状晶区内邻近晶粒内部的三维应力分布云图，晶界交汇处产生应力集中

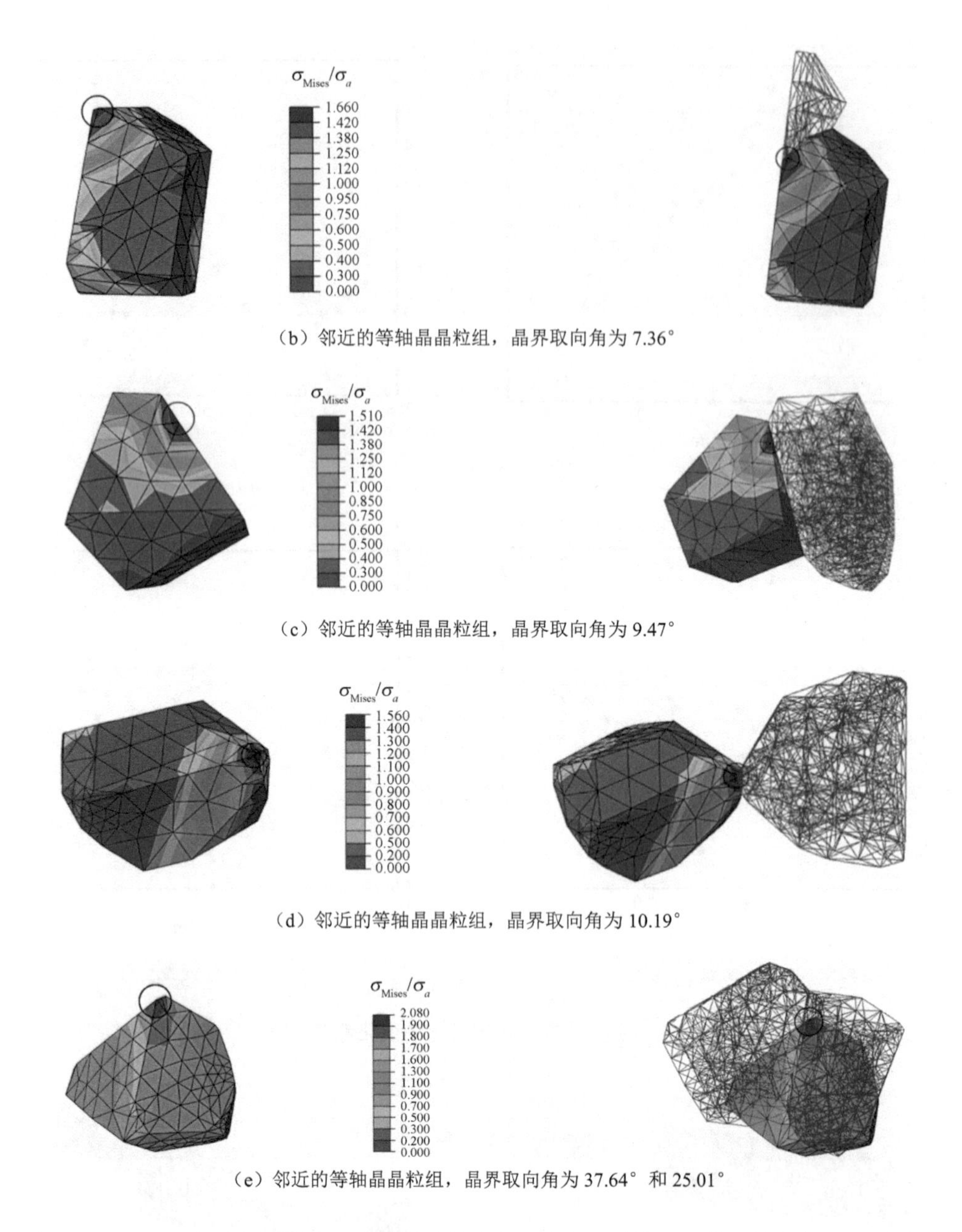

（b）邻近的等轴晶晶粒组，晶界取向角为 7.36°

（c）邻近的等轴晶晶粒组，晶界取向角为 9.47°

（d）邻近的等轴晶晶粒组，晶界取向角为 10.19°

（e）邻近的等轴晶晶粒组，晶界取向角为 37.64° 和 25.01°

图 3.34　Nb_3Sn 复合超导体中等轴晶区和柱状晶区内邻近晶粒内部的三维应力分布云图，晶界交汇处产生应力集中（续）

在每个局部应力集中点处，通常存在多组邻近的晶粒组。本节计算了每组晶粒间的晶界取向角，并考察了晶界取向角与应力集中之间的关联。选择 Mises 应力值相对较高的局部区域为研究对象，统计了这一区域内的晶界取向角分布情况，统计结果在表 3.5 中给出。通过统计表中的数据可以发现，多数的应力集中，在大角度晶界区域和小角度晶界区域中都存在，这表明应力集中区域发生的位置是随机的。

表 3.5　晶界取向角与应力集中之间的关联

晶　区	σ_{Mises}/σ_a	晶界取向角
柱状晶区	1.25	10.41°、14.89°、36.33°、31.74°
等轴晶区	1.40	15.51°、6.82°、13.59°、25.73°
	1.51	9.47°、31.35°、18.09°
	1.56	10.19°、16.41°、42.33°、25.17°
	1.66	7.36°、15.71°、23.08°、33.51°、39.74°
	1.45	7.24°、34.43°、53.02°、25.20°、43.88°、33.67°
	1.41	15.24°、25.97°、21.19°、20.49°
	2.08	37.64°、25.01°、42.92°、35.50°
	1.55	37.84°、32.79°、25.91°、18.08°

本节建立的考虑 Nb_3Sn 复合超导体多层级结构的力学模型展示了在轴向载荷作用下其非均匀应力分布的特征，揭示了应力集中发生的位置及起源。局部非均匀应力会导致超导体临界性能退化，诱导微裂纹的萌生和演化；同时，在对 Nb_3Sn 复合超导体极低温区环境下原子级应变的测量中，局部非均匀应力会导致中子及高能电子束的散射形式发生异常改变，增加了对直接观测结果解读的难度[68,69]。借助本节构建的模型，可以对轴向载荷作用下，Nb_3Sn 复合超导体内基底到超导体微结构的应力传递、Nb_3Sn 柱状晶区和 Nb_3Sn 等轴晶区内的局部应力分布特点，以及局部应力集中对晶粒形貌和取向的依赖进行直观和形象的阐释。

晶界是 Nb_3Sn 超导体中主要的有效磁通钉扎中心，研究晶界变形对从细观尺度揭示超导体临界性能的多物理场耦合行为具有重要作用。Nb_3Sn 复合超导体中的晶粒具有复杂的形貌，本节基于密排纤维增强复合材料的相关理论与多晶体有限元分析方法，建立了 Nb_3Sn 复合超导体中晶粒及晶界变形的尺度耦合计算模型，该模型能较为真实地反映细观尺度下 Nb_3Sn 复合超导体的结构特征。利用该模型研究了 Nb_3Sn 复合超导体在轴向拉伸与压缩加载模式下柱状晶区和等轴晶区的微观局部应力及晶粒和晶界变形特征，并分析了载荷下 Nb_3Sn 复合超导体中沿晶界的弹性变形变化特点。研究结果揭示了细观尺度上由于晶粒各向异性产生的非均匀应力（局部应力）分布，局部应力分布与 Nb_3Sn 复合体的多相性、Nb_3Sn 晶粒形貌相关：在 Nb_3Sn 区域多晶体内部的应力分布是高度非均匀的；在柱状晶区与等轴晶区的交界处，各应力分量存在突变，突变的位置多在晶粒交汇处；由于晶粒结合点处对于变形的限制作用，随着加载应力的增大，复合多晶体内晶粒连接的交点处发生明显的应力集中现象。相关结果有助于理解和揭示极低温环境下 Nb_3Sn 复合超导体的变形及其超导电性能力学效应的起源。

3.5 本章小结

本章分别从原子层次、晶体缺陷层次、晶粒显微组织层次、细观组织层次、宏观组织层次阐述了 Nb_3Sn 超导体的微结构特征和多层级力学模型。在逐步呈现 Nb_3Sn 多尺度结构特征的同时，讨论了第一性原理模拟方法、分子动力学方法、晶体有限元方法及复合材料理论在各个尺度上力学变形特点描述上的优缺点。对晶界结构及其变形的精细刻画，是 Nb_3Sn 超导体临界性能分析的基础，也是构筑临界性能多尺度、多物理场模拟方法的基础。本章呈现了不同尺度上 Nb_3Sn 超导体的变形特点，为后续研究其临界性能演化奠定了基础。

参考文献

[1] Ekin J W. Strain scaling law for flux pinning in practical superconductors. Part 1: basic relationship and application to Nb_3Sn conductors[J]. Cryogenics, 1980, 20(11): 611-624.

[2] Godeke A. A review of the properties of Nb_3Sn and their variation with A15 composition[J]. Supercond. Sci. Technol, 2006, 19(8): R68.

[3] Nijhuis A, Pompe V, Krooshoop H, et al. The effect of axial and transverse loading on the transport properties of ITER Nb_3Sn strands[J]. Supercond. Sci Technol, 2013, 26(8): 084004.

[4] Nishijima G, Watanabe K, Araya T, et al. Effect of transverse compressive stress on internal reinforced Nb_3Sn superconducting wires and coils[J]. Cryogenics, 2005, 42(10-11): 653-658.

[5] Godeke A. Performance boundaries in Nb_3Sn superconductors[D]. Enschede, The

Netherlands: University of Twente, 2005.

[6] Lu J, Han K, Walsh R P, et al. IC axial strain dependence of high current density performance boundaries in Nb_3Sn superconductors conductors[J]. IEEE Trans. Appl. Supercond, 2007, 17(2): 2639-2642.

[7] Goddard R, Chen J, McClellan E, et al. Microanalysis of Nb_3Sn superconducting wire using the environmental electron microscope[J]. Microsc Microanal, 2005, 11(S02): 424-425.

[8] Muzzi L, Corato V, della Corte A, et al. Direct observation of Nb_3Sn lattice deformation by high-energy X-ray diffraction in internal-tin wires subject to mechanical loads at 4.2 K[J]. Supercond. Sci. Technol, 2012, 25(5): 054006.

[9] Osamura K, Machiya S, Harjo S, et al. Local strain exerted on Nb_3Sn filaments in an ITER strand[J]. Supercond. Sci. Technol, 2015, 28(4): 045016.

[10] Awaji S. Quantitative strain measurement in Nb_3Sn wire and cable conductors using high-energy X-ray and neutron beams[J]. Supercond. Sci. Technol,2013,26(7): 073001.

[11] Qiao L, He Y, Wang H, et al. Effect of grain boundary deformation on the critical temperature degradation of superconducting Nb_3Sn under hydrostatic pressure[J]. J. Alloys Compd, 2021, 864: 158116-158118.

[12] Qiao L, Zheng X J. A three-dimensional model for the superconducting properties of strained international thermonuclear experimental reactor Nb_3Sn strands[J]. J. Appl. Phys, 2012, 112: 113909-7.

[13] Scheuerlein C, Di Michiel M, Buta F, et al. Stress distribution and lattice distortions in Nb_3Sn multifilament wires under uniaxial tensile loading at 4.2 K[J]. Supercond. Sci. Technol, 2014, 27(4): 044021.

[14] Scheuerlein C, Wolf F, Lorentzon M, et al. Direct measurement of Nb_3Sn filament loading strain and stress in accelerator magnet coil segments[J]. Supercond. Sci. Technol, 2019, 32(4): 045011.

[15] 周健，梁奇锋. 第一性原理材料计算基础[M]. 北京：科学出版社，2019.

[16] Born M, Oppenheimer R. Zur Quantentheorie der Molekeln[J]. Annalen der Physik, 2006, 389(20): 457-484.

[17] Becke, Axel D. A new mixing of hartree-fock and local density-functional theories[J]. J. Chem. Phys, 1993, 98(2): 1372-1377.

[18] 张翼. 轻元素共价材料理想强度和储氢功能的第一性原理研究[D]. 上海：上海交通大学，2007.

[19] Thomas L H. The calculation of atomic fields[J]. Math. Proc. Cambridge Philos. Soc, 1927, 23.

[20] Fermi E. Un metodo statistico per la determinazione di alcune priorieta dell'atom[J]. Rend. Accad. Naz. Lincei, 1927(6): 602-607.

[21] Hohenberg P, Kohn W. Inhomogeneous electron gas[J]. Phys. Rev, 1964, 136(3B): B864.

[22] Kohn W, Sham L J. Self-consistent equations including exchange and correlation effects[J]. Phys. Rev, 1965, 140(4A): A1133.

[23] Herring C. A new method for calculating wave functions in crystals[J]. Phys. Rev, 1940, 57(2): 1169.

[24] Phillips J C, Kleinman L. New method for calculating wave functions in crystals and molecules[J]. Phys. Rev, 1959, 116(2): 287.

[25] Hamann D R, M Schlüter, Chiang C. Norm-conserving pseudopotentials[J]. Phys. Rev. Lett, 1979, 43(20): 1494-1497.

[26] Blöchl P E. Generalized separable potentials for electronic-structure calculations[J]. Phys. Rev. B, 1990, 41(8): 5414.

[27] Vanderbilt D. Soft self-consistent pseudopotentials in a generalized eigenvalue formalism[J]. Phys. Rev. B, 1990, 41(11): 7892.

[28] Blöchl P E. Projector augmented-wave method[J]. Phys. Rev. B, 1994, 50(24): 17953-17979.

[29] Sundareswari M, Ramasubramanian S, Rajagopalan M. Elastic and thermodynamical properties of A15 Nb_3X (X = Al, Ga, In, Sn and Sb) compounds-first principles DFT study[J]. Solid State Commun, 2010, 150(41-42): 2057-2060.

[30] 严六明，朱素华. 分子动力学模拟的理论与实践[M]. 北京：科学出版社，2013.

[31] Lee J G. Computational Materials Science: An Introduction[M]. CRC Press, 2011.

[32] Edward L-J J, Dent B M. On the forces between atoms and ions[J]. Proc R Soc Lond A, 1925, 109(752): 584-597.

[33] Morse P M. Diatomic molecules according to the wave mechanics II. vibrational levels[J]. Phys. Rev, 1929, 33(6): 57-64.

[34] Johnson R A. Relationship between two-body interatomic potentials in a lattice model

and elastic constant[J]. Phys. Rev. B, 1972, 6(6): 2094-2100.

[35] Daw M S, Baskes M I. Embedded-atom method: derivation and application to impurities, surfaces, and other defects in metals[J]. Phys. Rev. B, 1984(29): 6443-6453.

[36] Daw M S, Baskes M I. Semiempirical, Quantum Mechanical Calculation of Hydrogen Embrittlement in Metals[J]. Phys. Rev. Lett, 1983, 50(17): 1285-1288.

[37] Finnis M W, Sinclair J E. A simple empirical N-body potential for transition metals[J]. Philos. Mag. A, 1984, 50(1): 45-55.

[38] Ercolessi F, Tosatti E, Parrinello M. Au(100) Surface Reconstruction[J]. Phys. Rev. Lett, 1986, 57(6): 719-722.

[39] Baskes M I. Modifie embedded-atom potentials for cubic materials and impurities[J]. Modell. Simu. Mater. Sci. Eng, 1994, 2(1): 147-163.

[40] Zhang B, Hu W. Calculation of formation enthalpies and phase stability for Ru-Al alloys using an analytic embedded atom model[J]. J. Alloys Compd, 1999, 287(1-2): 159-162.

[41] Zhang Y, Ashcraft R, Mendelev M I, et al. Experimental and molecular dynamics simulation study of structure of liquid and amorphous $Ni_{62}Nb_{38}$ alloy[J]. J. Chem. Phys, 2016, 145(20): 204505.

[42] Ko W S, Kim D H, Kwon Y J, et al. Atomistic simulations of pure tin based on a new modified embedded-atom method interatomic potential[J]. Metals, 2018, 8(11): 900.

[43] Chudinov V G, Gogolin V P, Goshchitskii B N, et al. Simulation of collision cascades in intermetallic Nb_3Sn compounds[J]. Phys. Status. Solidi, 1981, 67(1): 61-67.

[44] Verlet L. Computer “experiments” on classical fluids I. thermodynamical properties of Lennard-Jones molecules[J]. Phys. Rev, 1967, 159(1):98-103.

[45] Hockney R W. The Potential Calculation and Some Applications[J]. Commun. Comput. Phys, 1970(9): 136-211.

[46] Gibbs J W. Elementary Principles in Statistical Mechanics Developed with Special Reference to the Rational Foundation of Thermodynamics[M]. New York: dover publications, 1902.

[47] 梁海弋. 纳米铜力学行为的分子动力学模拟[D]. 合肥：中国科学技术大学，2001.

[48] Mullen R L, Ballarini R, Yin Y. Monte carlo simulation of effective elastic constants of polycrystalline thin films[J]. Acta Mater, 1997, 45(6):2247-2255.

[49] Lewis A C, Bingert J F, Rowenhorst D J, et al. Two-dimensional and three-dimensional

microstructural characterization of a super-austenitic stainless steel[J]. Mater. Sci. Eng, A, 2006, 418(1/2):11-18.

[50] Kamaya M, Kawamura Y, Kitamura T. Three-dimensional local stress analysis on grain boundaries in polycrystalline material[J]. Int. J. Solids Struct, 2007, 44(10): 3267-3277.

[51] Quey R, Dawson P R, Barbe F. Large-scale 3D random polycrystals for the finite element method: generation, meshing and remeshing[J]. Comput. Method. Appl. M, 2013. 200(17): 1729-1745.

[52] Ren Z, Gamperle L, Fete A, et al. Evolution of T_2 resistivity and superconductivity in Nb_3Sn under pressure[J]. Phys. Rev. B, 2017, 95(18): 184503.

[53] Sandim M J R, Tytko D, Kostka A, et al. Grain boundary segregation in a bronze-route Nb_3Sn superconducting wire studied by atom probe tomography[J]. Supercond. Sci. Technol, 2013, 26(5): 055008.

[54] Keller K R, Hanak J J. Ultrasonic measurements in single-crystal Nb_3Sn[J]. Phys. Rev, 1967, 154(3): 628-632.

[55] 万硕. 多晶铍微观弹性力学行为的数值分析[D]. 银川：宁夏大学，2014.

[56] Sandim M J R, Sandim H R Z, Zaefferer S, et al. Electron backscatter diffraction study of Nb_3Sn superconducting multifilamentary wire[J]. Scripta Mater, 2010, 62(2):59-62.

[57] 毛卫民，杨平，陈冷. 材料织构分析原理与检测技术[M]. 北京：冶金工业出版社，2008.

[58] Wu W D, Owino J, Al-Ostaz A, et al. Applying periodic boundary conditions in finite element analysis[C]. SIMULIA Community Conference/Providence, 2014, 707-719.

[59] 张超，许希武，严雪. 纺织复合材料细观力分析的一般性周期性边界条件及其有限元实现[J]. 航空学报，2013, 34(7): 1636-1645.

[60] 张平祥，李建锋，唐先德，等. 国际热核聚变（ITER）用低温超导线研究进展[J]. 中国材料进展，2009, 28(4):10-15.

[61] Sandim M J R, Stamopoulos D, Aristomenopoulou E, et al. Grain structure and irreversibility line of a bronze route CuNb reinforced Nb_3Sn multifilamentary wire[J]. Physics Procedia, 2012(36): 1504-1509.

[62] Wu I W, Dietderich D R, Holthuis J T, et al. The microstructure and critical current characteristic of a bronze-processed multifilamentary Nb_3Sn superconducting wire[J]. J. Appl. Phys, 1983, 54(12): 7139.

[63] Flükiger R, Uglietti D, Senatore C, et al. Microstructure, composition and critical current density of superconducting Nb_3Sn wires[J]. Cryogenics, 2008, 48(7): 293-307.

[64] Ashkenazi J, Dacorogna M, Peter M, et al. Elastic constants in Nb-Zr alloys from zero temperature to the melting point: experiment and theory[J]. Phys. Rev. B, 1978, 18(8): 4120-4131.

[65] Pichler, H. R. The interior elastic stress field in a continuous, close-packed filamentary composite material under uniaxial tension, in Fiber-Strengthened Metallic Composites[M]. West Conshohocken, PA: ASTM International, 1967.

[66] Bray, S L, Ekin, J W, and Sesselmann, R. Tensile measurements of the modulus of elasticity of Nb_3Sn at room temperature and 4 K[J]. IEEE Trans. Appl. Supercond, 1997, 7(2): 1451-1454.

[67] Mitchell N. Finite element analysis simulations of elasto-plastic process in Nb_3Sn strands[J]. Cryogenics, 2005(45): 501-515.

[68] Scheuerlein C, Michiel M, Buta F, et al. Stress distribution and lattice distortions in Nb_3Sn multifilament wires under uniaxial tensile loading at 4.2 K[J]. Supercond. Sci. Technol, 2014, 27(4): 044021.

[69] Scheuerlein C, Wolf F, Lorentzon M, et al. Direct measurement of Nb_3Sn filament loading strain and stress in accelerator magnet coil segments[J]. Supercond. Sci. Technol, 2019, 32(4): 045011.

第 4 章

复杂应变状态下 Nb_3Sn 超导体临界曲面漂移的多尺度分析

应变函数 $s(\varepsilon)$ 是描述 Nb_3Sn 超导体临界性能多物理场耦合效应的关键，这一函数形式的确立是 Nb_3Sn 超导体临界性能研究的核心。由于 Nb_3Sn 超导体组织结构的多尺度特征，微细观尺度上的应变分布是非均匀的。揭示 Nb_3Sn 超导体临界性能在多物理场环境下的退化行为，需要阐述原子层次、晶体缺陷层次（晶界）、晶粒显微组织层次（Nb_3Sn 柱状晶粒、Nb_3Sn 等轴晶粒）、细观组织层次上［Nb 核-Nb_3Sn 复合层-Cu（Sn）基体的局部周期性排布］超导体临界性能弱化的物理机理，并再现宏观组织层次上超导体临界性能弱化的经典实验曲线，在此基础上实现对 Nb_3Sn 超导体临界性能的多尺度分析。

在第 3 章中，本书介绍了 Nb_3Sn 超导体多层级结构的建模及其力学变形分析，从中可见，力学变形最直接的效应是超导体微结构内的局部应力状态发生变化。从原子尺度来看，伴随着这一变化，Nb_3Sn 的电子结构、声子谱、电—声子耦合常数会发生改变；从晶体缺陷层次来看，伴随着局部应力状态的变化，磁通钉扎势会发生改变。从畸变的 Nb_3Sn 晶格结构到复合超导体中变形的 Nb_3Sn 柱状晶和等轴晶，从变形的微观结构组织到细观结构，再到 Nb_3Sn 复合超导体宏观的力—电—磁—热耦合响应，力学变形诱导的 Nb_3Sn 超导体临界性能的弱化行为表现出多尺度耦合特性。超导体在宏观尺度上的响应起源于其在最小尺度上的行为，为了精准刻画超导体临界性能的多尺度耦合特征，需要建立 Nb_3Sn 超导体临界性能分析的微结构理论，并以 Nb_3Sn 超导体的微结构特征和多层级力学模型为基础，建立 Nb_3Sn 超导体临界性能分析的多尺度理论框架。

本章从 Nb_3Sn 晶体结构的力学响应出发，建立了在多物理场环境复杂应变状态下 Nb_3Sn 超导体临界曲面漂移的多尺度分析框架。首先从多轴应变诱导的 Nb_3Sn 晶格畸变开始，通过考虑晶格结构变化引发的电子能带结构及费米面上电子态密度的变化，提出了多轴应变状态下 Nb_3Sn 超导体临界性能的多物理场耦合效应的简化分析模型，并在简化超导体结构变形分析的基础上，验证了模型在多轴应变状态下描述超导体临界性能多场耦合效应的可靠性；考虑到费米面上电子态密度的演化在超导体临界性能多场耦合分析中的重要性，本章继续建立了这一重要物理参量的估算方法，并借助多个关联物理参量的实验观测结果，反推了其在多轴应变状态下的演化规律，间接验证了多轴应变状态下模型的可靠性。以多轴应变状态下 Nb_3Sn 晶体结构的电子结构演化分析为基础，本章还建立了普适的 Nb_3Sn 超导体临界性能的微结构理论：将多轴应变状态下的理论模型推广到一般应变状态，并通过考虑正常态电阻率与超导体相转变之间的关联，完善了初始的简化分析模型，实现了对复杂应变状态下费米面上电子态密度的演化与超导体微结构临界性能弱化规律的描述。以微结构理论为核心，以第 3 章介绍的 Nb_3Sn 超导体的微结构特征和多层级力学模拟为基础，本章建立了 Nb_3Sn 超导体临界性能多尺度分析框架，并给出了计算分析的细节，通过与宏观测量得到的临界性能曲线的比对，验证了多尺度分析模型的可靠性，揭示了不同组织结构在多物理场环境下超导体临界性能弱化行为中所起的作用。

4.1 Nb_3Sn 超导体临界性能的微结构理论

描述 Nb_3Sn 超导体临界性能的力—电—磁—热耦合效应，对这一物理现象给予合理、可靠的理论解释，并确立其耦合本构关系（标度律或标度关系），在高场超导磁体工程和高应变耐受性超导体的制备和开发中具有非常重要的应用价值。Nb_3Sn 超导体临界性能的研究经历了经验模型阶段和基于一定物理背景的半经验模型阶段，其发展过程是相互交叠、相互促进的。在实际工程应用中，Nb_3Sn 超导体临界性能的力—电—磁—热耦合本构模型的选择往往需要考虑有一定物理背景的、精确刻画不同加载模式下超导体临界曲面演变特征、函数形式简洁并可以外推至未知服役环境情形这几个要素。

目前的经验本构理论模型、半经验本构理论模型［如 Ekin 幂律模型[1]、Ten Haken 偏应变模型（The Deviatoric Model）[2]、Markiewicz 全应变不变量模型[3-4]、Oh 和 Kim 参数化模型[5]］对于理解和描述 Nb_3Sn 超导体临界性能的多物理场耦合效应具有非常重要的作用，但仍存在一些问题需要进一步研究：①由于 Nb_3Sn 超导体服役环境的特殊性及应力应变状态的复杂性，目前仍然缺少能够统一描述不同应变状态下 Nb_3Sn 超导体的超导电性能退化行为的理论模型；②现有的经验/半经验本构理论模型只能描述特定的一类实验结果，所得到的超导体临界行为拟合参数很难在其他组的实验中直接使用，缺乏一般性。为此，需要从微观角度进行探索，开发出考虑 Nb_3Sn 超导体微结构特征和多层级结构特征的、统一适用于不同应变状态下 Nb_3Sn 超导体临界性能的多尺度分析模型。

4.1.1 多轴应变状态下 Nb_3Sn 超导体临界性能的简化分析

应变 $\boldsymbol{\varepsilon}$ 诱导的超导临界温度 T_c、上临界磁场强度 H_{c2}、临界电流密度 J_c 弱化之间是相互关联的。临界电流密度的应变效应起源于应变作用下上临界磁场强度—温度曲线（$H_{c2}(T)$）的漂移；同时，应变诱导的临界温度弱化也与这一漂移效应相关联。

Ekin 通过实验发现[1]，在 4.2 K 的低温环境下，上临界磁场强度的应变敏感程度与临界温度的应变敏感程度之间的关系可以用表达式 $H_{c2}(4.2,\varepsilon)/H_{c2m} \equiv \left(T_c(\varepsilon)/T_{cm}\right)^3$ 来刻画，其中 H_{c2m} 和 T_{cm} 为无外载作用时的上临界磁场强度和临界温度。从微观上来看，上临界磁场强度与临界温度应变弱化间的差异主要是由于它们对于费米面电子态密度和电—声子耦合常数的依赖程度不同。之前的解释多是从 McMillan 临界温度公式出发的，但是，McMillan 临界温度只有在电—声子耦合常数小于 1.5 时才适用，而对于 Nb_3Sn 超导体，文献介绍的电—声子耦合常数大于这一值[6]。为此，本节从应变作用下上临界磁场强度—温度曲线（$H_{c2}(T)$）的漂移出发，来讨论 Nb_3Sn 超导体临界性能的退化行为。

本节从 ITER 组织所采用的描述一维轴向拉伸实验的本构关系出发，在这组力—电磁耦合本构关系中，临界电流密度的描述为[7]

$$J_c(H,T,\varepsilon_{axi}) = \sqrt{2}C\mu_0 H_c(t)h^{p-1}(1-h)^q \tag{4.1.1}$$

式中，$H_c(t) \cong H_c(0)(1-t^2)$，无量纲温度 $t \equiv T/T_c(0,\varepsilon_{axi})$，无量纲磁场 $h \equiv H/H_{c2}(T,\varepsilon_{axi})$，临界温度的表达式为[8]

$$T_c(H,\varepsilon_{axi}) = T_{cm}(0)s(\varepsilon_{axi})^{1/3}\left(1-H/H_{c2}(0,\varepsilon_{axi})\right)^{1/1.52} \tag{4.1.2}$$

上临界磁场强度的表达式为

$$H_{c2}(T,\varepsilon_{axi}) = H_{c2m}(0)\mathrm{MDG}(t)s(\varepsilon_{axi}) \tag{4.1.3}$$

$\mathrm{MDG}(t)$ 的函数形式为 $\mathrm{MDG}(t) \equiv H_{c2}^*(t)_{\mathrm{MDG}}/H_{c2}^*(0)_{\mathrm{MDG}} \cong (1-t^{1.52})$，其中，$H_{c2}^*(t)_{\mathrm{MDG}}$ 和 $H_{c2}^*(0)_{\mathrm{MDG}}$ 是 Maki De Gennes（MDG）关系式 $\ln(t) = \psi(1/2) - \psi(1/2 + \hbar D^*(\varepsilon_{axi})\mu_0 H_{c2}^*(T,\varepsilon_{axi})/2\phi_0 k_B T)$ [9]的解，用来精确描述力—热耦合作用下上临界磁场强度曲线的变化规律。MDG 关系式中 ψ 为 Digamma 函数，$\phi_0 = \pi c\hbar/e$ 为磁通量子（c 为光速，$\hbar$ 为普朗克常数，e 为单电子电量），k_B 为玻尔兹曼常数，D^* 表示正常态电子传导时的扩散常数。将临界温度［见式（4.1.2）］、上临界磁场强度［见式（4.1.3）］直接推广到三维应变形式，得到

$$T_c(0,\boldsymbol{\varepsilon}) = T_{cm}(0)s(\boldsymbol{\varepsilon})^{1/3} \tag{4.1.4}$$

$$H_{c2}(T,\boldsymbol{\varepsilon}) = H_{c2m}(0)\mathrm{MDG}(t)s(\boldsymbol{\varepsilon}) \tag{4.1.5}$$

由三维应变状态下的 MDG 关系 $\ln(t) = \psi\left(\dfrac{1}{2}\right) - \psi\left(\dfrac{1}{2} + \dfrac{\hbar D^*(\boldsymbol{\varepsilon})\mu_0 H_{c2}^*(T,\boldsymbol{\varepsilon})}{2\phi_0 k_B T}\right)$ [9]得到

$$\left(\frac{\partial\mu_0 H_{c2}^*(T,\varepsilon)}{\partial T}\right)_{T=T_c^*(0,\varepsilon)} = -\frac{4\phi_0 k_B}{\pi^2\hbar D^*(\varepsilon)} = -\frac{4}{\pi}k_B c\rho N(E_F) \tag{4.1.6}$$

式中，$N(E_F)$ 为电子费米面上态密度，ρ 为超导体相转变附近的正常态电阻率。由式（4.1.4）～式（4.1.6）经过简单的运算得到应变函数：

$$s(\varepsilon) = A(\rho^\varepsilon N^\varepsilon(E_F))^{3/2} \tag{4.1.7}$$

式中，$A=\left(\frac{4k_B c}{\pi}\frac{T_{cm}^*(0)}{1.52\mu_0 H_{c2m}^*(0)}\right)^{3/2}$。由式（4.1.7）可知，只要确定应变对 $N(E_F)$ 和 ρ 的作用形式即可得到 Nb_3Sn 超导体电磁本构方程中 $s(\varepsilon)$ 的函数形式。

1. 确定 $N^\varepsilon(E_F^\varepsilon)$ 的表达形式

根据 Bhatt 模型，Nb_3Sn 超导体的态密度具有如下形式[10]

$$N(\Xi) = N_{tot}/3\sum_{i=1}^{3} n(\Xi - E_i)\text{；}\quad \int n(\Xi)\mathrm{d}\Xi = 1 \tag{4.1.8}$$

式中，N_{tot} 为电子总数，在初始状态时，能量 $E_i(i=1,2,3)$ 依赖相结构，当施加应变时，晶体结构发生变化，相应地能级分裂，能级分裂之后的能量值取决于应变状态。将应变作用下的态密度 $N^\varepsilon(\Xi)$ 进行泰勒展开，并假定应变对于态密度的影响主要是通过布里渊区对称点处的能级变化起作用，则

$$N^\varepsilon(\Xi) \simeq N^0(\Xi) + \frac{N_{tot}}{3}\sum_{i=1}^{3}\left(\frac{\mathrm{d}n}{\mathrm{d}E_i}\right)_{E_i}(E_i - E_i^0) - \frac{1}{2}\frac{N_{tot}}{3}\sum_{i=1}^{3}\left(\frac{\mathrm{d}^2 n}{\mathrm{d}E_i^2}\right)_{E_i}(E_i - E_i^0)^2 + \cdots \tag{4.1.9}$$

其中应变导致的三个带边能级能量变化关系为[11]：

$$\begin{aligned}\Delta E_1 = E_1 - E_1^0 = a_3(\varepsilon_{xx}+\varepsilon_{yy}+\varepsilon_{zz}) + a_2\varepsilon_{xx} \pm \\ \left\{\left\{\nu^2 p_x^2 + \left[\lambda(p_y^2 - p_z^2) + a_1(\varepsilon_{yy}-\varepsilon_{zz})\right]^2\right\}^{1/2} - \left\{\nu^2 p_x^2 + \left[\lambda(p_y^2 - p_z^2)\right]^2\right\}^{1/2}\right\}\end{aligned} \tag{4.1.10}$$

$$\begin{aligned}\Delta E_2 = E_2 - E_2^0 = a_3(\varepsilon_{xx}+\varepsilon_{yy}+\varepsilon_{zz}) + a_2\varepsilon_{yy} \pm \\ \left\{\left\{\nu^2 p_y^2 + \left[\lambda(p_z^2 - p_x^2) + a_1(\varepsilon_{zz}-\varepsilon_{xx})\right]^2\right\}^{1/2} - \left\{\nu^2 p_y^2 + \left[\lambda(p_z^2 - p_x^2)\right]^2\right\}^{1/2}\right\}\end{aligned} \tag{4.1.11}$$

$$\Delta E_3 = E_3 - E_3^0 = a_3(\varepsilon_{xx} + \varepsilon_{yy} + \varepsilon_{zz}) + a_2\varepsilon_{zz} \pm \left\{\left\{\nu^2 p_z^2 + \left[\lambda(p_x^2 - p_y^2) + a_1(\varepsilon_{xx} - \varepsilon_{yy})\right]^2\right\}^{1/2} - \left\{\nu^2 p_z^2 + \left[\lambda(p_x^2 - p_y^2)\right]^2\right\}^{1/2}\right\} \quad (4.1.12)$$

式中 p 为无量纲量。在式（4.1.10）～式（4.1.12）中，为了处理问题的简化，忽略了剪切应变的作用，仅考虑多轴应变作用时的情况。

在式（4.1.9）中，为了简化计算，只取线性项，得到费米面上的态密度为

$$\begin{aligned} N^{\varepsilon}(E_{\mathrm{F}}^{\varepsilon}) &\simeq N^0(E_{\mathrm{F}}^{\varepsilon}) + \frac{N_{\mathrm{tot}}}{3}\sum_{i=1}^{3}\left(\frac{\mathrm{d}n}{\mathrm{d}E_i}\right)_{E_i}(E_i - E_i^0) \\ &\simeq N^0(E_{\mathrm{F}}^0) + \left(\frac{\mathrm{d}N^0}{\mathrm{d}E_{\mathrm{F}}^{\varepsilon}}\right)_{E_{\mathrm{F}}^{\varepsilon}}(E_{\mathrm{F}}^{\varepsilon} - E_{\mathrm{F}}^0) + \cdots + \\ &\quad \frac{N_{\mathrm{tot}}}{3}\sum_{i=1}^{3}\left(\frac{\mathrm{d}n}{\mathrm{d}E_i}\right)_{E_i}(E_i - E_i^0) + \cdots \end{aligned} \quad (4.1.13)$$

在式（4.1.13）的计算中，为了得到应变导致的费米能级变化 $E_{\mathrm{F}}^{\varepsilon}$ 对于电子态密度 $N^0(E_{\mathrm{F}}^{\varepsilon})$ 的影响，进行第二次泰勒展开，在式（4.1.13）中，应变对于费米能级的影响采用线性关系来表述，即

$$E_{\mathrm{F}}^{\varepsilon} - E_{\mathrm{F}}^0 = k_i\varepsilon_{ii} \quad (4.1.14)$$

将式（4.1.14）及式（4.1.10）～式（4.1.12）代入式（4.1.13）整理后即可得到多轴应变对于 Nb_3Sn 超导体费米面电子态密度的影响规律，最终的表达式为

$$\begin{aligned} N^{\varepsilon}(E_{\mathrm{F}}^{\varepsilon}) \approx N^0(E_{\mathrm{F}}^0)\{1 &+ A_1\varepsilon_{xx} + \tilde{a}_1\{\sqrt{B_{11}^2 + [B_{12} + (\varepsilon_{yy} - \varepsilon_{zz})]^2} - \sqrt{B_{11}^2 + B_{12}^2}\} + \\ &A_2\varepsilon_{yy} + \tilde{a}_2\{\sqrt{B_{21}^2 + [B_{22} + (\varepsilon_{zz} - \varepsilon_{xx})]^2} - \sqrt{B_{21}^2 + B_{22}^2}\} + \\ &A_3\varepsilon_{zz} + \tilde{a}_3\{\sqrt{B_{31}^2 + [B_{32} + (\varepsilon_{xx} - \varepsilon_{yy})]^2} - \sqrt{B_{31}^2 + B_{32}^2}\}\} \end{aligned} \quad (4.1.15)$$

式中

$$A_i = \frac{1}{N^0(E_{\mathrm{F}}^0)}\left[\left(\frac{\partial E_{\mathrm{F}}^{\varepsilon}}{\partial \varepsilon_{ii}}\right)_{\varepsilon=0}\left(\frac{\mathrm{d}N^0}{\mathrm{d}E_{\mathrm{F}}^{\varepsilon}}\right)_{E_{\mathrm{F}}^0} + a_2\frac{N_{\mathrm{tot}}}{3}\left(\frac{\mathrm{d}n}{\mathrm{d}E_i}\right)_{E_i^0} + a_3\frac{N_{\mathrm{tot}}}{3}\sum_{n=1}^{3}\left(\frac{\mathrm{d}n}{\mathrm{d}E_n}\right)_{E_n^0}\right] \quad (i = 1\sim 3)$$

上式中包含的基本物理参数表征了在施加的多轴应变作用下，Nb_3Sn 超导体电子能带结构及费米面上电子态密度的变化，这些参数可以借助实验或第一性原理模拟的方法

得到。当承受施加载荷的作用时，Nb_3Sn 超导体的晶体结构发生变化，能级能量 E_i^0（$i=1\sim3$）存在如下关系：$E_1^0=E_2^0$，$E_3^0=-2E_1^0$[12]。由此可以得到如下关系式：$\tilde{a}_1=\tilde{a}_2$，$\tilde{a}_3=K\tilde{a}_1$，式中 $K=\left(\mathrm{d}n/\mathrm{d}E_i\right)_{-2E_1^0}\left(\mathrm{d}n/\mathrm{d}E_i\right)_{E_1^0}^{-1}$，借助这些表达式，电子态密度随应变变化的关系式（4.1.15）还可以进一步简化。

2. Nb_3Sn 超导体正常态电阻率的应变效应

ρ 表示超导体相转变温度附近的正常态电阻率，对于 A15 相超导体，当温度在 44 K 以下时，电阻率与温度的二次方成正比，Baber[13]采用 s 带电子与 d 带电子的散射来解释这一依赖关系，电—电子散射对于电阻率的贡献可以表示为[14]：

$$\rho_{\mathrm{e-e}}\propto(N_{\mathrm{d}}(E_{\mathrm{F}}))^2(k_{\mathrm{B}}T)^2 \tag{4.1.16}$$

这里 $N_{\mathrm{d}}(E_{\mathrm{F}})$ 是费米面上 d 带电子态密度。当电子自由程 l 与晶格常数 a 接近时，A15 相超导体的电阻率表达形式为[15]

$$\rho=12\pi^3\hbar[N(E_{\mathrm{F}})_{\mathrm{free}}/N(E_{\mathrm{F}})]^2/S_{\mathrm{F}}e^2a \tag{4.1.17}$$

对于其他超导体而言，如单晶体 $Nd_{0.62}Pb_{0.30}MnO_{3-\delta}$ 电阻率随温度的变化关系可以表示为 $\rho=\rho_0\exp[(T_0/T)^{1/4}]$[16]，当存在外载的作用时，压力的作用主要通过 ρ_0 起作用

$$\rho_0\sim\sqrt{\alpha/N(E_{\mathrm{F}})} \tag{4.1.18}$$

这里参数 α 与极化子的尺寸相关。

根据已有文献的结果，在本节的分析中，假定应变对于正常态电阻率的影响主要通过费米面上的态密度起作用，并且其作用规律具有如下经验形式：

$$\rho^{\varepsilon}\propto\left\{N^{\varepsilon}(E_{\mathrm{F}}^{\varepsilon})\right\}^{\alpha} \tag{4.1.19}$$

式中，α 为待定参数。

3. Nb_3Sn 超导体力—电磁耦合本构模型的简化形式

根据以上分析可以确定应变对临界电流密度影响的本构关系具有如下形式

$$s(\varepsilon)=\tilde{A}\left(N^{\varepsilon}(E_{\mathrm{F}}^{\varepsilon})\right)^{3(\alpha+1)/2} \tag{4.1.20}$$

式中 $N^{\varepsilon}(E_{\mathrm{F}}^{\varepsilon})$ 的函数形式由式（4.1.15）给出。考虑到无应变状态下，Nb_3Sn 高场超导体的超导电性能不会发生衰退，即 $s(\boldsymbol{0})=1$，式（4.1.20）可以进一步简化为

$$s(\boldsymbol{\varepsilon})=\left\{1+A_1\varepsilon_{xx}+\tilde{a}_1\left\{\sqrt{B_{11}^2+[B_{12}+(\varepsilon_{yy}-\varepsilon_{zz})]^2}-\sqrt{B_{11}^2+B_{12}^2}\right\}+\right.$$
$$A_2\varepsilon_{yy}+\tilde{a}_1\left\{\sqrt{B_{21}^2+[B_{22}+(\varepsilon_{zz}-\varepsilon_{xx})]^2}-\sqrt{B_{21}^2+B_{22}^2}\right\}+ \tag{4.1.21}$$
$$\left.A_3\varepsilon_{zz}+K\tilde{a}_1\left\{\sqrt{B_{31}^2+[B_{32}+(\varepsilon_{xx}-\varepsilon_{yy})]^2}-\sqrt{B_{31}^2+B_{32}^2}\right\}\right\}^{\beta}$$

式中，$\beta=3(\alpha+1)/2$。在多轴应变状态下，Nb_3Sn 超导体的超导临界参数值随应变分量变化的函数关系式 $s(\boldsymbol{\varepsilon})$ 在零应变张量处（$\boldsymbol{\varepsilon}=\boldsymbol{0}$）取得极大值（$s(\boldsymbol{0})=1$），由此可得本构方程 $s(\boldsymbol{\varepsilon})$ 满足：$\partial s/\partial\varepsilon_{xx}\big|_{\boldsymbol{\varepsilon}=\boldsymbol{0}}=0$，$\partial s/\partial\varepsilon_{yy}\big|_{\boldsymbol{\varepsilon}=\boldsymbol{0}}=0$，$\partial s/\partial\varepsilon_{zz}\big|_{\boldsymbol{\varepsilon}=\boldsymbol{0}}=0$。利用这些关系式，可以对表达式（4.1.21）的形式进行进一步简化，由此得到便于工程应用的 Nb_3Sn 超导体力—电磁耦合本构关系。

对于轴向拉伸变形状态的 Nb_3Sn 超导复合材料，假设超导复合材料横向各项同性，根据线弹性分析可以得到 Nb_3Sn 超导微丝的三维应变状态，其可以被表示为

$$\varepsilon_{zz}=\varepsilon_{\mathrm{app}}+\varepsilon_{R1,0}+\varepsilon_{R1,j} \tag{4.1.22}$$

$$\varepsilon_{xx}=-\upsilon\varepsilon_{\mathrm{app}}+\varepsilon_{R2,0}+\varepsilon_{R2,j} \tag{4.1.23}$$

$$\varepsilon_{yy}=-\upsilon\varepsilon_{\mathrm{app}}+\varepsilon_{R3,0}+\varepsilon_{R3,j} \tag{4.1.24}$$

式中，$\varepsilon_{\mathrm{app}}$ 表示实验测量过程中沿轴向方向施加的应变，ε_{zz}、ε_{xx}、ε_{yy} 分别表示轴向（z 坐标方向）和横向面内变形分量；υ 表示 Nb_3Sn 高场超导复合材料的泊松比，$\varepsilon_{R1,0}$、$\varepsilon_{R2,0}$、$\varepsilon_{R3,0}$ 为超导体制备温度与工作环境温度不同所引起的热残余应变。对于采用 AISI 316 L 不锈钢包裹的 Nb_3Sn 超导股线（The Nb_3Sn Wire Jacketed with AISI 316 L Stainless Steel）[17-18]，由于包裹层与超导体热收缩应变不同，还会在超导复合材料内部产生额外的附加应变，相应地，径向和轴向压缩应变分别采用符号 $\varepsilon_{R1,j}$、$\varepsilon_{R2,j}$、$\varepsilon_{R3,j}$ 表示，对于 Nb_3Sn 裸线（The Bare Nb_3Sn Strands），这三项均为零。将上述应变分量代入本构模型式（4.1.21），可以得到描述 Nb_3Sn 超导复合材料临界电流密度在单轴拉伸应变状态下退化行为的力—电磁耦合本构关系式，即

$$s(\varepsilon_{zz})=\left(1+A\varepsilon_{zz}+C\sum_{i=1,2}\left(\sqrt{D_i^2+\left(\varepsilon_{zz}-F_i\right)^2}\right)+B\right)^{\beta} \tag{4.1.25}$$

式中，$A=-\upsilon(A_1+A_2)+A_3$，$C=\tilde{a}_1(1+\upsilon)$，$D_i=B_{i1}/(1+\upsilon)(i=1\sim2)$，$F_1=(B_{12}+\upsilon(\varepsilon_{R1,0}+\varepsilon_{R1,j})+\varepsilon_{R3,0}+\varepsilon_{R3,j})/(1+\upsilon)$，$F_2=(-B_{22}+\upsilon(\varepsilon_{R1,0}+\varepsilon_{R1,j})+\varepsilon_{R2,0}+\varepsilon_{R2,j})/(1+\upsilon)$，$B=A_1(\upsilon(\varepsilon_{R1,0}+\varepsilon_{R1,j})+\varepsilon_{R2,0}+\varepsilon_{R2,j})+A_2(\upsilon(\varepsilon_{R1,0}+\varepsilon_{R1,j})+\varepsilon_{R3,0}+\varepsilon_{R3,j})-\tilde{a}_1\left(\sqrt{B_{11}^2+B_{12}^2}+\sqrt{B_{21}^2+B_{22}^2}-K\left(\sqrt{B_{31}^2+(B_{32}+\varepsilon_{R2,0}+\varepsilon_{R2,j}-\varepsilon_{R3,0}-\varepsilon_{R3,j})^2}-\sqrt{B_{31}^2+B_{32}^2}\right)\right)$本构关系式（4.1.25）中所包含的模型参数与 Nb_3Sn 超导体微观特性之间的联系可以采用上述函数形式进行表征，具体的标定需要借助基于第一性原理的数值模拟或实验，鉴于数值模拟所涉及的计算量是非常巨大的，这里我们通过考虑应变函数 $s(\varepsilon_{zz})$ 的一般性质，并与已有实验结果的比较来确定模型参数。这种从微观分析出发得到本构模型的一般形式并通过宏观的实验结果来验证的方法，是建立电磁固体本构方程所广泛采用的一种方法。考虑到应变函数 $s(\varepsilon_{zz})$ 满足 $s(\boldsymbol{0})=1$，我们可以得到本构模型中的参数 $B=-C\sum_{i=1,2}\sqrt{D_i^2+F_i^2}$，同时考虑到 $\mathrm{d}s(\varepsilon_{zz})/\mathrm{d}\varepsilon_{zz}|_{\varepsilon_{zz}=0}=0$，可以得到 $A/C=F_1\big/\sqrt{D_1^2+F_1^2}+F_2\big/\sqrt{D_2^2+F_2^2}$，根据上述关系式，可以简化本构模型中的参数个数。因此，在本节给出的本构模型中只需要确定 6 个独立的本构模型参数（C、D_1、F_1、D_2、F_2、β）。

4. 力—电磁耦合本构模型的可靠性与适用性

在 Nb_3Sn 高场超导复合材料力—电磁耦合本构行为的描述方面，研究者已经建立了很多的本构模型，包括 Ekin 幂律模型[1]、Durham 多项式模型[19]、Twente 偏应变模型[2]，以及考虑应变张量属性的三维模型，如 LBNL 三维（The Lawrence Berkeley National Laboratory）模型[20]和 Markiewicz 全应变不变量模型[3-4]等。De Marzi 等[21]进行了 Nb_3Sn 超导股线在轴向拉伸载荷作用下超导电性能衰退的实验，并对现有的几种理论模型的可靠性进行了验证，结果表明，现有的本构模型都可以准确描述 Nb_3Sn 超导裸线超导电性能的力学变形效应，但是，对于采用 AISI 316 L 不锈钢包裹的 Nb_3Sn 超导股线，现有的理论模型均不能描述其在轴向变形下超导电性能退化过程中表现出的“反常”行为，这一行为起源于横向应变分量对于轴向拉伸变形诱导的超导电性能退化的影响，即对于这一行为的解释需要考虑应变的张量属性。图 4.1 给出了本书模型及现有的几种理论模型对于 De Marzi 等实验结果的拟合曲线。从图 4.1 中可见，本书建立的理论模型既可以描述 Nb_3Sn 超导裸线超导电性能的应变效应，同时也可以准确描述轴向变形作用下 AISI 316 L 不锈钢包裹 Nb_3Sn 超导股线超导电性能的衰退规律。

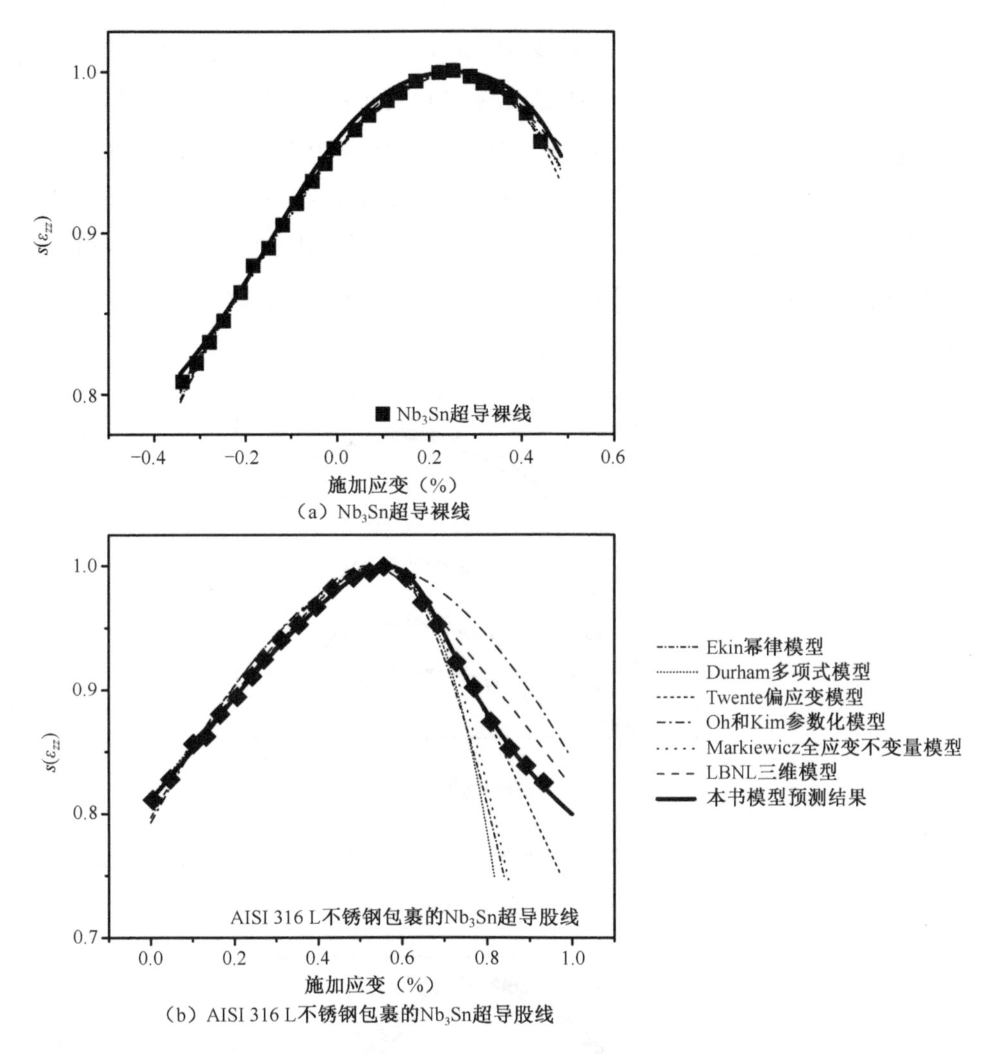

（a）Nb_3Sn超导裸线

（b）AISI 316 L不锈钢包裹的Nb_3Sn超导股线

图 4.1　模型预测结果与实验结果[21]的比较

图 4.2 和图 4.3 给出了在不同的外磁场强度下，Nb_3Sn 超导裸线和 AISI 316 L 不锈钢包裹的 Nb_3Sn 超导股线的临界电流随轴向应变变化规律的实验结果（实验结果由 Mondonico 等得到[22]）与本书模型预测结果的比较。根据式（4.1.1），我们可以得到刻画外加磁场和轴向变形耦合作用下临界电流衰退的曲线方程：

$$I_c(H,T,\varepsilon_{axi}) \cong \frac{C_1}{\mu_0 H} s(\varepsilon_{axi})(1-t^{1.52})(1-t^2)h^{0.5}(1-h)^2 \tag{4.1.26}$$

式中，C_1 为一常数，轴向本征应变 $\varepsilon_{axi}=\varepsilon_{app}-\varepsilon_m$，其中，$\varepsilon_{app}$ 表示沿轴向施加的应变，ε_m 表示最大临界电流时所对应的轴向拉伸应变值。Mondonico 等的实验结果表明，对于

Nb_3Sn 超导裸线和 AISI 316 L 不锈钢包裹 Nb_3Sn 超导股线，其临界电流随着轴向应变的增强呈现非线性下降趋势，轴向应变诱导的 Nb_3Sn 超导复合材料临界电流的衰退规律会随着施加磁场强度的不同而发生变化，在同样强度的外磁场中，拉伸应变区与压缩应变区中临界电流的衰减曲线具有不对称性，这种不对称性在 AISI 316 L 不锈钢包裹 Nb_3Sn 超导体变形—超导电性能耦合行为中表现得更为明显。从图 4.2 和图 4.3 中可见，对于力磁耦合作用下 Nb_3Sn 高场超导复合材料的超导电性能的衰退特征，本书模型能够给出更为准确的预测。

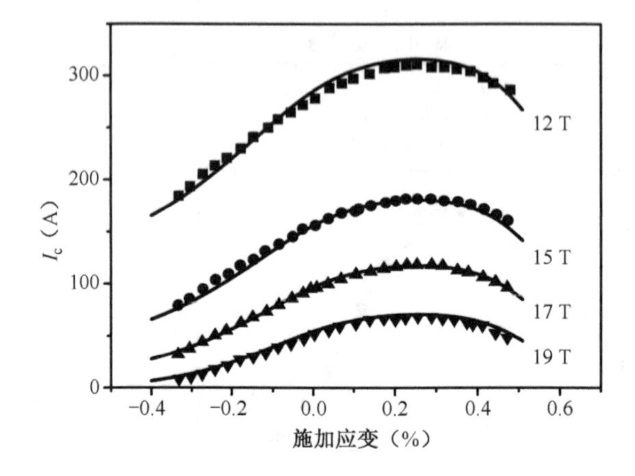

图 4.2　环境温度为 4.2 K 时，不同的磁场强度下 Nb_3Sn 超导裸线临界电流随施加轴向应变的变化规律（点线表示 Mondonico 等[22]的实验结果；实线表示本书模型预测结果）

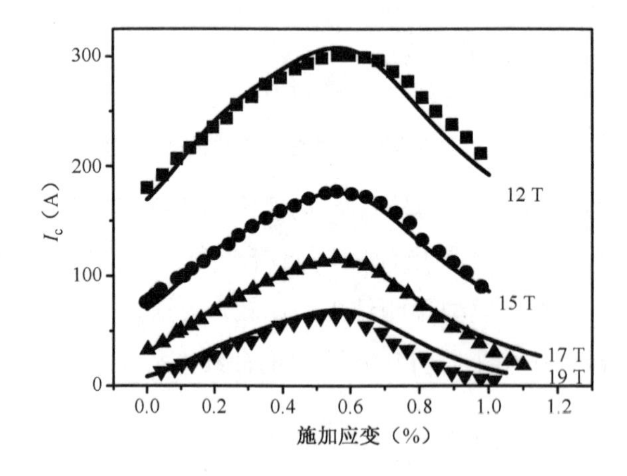

图 4.3　环境温度为 4.2 K 时，不同的磁场强度下 AISI 316 L 不锈钢包裹的 Nb_3Sn 超导股线临界电流随施加轴向应变的变化规律（点线表示 Mondonico 等[22]的实验结果；实线表示本书模型预测结果）

通过模型预测结果与实验结果的比较可以发现，在描述轴向变形诱导的超导体临界电流弱化的现象时，除了轴向应变外，必须要考虑其他应变分量的影响，即要考虑应变的张量属性。在本书的模型中，为了更加准确地描述在较大的应变区间内，应变函数 $s(\varepsilon_{zz})$ 的变化规律，我们引入与 Nb_3Sn 超导体电子能带结构相关的一些微观参数，如本构模型参数 C、D_1、D_2 和 β，这些参数是描述超导体本征性质的物理参数，可以借助第一性原理模拟或者实验的方法得到；而另两个独立的参数 F_1 和 F_2，则部分地依赖 Nb_3Sn 超导复合材料的初始应变状态。通过表 4.1 和表 4.2 的分析可知，对于 Nb_3Sn 本征参数，通过对 Nb_3Sn 超导裸线和 AISI 316 L 不锈钢包裹的 Nb_3Sn 超导股线两类实验结果拟合得到的参数值是相同的，轴向拉伸变形诱导的高场超导复合材料的超导电性能退化的“反常”行为主要起源于 F_1 项和 F_2 项，这两项与 Nb_3Sn 高场超导复合材料的多轴应变状态相关。

表 4.1　模型参数（De Marzi 等的实验结果[21]拟合；黑体表示 Nb_3Sn 超导裸线和 AISI 316 L 不锈钢包裹 Nb_3Sn 超导股线两类实验结果拟合中的不同参数取值）

参　　数	Nb_3Sn 超导裸线	AISI 316 L 不锈钢包裹的 Nb_3Sn 超导线材
C	568.9	568.9
D_1(%)	0.106	0.106
D_2(%)	0.221	0.221
F_1(%)	**0.239**	**0.082**
F_2(%)	**−0.346**	**−0.413**
β	−0.161	−0.161
ε_m(%)	**0.254**	**0.561**

表 4.2　模型参数（Mondonico 等的实验结果[22]拟合；黑体表示 Nb_3Sn 超导裸线和 AISI 316 L 不锈钢包裹 Nb_3Sn 超导股线两类实验结果拟合中的不同参数取值）

参　　数	Nb_3Sn 超导裸线	AISI 316 L 不锈钢包裹的 Nb_3Sn 超导股线
C_1(A·T)	**22618**	**22063**
T_{cm}(K)	16.4	16.4
$\mu_0 H_{c2}^*(0,0)$(T)	30.82	30.82
C	568.9	568.9
D_1(%)	0.106	0.106
D_1(%)	0.221	0.221
F_1(%)	**0.239**	**−0.419**
F_1(%)	**−0.346**	**0.113**
β	−0.161	−0.161
ε_m(%)	**0.254**	**0.561**

5. 关于本构关系的讨论

本书给出的本构模型在退化形式下，可以很好地描述 Nb_3Sn 高场超导复合材料在拉伸变形下超导电性能的衰退规律。为了全面、精确地刻画高场超导体力—电磁耦合特性，给出 $J_c(H,T,\varepsilon)$ 的解析表达形式，实现不同力学加载模式下 Nb_3Sn 高场超导复合材料的超导电性能退化实验测量结果的统一建模，并对复杂载荷作用下超导复合材料的超导电性能响应进行定量分析和预测，需要建立更为完整的三维应变模型，模型中既要包含所有的应变分量，又需要考虑高场超导复合材料的变形非均匀性。通过考察超导复合材料的微观性质及复合结构初始应变状态与实验测量结果之间的关联，可以简化描述超导复合材料的力—电磁耦合行为所需的模型参数个数，对已有实验观测结果进行更为详细的解释，并进一步拉近理论研究与实验研究之间的关系。在 Nb_3Sn 高场超导复合材料的力—电磁耦合本构模型可靠性的讨论中，为了与已有实验结果进行比较，通常退化到一维或二维情形，在基于应变场的退化过程中，相应的模型参数也得到了简化，这使得基本模型中参数的确定变得困难，为了全面、准确地描述和刻画 Nb_3Sn 高场超导复合材料的多物理场耦合本构行为，给出工程可用的电磁本构关系，还需要相关的实验研究来标定其余参数。此外，在实验研究方面，已有超导体临界性能的实验研究主要集中在轴向变形情形下，剪切变形的作用效果鲜有涉及，相关的实验研究及理论研究有待于进一步开展。

4.1.2　费米面上电子态密度的重要性

通过 4.1.1 节的介绍，我们了解到费米面上电子态密度随应变的演化在决定 Nb_3Sn 超导体临界性能中的重要性。本节借助强耦合修正的第二类超导电性理论，通过计算应变诱导的电—声子耦合常数的下降，估算了 A15 相 Nb_3Sn 超导体处于变形状态时，其费米面上电子态密度的变化。系统的实验数据分析结果表明：①当 Nb_3Sn 超导体承受轴向拉伸载荷时，当其超导临界温度 T_c 从约 17.4 K 下降到约 16.6 K 时，费米面上电子态密度 $N(E_F)$ 值下降了 15%；②在整个应变区间内，$N(E_F)$ 随轴向应变 ε_{axi} 的变化曲线表现出明显的非对称性，这与第一性原理模拟得到的结果定性吻合；③在不同的应变状态下，Nb_3Sn 超导体中电—声子耦合常数随超导临界温度 T_c 的变化在较大的应变区间内均表现出一致的趋势，与此不同的是，费米面上电子态密度 $N(E_F)$ 随 T_c 的变化则取决于超导体的变形状态：拉伸区与压缩区的 $N(E_F)-T_c$ 曲线表现出明显的不同。本节的研究有助于理解 A15 相 Nb_3Sn 超导体的超导电性能应变敏感性的起源和建立精确刻画超导体临界性能多场耦合行为的本构模型。

1. 应变作用下 Nb_3Sn 超导体费米面上电子态密度的估算方法

对于实用超导体而言，超导临界温度（T_c）、上临界磁场强度（μ_0H_{c2}）、临界电流密度（J_c）是三个最重要的基本物理参量，这几个临界参量之间又相互关联，构成了一个临界曲面。高场超导磁体的设计需要对力学变形诱导的 Nb_3Sn 超导体的超导电性能的退化进行精确定量的表征，为了建立其力—电磁耦合本构关系，需要深入研究外载作用下超导临界曲面漂移的微观机理和内在本质。经验/半经验的力—电磁耦合本构关系由于缺乏明确的物理图像，并且通常只是建立在简单的物理分析和大量的实验数据拟合的基础之上，因此，其在 Nb_3Sn 超导体变形—超导电性能耦合特性的理解和描述方面表现出很大的局限性。为了探究 Nb_3Sn 超导体的超导电性能应变敏感性的起源，需要深入研究应变对声子性能和电子性能的影响，并考虑这些因素与超导电性能转变之间的关联。

施加载荷的作用会使 Nb_3Sn 晶体结构发生畸变，原子间相互作用的非谐效应体现在不同畸变状态下 Nb_3Sn 晶体声子谱的不同，这种非谐效应被认为是超导临界温度 T_c 变形依赖性的主要原因[23-25]。在 Nb-Sn 体系中，应变导致的临界电流密度 J_c 的弱化起源于正常态—超导态边界上临界磁场强度—温度曲线（$\mu_0H_{c2}(T)$）的移动及磁通钉扎力的变化，为了进一步研究 Nb_3Sn 高场超导复合材料的超导电性能的应变敏感性，需要考察力学变形对超导体费米面上电子态密度的作用规律，这有益于从微观角度上探讨应变作用下相边界 $\mu_0H_{c2}(T)$ 曲线的漂移。Lim 等[26]研究了静水压强（0～1.6 GPa）作用导致 Nb_3Sn 超导体相转变温度下降的过程中费米面上电子态密度的变化规律，揭示了静水压强对其的抑制作用，结果表明了力学变形诱导的电子性能变化与 Nb_3Sn 超导体的超导临界温度应变效应之间的关联。在 4.1.1 节中，通过考虑超导体多轴应变状态对费米面上电子态密度 $N(E_F)$ 的影响，建立了描述 Nb_3Sn 超导体轴向变形—超导电性能劣化耦合行为中反常现象的理论模型，这个模型是半经验性质的模型，并且模型中 $N(E_F)$ 随应变状态的变化函数还需要进一步验证。外加载荷作用下 Nb_3Sn 超导体的超导临界温度 T_c 的下降，起源于应变诱导的平均声子频率的下降及（或者）费米面上电子态密度 $N(E_F)$ 的变化。A15 相 Nb_3Sn 超导体变形时 $N(E_F)$ 的变化规律，以及其在超导体的超导电性能退化中的影响，还需要进一步认识和了解，这对于理解 A15 相 Nb_3Sn 超导体的超导电性能高应变敏感性的内在机制和建立高精度宏细微观统一的力—电磁耦合本构理论模型具有非常重要的意义。为了探究 A15 相高场超导体变形—超导电性能耦合行为的微观机制，Mentink 等[27]研究了外加载荷、高强磁场强度与环境温度多物理场耦合作用下超导体正常态电阻率的变化规律，这为探寻 Nb_3Sn 超导体变形中 $N(E_F)$ 的变化特征提供了一定的实验基础。在

Nb_3Sn 超导体力—电磁耦合行为的解释和描述方面，尽管当前的研究工作建立了很多模型，但仍然缺乏对超导体费米面上电子态密度应变效应的深入讨论。

在强耦合修正的第二类超导电性理论的基础上，本节研究了 Nb_3Sn 超导体费米面上电子态密度 $N(E_F)$ 随应变变化的函数关系。结果表明，随着施加应变的增加，$N(E_F)$ 值非线性减弱，并且在拉伸应变区与压缩应变区表现出明显的非对称性。除此之外，本节还讨论了应变作用下 $N(E_F)$ 的降低与 Nb_3Sn 超导体超导临界温度 T_c 下降之间的联系。

本节对 Nb_3Sn 超导体变形时费米面上电子态密度 $N(E_F)$ 的估算是建立在对电—声子耦合常数及电子热容系数应变效应[26,28]分析的基础之上。根据强耦合修正的第二类超导电性理论[29]，在应变作用下 $N(E_F)$ 的变化可以表示为

$$\frac{\left[N(E_{\mathrm{F}})\right]_{\varepsilon}}{\left[N(E_{\mathrm{F}})\right]_{\boldsymbol{0}}}=\frac{(1+\lambda_{\boldsymbol{0}})}{(1+\lambda_{\varepsilon})}\frac{\alpha_{\boldsymbol{0}}}{\alpha_{\varepsilon}}\frac{[(\mathrm{d}H_{\mathrm{c2}}(T_{\mathrm{c}})/\mathrm{d}T)(1/\rho)]_{\varepsilon}}{[(\mathrm{d}H_{\mathrm{c2}}(T_{\mathrm{c}})/\mathrm{d}T)(1/\rho)]_{\boldsymbol{0}}}\frac{(1+1.36l/\xi_0^*)_{\boldsymbol{0}}}{(1+1.36l/\xi_0^*)_{\varepsilon}} \tag{4.1.27}$$

式中，下标 $\boldsymbol{\varepsilon}$ 表示应变张量，表征了 A15 相 Nb_3Sn 超导体的应变状态；下标 $\boldsymbol{0}$ 表示零应变状态。根据式（4.1.27），在应变作用下超导体费米面上电子态密度的变化规律可以通过对电—声子耦合常数 λ、无量纲零温能隙 α（$\alpha\equiv 2\Delta(0)/k_BT_c$）、上临界磁场强度—温度曲线在超导临界温度处的斜率（$\mathrm{d}H_{c2}(T_c)/\mathrm{d}T$）、超导体相转变附近的正常态电阻率 ρ、电子平均自由程 l、重整化相干长度 ξ_0^* 等物理参量与应变之间关系的分析得到。在下文中的几个部分，我们将分别讨论上述物理参数的应变依赖性。

1）电—声子耦合常数—应变关系的讨论

在应变的作用下，Nb_3Sn 超导体声子谱曲线展宽[25]，相应地，电—声子耦合强度 λ 减弱，最终会导致超导临界温度 T_c 的下降。根据 Allen-Dynes 对 McMillan 公式的修正[30,31]，强耦合超导体超导临界温度 T_c 可以表示为

$$T_c=\frac{f_1f_2\omega_{\log}}{1.20}\exp\left(-\frac{1.04(1+\lambda)}{\lambda-\mu^*-0.62\lambda\mu^*}\right) \tag{4.1.28}$$

式中，微观参数 $\omega_{\log}$ 表示加权平均的声子频率，μ^* 为库仑赝势，函数 f_1 和 f_2 的具体形式见参考文献［31］。为了处理问题的简化，假定参数 $\omega_{\log}$、f_1、f_2 对力学变形导致的声子谱变化没有依赖性，对变形超导体是很好的近似[25,26,32]，其合理性和可靠性具有一定的理论基础[33]。为此，在应变作用下，超导临界温度 T_c 的变化可以用无量纲参数来表示，即

$$\frac{(T_c)_\varepsilon}{(T_c)_0}=\exp\left(-\frac{1.04(1+\lambda_\varepsilon)}{\lambda_\varepsilon-\mu^*(1+0.62\lambda_\varepsilon)}\right)\exp\left(\frac{1.04(1+\lambda_0)}{\lambda_0-\mu^*(1+0.62\lambda_0)}\right) \qquad (4.1.29)$$

借助式（4.1.29），通过对外载作用下超导临界温度 T_c 变化规律的分析，即可得到电—声子耦合常数与应变之间的关系：

$$\lambda_\varepsilon=\frac{1.04-\mu^*\ln\varDelta}{(0.62\mu^*-1)\ln\varDelta-1.04} \qquad (4.1.30)$$

式中，参数

$$\varDelta=\frac{(T_c)_\varepsilon}{(T_c)_0}\exp\left(-\frac{1.04(1+\lambda_0)}{\lambda_0-\mu^*(1+0.62\lambda_0)}\right) \qquad (4.1.31)$$

在本节的估算中，取 $\mu^*=0.16$， $\lambda_0=1.8$。

2）零温能隙—应变关系的讨论

零温能隙 α $(\alpha\equiv 2\varDelta(0)/k_BT_c)$，为电—声子耦合强度提供了一种衡量依据。在强耦合超导体零温能隙度量的研究中，许多学者倾向于建立其与超导临界温度 T_c 和声子特征频率比值之间的联系。通过粗略近似，Geilikman 和 Kresin 给出的零温能隙 α 的表达式为 $\alpha=3.53\left[1+5.3(T_c/\tilde{\omega})^2\ln(\tilde{\omega}/T_c)\right]$，式中 $\tilde{\omega}$ 表示晶体声子能量。在对谱密度曲线特征分析的基础上，通过数值求解 Eliashberg 方程给出了可以描述零温能隙 α 随 $T_c/\omega_{\ln}$（式中 $\omega_{\ln}$ 表示平均声子频率）变化的一般关系式，其形式为 $\alpha=3.53\left[1+12.5(T_c/\omega_{\ln})^2\ln(\omega_{\ln}/2T_c)\right]$，研究表明[34]这个关系式适用于大多数超导体。对于强耦合的 A15 相超导体，零温能隙 α 与超导临界温度和德拜温度的比值之间存在一个线性关系：$\alpha=3.3+17.5T_c/\varTheta_D$。借助超导临界温度与德拜温度及电—声子耦合常数之间的关系 $T_c=(\varTheta_D/20)(\lambda-0.25)$，可以得到

$$\alpha=(\lambda+3.5)/1.14 \qquad (4.1.32)$$

通过式（4.1.30）中对电—声子耦合常数应变效应的分析，采用式（4.1.32），可以对在应变作用下零温能隙 α 的变化进行分析。

3）上临界磁场强度对温度的偏导数在超导临界温度处的取值随应变的变化规律

对于费米面上电子态密度 $N(E_F)$ 应变效应的理解，可以帮助了解应变作用下正常态—

超导态边界上临界磁场强度—温度曲线（$\mu_0 H_{c2}(T)$）漂移的物理细节。另外，在强耦合修正的第二类超导电性理论的基础上，通过对超导临界温度处上临界磁场强度—温度曲线斜率 $(\mathrm{d}H_{c2}/\mathrm{d}T)_{T_c}$ 及正常态电阻率 ρ_0 的测量，可以反推出 $N(E_F)$ 的变化规律。在温度和应变的联合作用下，Nb_3Sn 超导股线上临界磁场强度的弱化规律可以表示为

$$H_{c2}(T,\varepsilon)=H_{c2m}(0)\mathrm{MDG}(t)s(\varepsilon) \tag{4.1.33}$$

式中，$H_{c2m}(0)$ 为上临界磁场的极大值，以无量纲温度 t（$t\equiv T/T_c(0,\varepsilon)$）为自变量的函数 $\mathrm{MDG}(t)$ 定义为 $\mathrm{MDG}(t)\equiv\dfrac{H_{c2}(t)_{\mathrm{MDG}}}{H_{c2}(0)_{\mathrm{MDG}}}\cong(1-t^{1.52})$，其中，$H_{c2}(t)_{\mathrm{MDG}}$ 和 $H_{c2}(0)_{\mathrm{MDG}}$ 是 MDG 方程式 $\ln(t)=\psi\left(\dfrac{1}{2}\right)-\psi\left(\dfrac{1}{2}+\dfrac{\hbar D^*(\varepsilon)\mu_0 H_{c2}^*(T,\varepsilon)}{2\phi_0 k_B T}\right)$ 的解[9]。MDG 方程式从微观尺度上描述了上临界磁场强度随环境温度的变化关系，表达式中 ψ 表示 Digamma 函数，$\phi_0=\pi c\hbar/e$ 表示磁通量子（c 为光速，$\hbar$ 为普朗克常数，e 为电子电荷），k_B 为波尔兹曼常数，μ_0 表示磁导率，参数 D^* 表示正常态传导电子的有效扩散系数，$s(\varepsilon)$ 为表征 Nb_3Sn 超导体应变敏感性的应变函数。根据以上表达式，可以得到上临界磁场强度随温度的变化曲线在超导临界温度处的斜率为

$$\mathrm{d}H_{c2}(T_c,\varepsilon)/\mathrm{d}T=-1.52\,H_{c2}(0,\varepsilon)/T_c(0,\varepsilon) \tag{4.1.34}$$

借助该表达式，可以通过应变作用下 Nb_3Sn 超导体上临界磁场强度和超导临界温度弱化的实验值来对比 $[\mathrm{d}H_{c2}(T_c)/\mathrm{d}T]_\varepsilon/[\mathrm{d}H_{c2}(T_c)/\mathrm{d}T]_0$ 进行估算。

4）残余电阻率—应变关系的讨论

由于与超导态之间的特殊联系，在应变作用下 Nb_3Sn 超导体正常态下的电子输运性质对于理解超导体的超导电性能应变敏感性的起源具有非常重要的价值：①Nb_3Sn 超导体在超导临界温度 T_c 以上的正常态电阻率行为会直接影响到 T_c 以下的超导态行为；②环境温度、环境磁场、力学载荷多物理场联合作用下 Nb_3Sn 超导体正常态电阻率的变化规律有助于从侧面理解其超导态性质；③控制 Nb_3Sn 超导体超导态行为的物理因素与控制其正常态行为的物理因素是相互关联的，而对于这些因素的实验观测通常是借助测量正常态的输运性质来完成的。

当 Nb_3Sn 超导体承受外载、环境温度、环境磁场的联合作用时，会使得电—电子散射、电—声子散射，以及费米面上电子态密度发生改变，这些变化综合作用的结果表

现为力—热—磁耦合作用下的正常态电阻率曲线表现出明显的非线性特征。实验结果[26,27]表明，残余电阻率对于静水压强具有依赖性，同时，对于承受轴向压缩载荷的 Nb_3Sn 超导体而言，力学变形导致的正常态电阻率变化依赖环境温度，当环境温度接近超导体的马氏体相变温度时，电阻率的变化量达到极大值。此外，在力—磁耦合作用下[35]，上临界磁场 H_{c2} 附近的残余电阻率对于应变表现出强烈的依赖性：在不同的应变水平下，随着施加的磁场强度增大，对数电阻率线性增加（对数电阻率—施加磁场直线组的斜率为同一值，不依赖 Nb_3Sn 超导体的应变状态）；当施加的磁场强度为 22.5 T 时（接近上临界磁场强度），正常态电阻率—应变曲线在拉伸应变区与压缩应变区是非对称的。

根据对 Rupp 等[35]实验结果的分析，力学载荷和环境磁场耦合作用下的对数电阻率可以唯象地表示为

$$\ln\rho(\boldsymbol{\varepsilon},H)=\ln\rho(\boldsymbol{\varepsilon},0)+\kappa H \tag{4.1.35}$$

式中，κ 为不依赖应变的常数，$\rho(\boldsymbol{\varepsilon},0)$ 表示 $\rho(\boldsymbol{\varepsilon},H)$ 外推至磁场强度为零时的电阻率。根据该经验表达式，可以对力—磁耦合作用下正常态电阻率的变化函数关系式进行解耦处理，即电阻率函数 $\rho(\boldsymbol{\varepsilon},H)$ 可以采用两个子函数 $\rho_1(\boldsymbol{\varepsilon})$ 和 $\rho_2(H)$ 来表示，因此可以得到

$$\rho(\boldsymbol{\varepsilon},H)=\rho_1(\boldsymbol{\varepsilon})\rho_2(H) \tag{4.1.36}$$

借助该表达式，可以对应变作用下残余电阻率的变化进行定量预测

$$\frac{\rho(\boldsymbol{\varepsilon},0)}{\rho(\boldsymbol{0},0)}=\frac{\rho(\boldsymbol{\varepsilon},22.5)}{\rho(\boldsymbol{0},22.5)} \tag{4.1.37}$$

该关系式表明，在不同的环境磁场强度下，Nb_3Sn 超导体正常态电阻率在应变作用下的变化率相等，通过对 Rupp[35]等测量得到的 22.5 T 环境磁场强度下电阻率—应变实验曲线的分析，可以给出无外加磁场时应变诱导的 Nb_3Sn 超导体的残余电阻率的变化量。在本书的估算中，外推至零磁场环境下的电阻率 $\rho_0=0.22\ \mu\Omega\cdot\mathrm{cm}$ [36]，这个参数值是通过对 $\rho(T,H)$ 相变的实验数据拟合得到的，拟合时采用的函数形式为归一化的双曲正切函数乘以多项式项。这里需要说明的是，大量的实验结果表明[37-40]，Nb_3Sn 超导体的残余电阻率值依赖测量样本，从而会产生这样的质疑：当采用不同的残余电阻率值对费米面上电子态密度进行估算时，会给最终的估算结果带来不确定性。在后文中，我们会证实基于不同实验组采用不同实验样本、采取不同加载方式下得到的费米面上电子态密度

$N(E_F)$ 的估算值随超导临界温度 T_c 的变化曲线表现出一致性。

5）参数项 $1+1.36l/\xi_0^*$ 对应变的依赖性

在 Eilenberger 和 Ambegaokar[41]的研究工作中，引入了修正项 $1+1.36l/\xi_0^*$，这一项是干净极限下修正项 $\frac{R}{1.23}\sum_{l=0}^{\infty}\left[(2l+1)^2(2l+1+R)\right]^{-1}$ 的替代项，在修正项中 $R=0.88\xi_0^*/l$。重整化相干长度 ξ_0^* 的表达式为 $\xi_0^*=0.18\hbar V_F/k_B T_c(1+\lambda)$（其中 V_F 为费米速度）[42]，它的变化对于解释干净极限下超导体的实验数据具有非常重要的影响。根据电子的平均自由程公式 $l=3/2[\rho_0 e^2 N(E_F)V_F]^{-1}$，表达式 $1+1.36l/\xi_0^*$ 可以表示为

$$1+1.36l/\xi_0^*=1+\frac{CT_c(1+\lambda)}{\rho_0} \tag{4.1.38}$$

式中，$C=\frac{1.36\times1.5}{0.18}\frac{k_B}{e^2\hbar}\frac{1}{N(E_F)V_F^2}$。由于很难确定费米速度 V_F 随应变变化的函数关系，给费米面上电子态密度 $N(E_F)$ 的估算带来了一定的困难。在应变作用下，Nb_3Sn 超导体晶格畸变导致的 $N(E_F)$ 变化，其净效应与无序度增加使得 Nb_3Sn 超导体费米面上电子态密度的降低相类似。Nb_3Sn 样本在 α 粒子及电子的轰击下，其费米面上的电子态密度 $N(E_F)$ 会发生明显的下降，在实验数据分析过程中，对费米速度 V_F 变化特征的假定，对于最终 $N(E_F)$ 的计算不会产生影响[42]。借鉴无序超导体费米面上电子态密度 $N(E_F)$ 的计算方法，在本书的估算中，我们假定 $N(E_F)V_F^2$ 为常数，该假定的可靠性已经通过对 α 粒子及电子的轰击下 Nb_3Sn 超导体 $N(E_F)$ 的实验测量与理论分析的详细比较得到证实。对于 Nb_3Sn 超导体而言，V_F^*（$\equiv V_F/1+\lambda$）$=0.77\times10^7\,\text{cm/s}$，$N(E_F)V_F=7.32\times10^{41}\left[\text{erg cm}^2\text{ s}\right]^{-1}$，计算得到的常数 C 的值为 $0.3660\times10^1\,\text{erg cm s/KC}^2$。通过前文中对应变作用下 Nb_3Sn 超导体正常态电阻率 ρ、电—声子耦合常数 λ 的分析，以及超导临界温度应变效应测量的实验结果，可以对应变作用下修正项 $1+1.36l/\xi_0^*$ 的变化进行预测。

借助上述分析，本书采用式（4.1.27）估算了不同加载模式下应变诱导 Nb_3Sn 超导体超导临界温度下降过程中费米面上电子态密度 $N(E_F)$ 的变化规律。

2. 应变作用下 Nb_3Sn 超导体费米面上电子态密度估算结果的讨论

根据 Allen-Dynes 修正的 McMilan T_c 公式，我们首先从电—声子耦合常数—应变依赖关系的角度讨论了 Nb_3Sn 超导体超导临界温度 T_c 的力学变形效应。在本书的分析中，

采用了 Ten Haken[43]、Luhman 等[44]、Keys 等[45]给出的轴向拉伸变形下 Nb_3Sn 股线超导临界温度弱化的实验数据；以这些实验数据为基础，分析了轴向应变作用时，Nb_3Sn 超导体电—声子耦合常数的变化规律。如图 4.4 所示，随着施加的轴向应变的增加，电—声子耦合常数 λ 非线性减小，并且曲线在拉伸应变区和压缩应变区表现出明显的非对称性。在整个应变区间内，电—声子耦合常数 λ 的变化趋势与超导临界温度 T_c 的变化趋势相似。应变导致的电—声子耦合强度的弱化起源于应变作用时 Nb_3Sn 超导体声子谱曲线展宽[25]，这与弹性应变能中的非谐项导致的声子和频效应及声子差频效应相关。图 4.5 中给出了在轴向拉伸和静水压强的作用下，无量纲电—声子耦合常数随无量纲超导临界温度的线性变化关系，其中静水压强作用下的实验数据有由 Lim 等[26]给出。在施加载荷的作用下，随着超导临界温度的降低，电—声子耦合常数线性减弱，这一变化趋势对于力学加载模式没有依赖性。

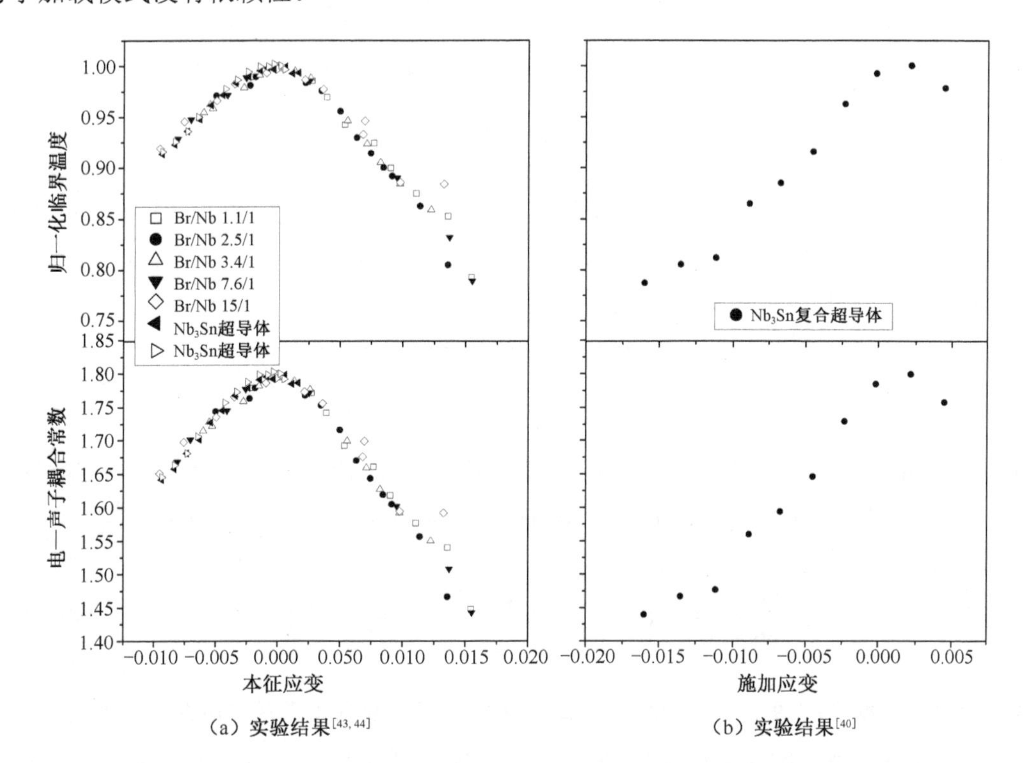

图 4.4　实验测量得到的 Nb_3Sn 超导体超导临界温度（实验数据由 Ten Haken[43]、Luhman 等[44]、Keys 等[45]得到），以及导出的电—声子耦合常数随施加轴向应变的变化规律

图 4.6（a）给出了 Nb_3Sn 超导体承受轴向拉伸载荷时，无量纲费米面上的电子态密度 $[N(E_F)]_{\varepsilon_{axi}}/[N(E_F)]_0$ 随本征应变的变化规律。从图 4.6 中可见，在−0.56%的轴向压缩

应变和 0.36%的轴向拉伸应变的作用下，费米面上的电子态密度值分别减小了 85%和 70%。费米面上电子态密度随应变变化的 $N(E_F)-\varepsilon_{axi}$ 曲线在拉伸应变区与压缩应变区表现出明显的非对称性，这与 De Marzi 等通过第一性原理模拟得到的结果是定性吻合的。另外，借助 Nb_3Sn 超导体实验数据分析得到的 $N(E_F)-\varepsilon_{axi}$ 曲线的非线性变化特征可以很好地被本书之前建立的电子态密度模型所描述。对于承受轴向拉伸载荷的 Nb_3Sn 高场超导复合材料，在横观各项同性假定下，通过线弹性分析得到超导体内部的均匀应变场，在此基础上采用本书模型给出的 $N(E_F)-\varepsilon_{axi}$ 关系［见式（4.1.25）］可以得到

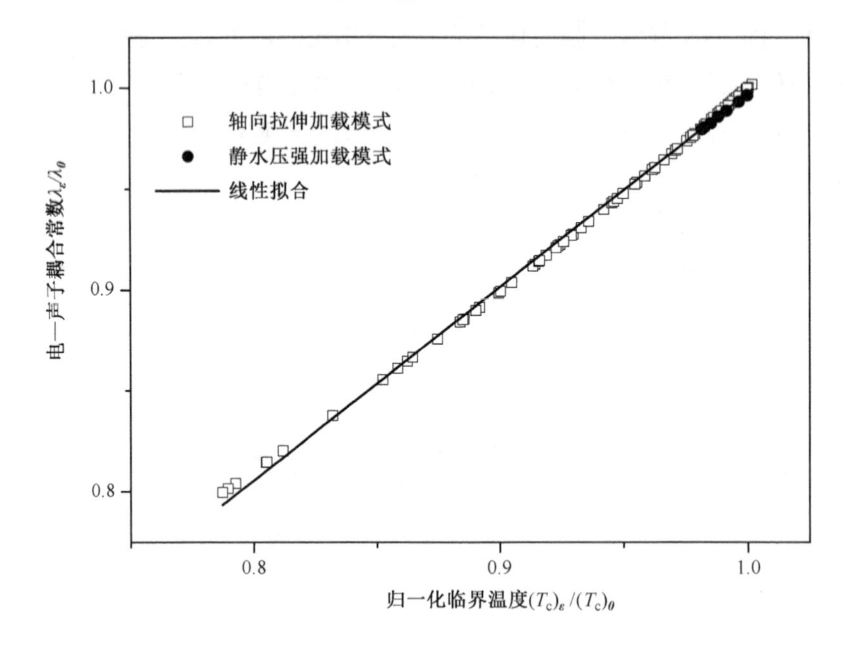

图 4.5 在不同加载模式下，随着 Nb_3Sn 超导体超导临界温度的下降其电—声子耦合常数的变化规律（实验数据由 Ten Haken[43]、Luhman 等[44]、Keys 等[45]、Lim 等[26]得到）

$$\frac{N(E_F)_{\varepsilon_{axi}}}{N(E_F)_0}=1+A\varepsilon_{axi}+C\sum_{i=1,2}\sqrt{D_i^2+\left(\varepsilon_{axi}-F_i\right)^2}+B \tag{4.1.39}$$

式中，模型参数 A、B、C、$D_i(i=1,2)$、$F_i(i=1,2)$ 刻画了畸变 Nb_3Sn 晶体的电子能带结构。作为比较，图 4.6（b）还给出了 Lim 等通过实验揭示出的 Nb_3Sn 超导体中费米面上电子态密度 $N(E_F)$ 静水压强抑制效应的图示（图中实线表示本书模型的预测结果）。在建模过程中，静水压强 P 产生的多轴应变状态通过线弹性分析得到，表达式为 $\varepsilon_{xx}=P/E-\upsilon(P/E+P/E)$、$\varepsilon_{yy}=P/E-\upsilon(P/E+P/E)$、$\varepsilon_{zz}=P/E-\upsilon(P/E+P/E)$，其中 E 和 υ 分别表示测量环境温度下 Nb_3Sn 超导体的杨氏模量和泊松比。在应变场分析的基础

上，通过本书模型得到的费米面上电子态密度 $N(E_F)$ 随静水压强 P 变化的关系式为

$$\frac{N(E_F)_P}{N(E_F)_0} = 1 + KP \tag{4.1.40}$$

式中，模型参数 K 为表征静水压强作用下 Nb_3Sn 超导体电子能态结构变化的物理参数。在外载的作用下，Nb_3Sn 超导体晶体结构发生变化，在转变的过程中，电子能带结构发生变化[46]：力学变形的作用会使得 Nb_3Sn 费米能级 E_F 向高能量方向移动（与立方相的费米能级 E_F 相比），并且费米面上的电子态密度 $N(E_F)$ 数值点位于态密度（DOS）曲线的上升部分，而对于立方相的 Nb_3Sn 超导体而言，其 $N(E_F)$ 数值点则在 DOS 曲线的下降部分。当 Nb_3Sn 超导体发生力学变形时，其晶体点阵对称性会降低，相应地，声子频谱及电子能带结构会发生变化。基于第一性原理的模拟研究，将为应变作用下电子能带结构的变化提供更多的物理细节，同时有助于从微观尺度上探讨 A15 相 Nb_3Sn 高场超导体应变效应的起源。

图 4.7 给出了本书计算得到的轴向载荷作用下 Nb_3Sn 超导体费米面上的电子态密度 $N(E_F)$ 随超导临界温度 T_c 的变化规律，同时给出的还有第一性原理模拟得到的结果[47]，以及 Lim 等[26]通过实验得到的静水压强作用下 $N(E_F)-T_c$ 关系。从图中可见，在初始阶段，施加载荷较小，依赖形变状态的超导临界温度的变化较弱，不同加载模式下的 $N(E_F)-T_c$ 曲线是重合的。随着 $(T_c)_\varepsilon/(T_c)_0$ 的降低（应变导致的超导临界温度 T_c 的下降越来越明显），在不同加载模式下，Nb_3Sn 超导体费米面上电子态密度 $N(E_F)$ 值的下降规律表现出显著的差异。对于处于轴向应变状态的 Nb_3Sn 超导体而言，在拉伸区与压缩区其 $N(E_F)$ 随 T_c 的变化规律具有明显的不同。在较低的应变水平下，本书给出的估算结果与第一性原理模拟结果及 Lim 等的实验结果是吻合的。随着超导临界温度 T_c 变化的增大，本书估算结果低于第一性原理模拟结果，这主要是以下两个原因造成的：①在第一性原理的计算中，忽略了子晶格中 Nb 原子位移的变化产生的 Nb 链二聚化效应；②实验中的 Nb_3Sn 超导体采用多芯复合导体结构，具有宏观上的非均匀性，而在第一性原理模拟的研究中，由于计算机的计算能力有限，采用的是理想化的、周期性的材料晶体结构。运用自洽算法的理论研究表明，压力作用下的 4d 金属，其窄 d 带变宽，s 能带底部及费米能级上移，表明 d 带的占有率 Q 是依赖施加压力的。基于 Weger-Labbé-Friedel 模型[48]，Labbé[49]给出了超导临界温度 T_c 与 Q 之间的函数关系，计算表明在一定的 Q 值下 T_c 取得极大值。假设在压力的驱动下，电子从 s 带跃迁到 d 带，计算结果表明超导临界温度关于压力的偏导数为负值（随着压力的增大，超导临界温度降低），这与实验结果非常吻合。对于轴向载

荷作用下 A15 相 Nb_3Sn 超导体超导临界温度的下降行为，其微观机理类似，应变作用下电子能带结构的变化，是理解 Nb_3Sn 超导体应变敏感性起源的一个重要考虑因素。

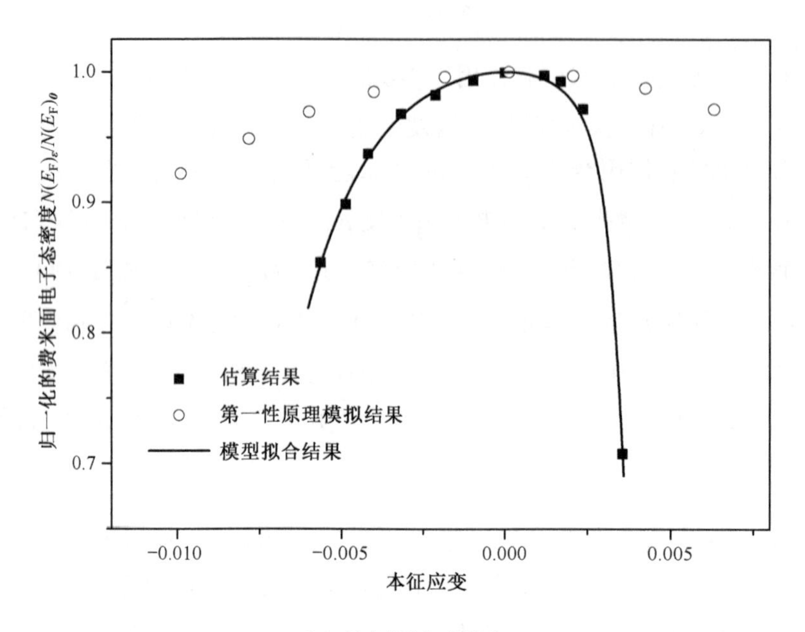

（a）轴向拉伸加载模式

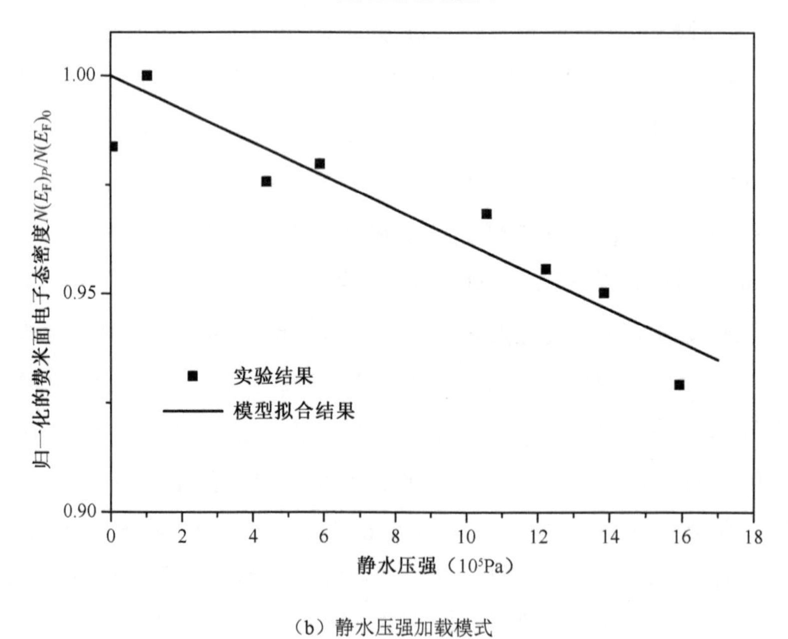

（b）静水压强加载模式

图 4.6　不同加载模式下 Nb_3Sn 超导体费米面上的电子态密度变化

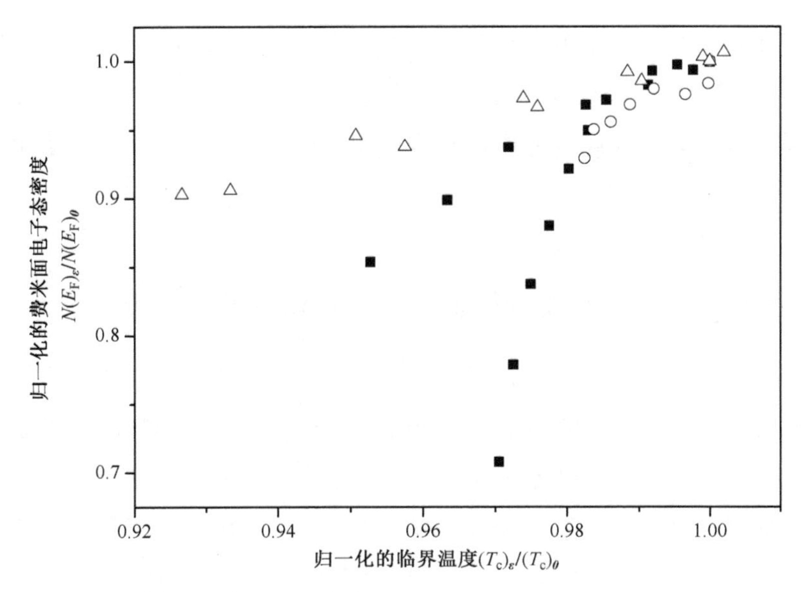

图 4.7　不同加载模式下 Nb_3Sn 超导体费米面上的电子态密度随超导临界温度的变化规律

3. 小结

本节中，在强耦合修正的第二类超导电性理论的基础上，通过对 Nb_3Sn 超导体大量实验数据的分析，讨论了在不同的加载模式下，随着超导临界温度 T_c 的下降，超导体费米面上电子态密度 $N(E_F)$ 的变化规律。应变作用下 $N(E_F)$ 的下降是非常明显的，在施加的轴向拉伸及轴向压缩应变的作用下，当超导临界温度从初始值下降到最低值时，超导体费米面上电子态密度值分别减小了 15%和 30%。与应变作用下电—声子耦合常数 λ 随超导临界温度 T_c 的变化规律不同（不同加载模式下的 $\lambda - T_c$ 曲线是一致的），$N(E_F)$ 随超导临界温度的变化在超导体受拉与受压状态时存在明显的差别。同时，Nb_3Sn 超导体费米面上电子态密度 $N(E_F)$ 随轴向应变的变化在拉伸区与压缩区表现出明显的不对称性。本节的研究有利于理解 A15 相 Nb_3Sn 超导体超导电性能应变敏感性的起源。

4.1.1 节和 4.1.2 节的研究工作表明了应变诱导的费米面上电子态密度 $N(E_F)$ 的演化在多物理场环境下 Nb_3Sn 超导体临界性能弱化行为中所起的作用，在基本模型的建立过程中，为了在处理问题方便的同时能够抓住主要矛盾，在 4.1.1 节和 4.1.2 节的讨论中，只讨论了多轴应变状态下的 Nb_3Sn 晶格结构变化诱发的电子能带结构改变，并在宏观 Nb_3Sn 复合超导体临界性能的实验结果分析中，对力学变形分析方面做了很大的简化，这都限制了基本理论模型在对 Nb_3Sn 超导体临界性能探索方面的应用。为了揭示多物理场环境下 Nb_3Sn 超导体多尺度耦合特性，需要发展描述一般应变状态下超导体临界性能分析的普适理论模型，并在超导体微结构特征和多层级力学模型分析的基础上，揭示不同组织层次上物理过程之间的耦合和关联。

4.1.3 应变诱导 Nb_3Sn 超导体临界性能弱化的基本理论

本节基于张量函数的表示理论拓展了多轴应变状态下费米面上电子态密度 $N(E_F)$ 的演化模型，使其可以描述一般应变状态下 Nb_3Sn 晶格结构变化诱导的费米面上电子态密度的变化规律，并通过与第一性原理计算模拟的结果比对验证了这一普适模型的适用性和可靠性。在此基础上，通过考虑 Nb_3Sn 超导体相转变附近正常态电阻率与临界性能之间的关系，给出了描述 Nb_3Sn 超导体临界性能多物理场耦合效应的应变函数 $s(\boldsymbol{\varepsilon})$ 的解析表达形式，为 4.2 节建立 Nb_3Sn 超导体临界性能多尺度分析理论框架奠定了基础。

1. 复杂应变作用下 Nb_3Sn 单晶体费米面电子态密度的演化模型

应变会诱导 Nb_3Sn 超导体费米面上电子态密度的变化，4.1.2 节的研究工作已经表明了这一变化在主导超导体临界性能多物理场耦合效应中的重要作用。由于应变的张量属性，使得精确描述应变作用下的费米面上电子态密度 $N(E_F)$ 的演化及其超导临界温度退化之间的关联变得复杂。在基于 $\boldsymbol{k}\cdot\boldsymbol{p}$ 微扰理论的电子能带结构分析中，不仅要考虑多轴应变的作用，还需要考虑剪切应变的作用，需要处理的自变量数量翻倍，从而使解析求解的难度加大。为了全面考察各个应变分量对超导体临界性能弱化的影响，同时简化计算处理的流程，本节借助张量函数的表示理论来处理这一问题。将应变 $\boldsymbol{\varepsilon}$ 作用下的 Nb_3Sn 费米面上电子态密度记为 $N^{\varepsilon}(E_F^{\varepsilon})$，根据张量函数的表示理论[50]，$N^{\varepsilon}(E_F^{\varepsilon})$ 是变量 J_1^{ε}、J_2^{ε}、J_3^{ε} 的函数，其中 J_1^{ε}、J_2^{ε}、J_3^{ε} 分别表示应变张量 $\boldsymbol{\varepsilon}$ 的三个主不变量，它们可以表示为主应变 ε_1、ε_2、ε_3 的函数，因此，为了描述应变作用下 Nb_3Sn 费米面上电子态密度的演化，仅需要确立其与三个主应变之间的函数关系即可。

如前文所述，依据 Bhatt 模型，Nb_3Sn 的电子态密度可以表示为[10]

$$\begin{aligned} &N(\Xi) = N_{\text{tot}}/3\sum_{i=1}^{3} n(\Xi - E_i) \\ &\int n(\Xi)\mathrm{d}\Xi = 1 \end{aligned} \qquad (4.1.41)$$

式中，N_{tot} 代表电子总数，初始无应变状态时，三个能量 $E_i(i=1,2,3)$ 依赖相结构；在应变的作用下，晶格结构发生转变，相应地能级分裂，能级分裂之后的能量值取决于主应变（主应变 ε_1、ε_2、ε_3 决定了应变 $\boldsymbol{\varepsilon}$ 作用下的电子态密度函数形式）。为了得到电子态密度应变响应的表达形式，和多轴应变状态下的分析模式类似，将应变 $\boldsymbol{\varepsilon}$ 作用下的态密度函数 $N^{\varepsilon}(\varXi)$ 做泰勒展开，并假定三个主应变 ε_1、ε_2、ε_3 对于态密度的影响主要是通过布里渊区对称点处的能级变化起作用，则

$$\begin{aligned}N^{\varepsilon}(\varXi) \simeq N^{\boldsymbol{0}}(\varXi) + \frac{N_{\mathrm{tot}}}{3}\sum_{i=1}^{3}\left(\frac{\mathrm{d}n}{\mathrm{d}E_i}\right)_{E_i^{\boldsymbol{0}}}(E_i^{\varepsilon} - E_i^{\boldsymbol{0}}) + \\ \frac{1}{2}\frac{N_{\mathrm{tot}}}{3}\sum_{i=1}^{3}\left(\frac{\mathrm{d}^2 n}{\mathrm{d}E_i^2}\right)_{E_i^{\boldsymbol{0}}}(E_i^{\varepsilon} - E_i^{\boldsymbol{0}})^2 + \cdots\end{aligned} \tag{4.1.42}$$

当主应变坐标系与晶体坐标系重合时，可以得到主应变（ε_1、ε_2、ε_3）导致的三个带边能级能量变化关系式的一个特殊形式，它具有和多轴应变状态作用时类似的形式[11]，本节采用这种特殊形式来表示复杂应变状态下带边能级能量的变化：

$$\begin{aligned}E_1^{\varepsilon} - E_1^{\boldsymbol{0}} &= a_3(\varepsilon_1 + \varepsilon_2 + \varepsilon_3) + a_2\varepsilon_1 + \\ &\left\{\left\{b_{11}^2 + \left[b_{12} + a_1\left(\varepsilon_2 - \varepsilon_3\right)\right]^2\right\}^{1/2} - \left\{b_{11}^2 + b_{12}^2\right\}^{1/2}\right\}\end{aligned} \tag{4.1.43}$$

$$\begin{aligned}E_2^{\varepsilon} - E_2^{\boldsymbol{0}} &= a_3(\varepsilon_1 + \varepsilon_2 + \varepsilon_3) + a_2\varepsilon_2 + \\ &\left\{\left\{b_{21}^2 + \left[b_{22} + a_1(\varepsilon_3 - \varepsilon_1)\right]^2\right\}^{1/2} - \left\{b_{21}^2 + b_{22}^2\right\}^{1/2}\right\}\end{aligned} \tag{4.1.44}$$

$$\begin{aligned}E_3^{\varepsilon} - E_3^{\boldsymbol{0}} &= a_3(\varepsilon_1 + \varepsilon_2 + \varepsilon_3) + a_2\varepsilon_3 + \\ &\left\{\left\{b_{31}^2 + \left[b_{32} + a_1\left(\varepsilon_1 - \varepsilon_2\right)\right]^2\right\}^{1/2} - \left\{b_{31}^2 + b_{32}^2\right\}^{1/2}\right\}\end{aligned} \tag{4.1.45}$$

式中基本参数的物理含义和前文一样：$a_i(i=1\sim3)$ 为形变势常数，$b_{mn}(m=1\sim3,\ n=1\sim2)$ 为基于 $\boldsymbol{k}\cdot\boldsymbol{p}$ 微扰理论得到的描述电子能带色散关系所需要的参数。为了处理问题的简便，在态密度函数的泰勒展开式中只取其线性项，得到 Nb_3Sn 费米面上电子的态密度为

$$\begin{aligned}N^{\varepsilon}(E_{\mathrm{F}}^{\varepsilon}) &\simeq N^{\boldsymbol{0}}(E_{\mathrm{F}}^{\varepsilon}) + \frac{N_{\mathrm{tot}}}{3}\sum_{i=1}^{3}\left(\frac{\mathrm{d}n}{\mathrm{d}E_i}\right)_{E_i}(E_i^{\varepsilon} - E_i^{\boldsymbol{0}}) \\ &\simeq N^{\boldsymbol{0}}(E_{\mathrm{F}}^{\boldsymbol{0}}) + \left(\frac{\mathrm{d}N^{\boldsymbol{0}}}{\mathrm{d}E_{\mathrm{F}}^{\varepsilon}}\right)_{E_{\mathrm{F}}^{\varepsilon}}(E_{\mathrm{F}}^{\varepsilon} - E_{\mathrm{F}}^{\boldsymbol{0}}) + \cdots + \\ &\frac{N_{\mathrm{tot}}}{3}\sum_{i=1}^{3}\left(\frac{\mathrm{d}n}{\mathrm{d}E_i}\right)_{E_i}(E_i^{\varepsilon} - E_i^{\boldsymbol{0}}) + \cdots\end{aligned} \tag{4.1.46}$$

式中，为了得到 $N^0(E_F^\varepsilon)$（表示应变作用下的费米能级移动对于电子态密度的影响规律，是主应变 ε_1、ε_2、ε_3 的函数）的函数形式，本节做了第二次泰勒展开；并将应变作用下的费米能级移动按照如下的表达式来进行计算：

$$E_F^\varepsilon = E_F^0 + \left(\frac{\partial E_F^\varepsilon}{\partial \varepsilon_1}\right)_{\varepsilon=0}\varepsilon_1 + \left(\frac{\partial E_F^\varepsilon}{\partial \varepsilon_2}\right)_{\varepsilon=0}\varepsilon_2 + \left(\frac{\partial E_F^\varepsilon}{\partial \varepsilon_3}\right)_{\varepsilon=0}\varepsilon_3 + \cdots \tag{4.1.47}$$

将式（4.1.43）～式（4.1.45）和式（4.1.47）代入式（4.1.46）整理后即可以得到主应变对于 Nb_3Sn 单晶体费米面上电子态密度的影响规律，可以用如下的关系式来进行刻画：

$$N^\varepsilon(E_F^\varepsilon) = N^0(E_F^0) f(\boldsymbol{\varepsilon}) \tag{4.1.48}$$

式中

$$\begin{aligned} f(\boldsymbol{\varepsilon}) = 1 + A_1\varepsilon_1 + \tilde{a}_1\left(\sqrt{B_{11}^2 + [B_{12} + (\varepsilon_2 - \varepsilon_3)]^2} - \sqrt{B_{11}^2 + B_{12}^2}\right) + \\ A_2\varepsilon_2 + \tilde{a}_2\left(\sqrt{B_{21}^2 + [B_{22} + (\varepsilon_3 - \varepsilon_1)]^2} - \sqrt{B_{21}^2 + B_{22}^2}\right) + \\ A_3\varepsilon_3 + \tilde{a}_3\left(\sqrt{B_{31}^2 + [B_{32} + (\varepsilon_1 - \varepsilon_2)]^2} - \sqrt{B_{31}^2 + B_{32}^2}\right) \end{aligned} \tag{4.1.49}$$

式中，$\tilde{a}_i = a_1 N_{tot} (\mathrm{d}n/\mathrm{d}E)_{E_i^0} \big/ 3N^0(E_F^0)$（$i = 1\sim3$），$B_{mn} = b_{mn}/a_1$（$m = 1\sim3, n = 1\sim2$），并且 $A_i = \dfrac{1}{N^0(E_F^0)}\left[\left(\dfrac{\partial E_F^\varepsilon}{\partial \varepsilon_i}\right)_{\varepsilon=0}\left(\dfrac{\mathrm{d}N^0}{\mathrm{d}E_F^\varepsilon}\right)_{E_F^\varepsilon} + a_2\dfrac{N_{tot}}{3}\left(\dfrac{\mathrm{d}n}{\mathrm{d}E_i}\right)_{E_i^0} + a_3\dfrac{N_{tot}}{3}\sum_{n=1}^{3}\left(\dfrac{\mathrm{d}n}{\mathrm{d}E_n}\right)_{E_n^0}\right]$（$i = 1\sim3$）

基于上述描述复杂应变状态下 Nb_3Sn 单晶体费米面上电子态密度演化统一关系式，本节分析了静水压强、单轴拉伸和压缩、剪切、扭转几种不同加载模式下费米面电子态密度的演化模型和描述函数形式。

1）静水压强加载模式

在静水压强加载模式下，如图 4.8 所示，各方向主应变 ε_1、ε_2、ε_3 相等，即

$$\varepsilon_1 = \varepsilon_2 = \varepsilon_3 = \bar{\varepsilon} \tag{4.1.50}$$

此时该模型函数退化为线性函数，由式（4.1.48）、式（4.1.49）、式（4.1.50），得到静水压强费米面上的电子态密度函数：

$$N^\varepsilon(E_F^\varepsilon) = N^0(E_F^0) f(\bar{\varepsilon}) = N^0(E_F^0)\left[1 + (A_1 + A_2 + A_3)\bar{\varepsilon}\right] \tag{4.1.51}$$

式中，令 $A_1 + A_2 + A_3 = C$，有 $f(\bar{\varepsilon}) = (1 + C\bar{\varepsilon})$，同时代入 $P = [E/(1-2\upsilon)]\bar{\varepsilon}$。其中，$P$ 为静水压强，E 为超导体弹性模量，υ 为超导体泊松比。可得到费米面电子态密度随静水压强变化的函数关系为

$$N^{\varepsilon}(E_{\mathrm{F}}^{\varepsilon}) = N^{0}(E_{\mathrm{F}}^{0})f(P) = N^{0}(E_{\mathrm{F}}^{0})\left(1 + C\frac{1-2\upsilon}{E}P\right) \tag{4.1.52}$$

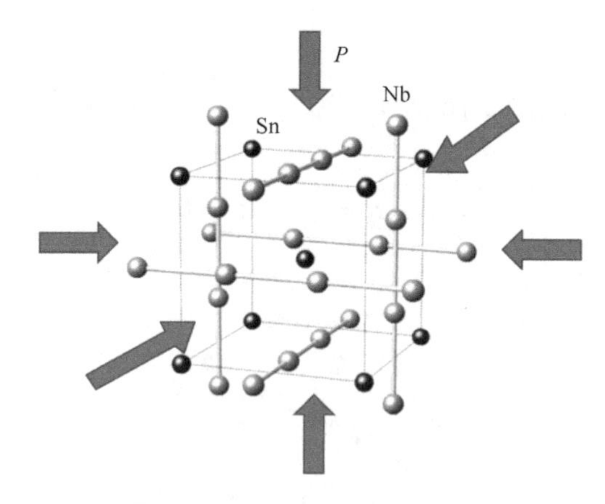

图 4.8 Nb_3Sn 单晶体静水压强（P 为静水压强）加载示意图

2）单轴拉伸和压缩加载模式

当 Nb_3Sn 单晶体承受单轴拉伸和压缩载荷作用时，如图 4.9 所示，设 z 轴为加载主方向，即

$$\varepsilon_2 = \varepsilon_3 = -\upsilon\varepsilon_1，\ \varepsilon_1 = \sigma_1/E，\ \varepsilon_2 = \varepsilon_3 = -\upsilon\sigma_1/E \tag{4.1.53}$$

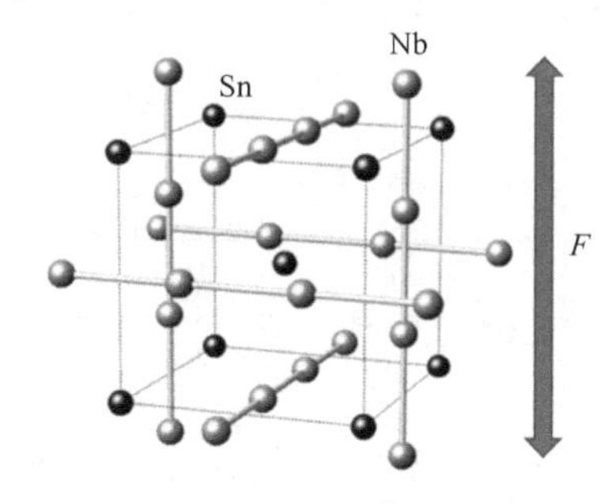

图 4.9 Nb_3Sn 单晶体拉伸（F 为拉伸压力）示意图

由式（4.1.48）、式（4.1.49）、式（4.1.53）得到拉伸压缩作用下费米面电子态密度函数：

$$
\begin{aligned}
& N^{\varepsilon}(E_{\mathrm{F}}^{\varepsilon}) = N^{0}(E_{\mathrm{F}}^{0}) f(\varepsilon_1) \\
& = N^{0}(E_{\mathrm{F}}^{0}) \{1 + (A_1 - A_2\upsilon - A_3\upsilon)\varepsilon_1 + \\
& \tilde{a}_2 \left\{ \sqrt{B_{21}^2 + [B_{22} - \varepsilon_1(1+\upsilon)]^2} - \sqrt{B_{21}^2 + B_{22}^2} \right\} + \\
& \tilde{a}_3 \left\{ \sqrt{B_{31}^2 + [B_{32} + \varepsilon_1(1+\upsilon)]^2} - \sqrt{B_{31}^2 + B_{32}^2} \right\} \}
\end{aligned} \tag{4.1.54}
$$

3）剪切加载模式

在剪切加载模式下，如图 4.10 所示，第二应变不变量为 $J_2 = -\gamma_{yz}^2/4$，有

$$
\varepsilon_1 = -\varepsilon_3 = \frac{\gamma_{yz}}{2},\quad \varepsilon_2 = 0 \tag{4.1.55}
$$

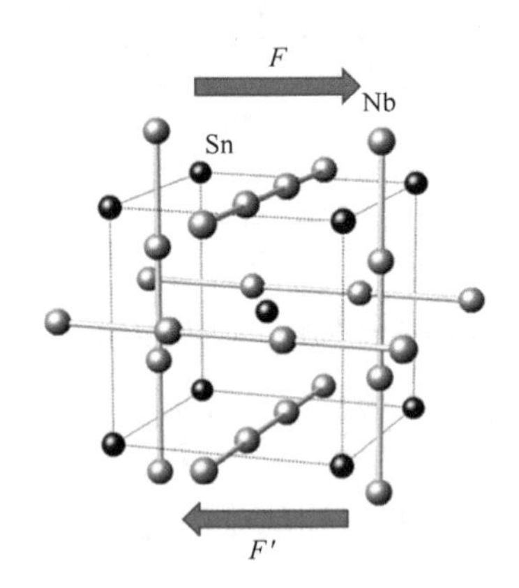

图 4.10　Nb_3Sn 单晶体剪切（F 为剪切力）示意图

由式（4.1.48）、式（4.1.49）、式（4.1.55）得到剪切加载模式费米面上的电子态密度函数：

$$
\begin{aligned}
& N^{\varepsilon}(E_{\mathrm{F}}^{\varepsilon}) = N^{0}(E_{\mathrm{F}}^{0}) f(\gamma_{yz}) \\
& = N^{0}(E_{\mathrm{F}}^{0}) \left\{ 1 + \frac{(A_1 - A_3)}{2}\gamma_{yz} + \tilde{a}_1 \left[\sqrt{B_{11}^2 + \left(B_{12} + \frac{\gamma_{yz}}{2}\right)^2} - \sqrt{B_{11}^2 + B_{12}^2} \right] + \right. \\
& \left. \tilde{a}_2 \left[\sqrt{B_{21}^2 + \left(B_{22} - \gamma_{yz}\right)^2} - \sqrt{B_{21}^2 + B_{22}^2} \right] + \tilde{a}_3 \left[\sqrt{B_{31}^2 + \left(B_{32} + \frac{\gamma_{yz}}{2}\right)^2} - \sqrt{B_{31}^2 + B_{32}^2} \right] \right\}
\end{aligned} \tag{4.1.56}
$$

4）扭转加载模式

在扭转作用下，如图 4.11 所示，第二应变不变量为 $J_2 = -\gamma_{xz}^2/4$，有

$$\varepsilon_1 = -\varepsilon_2 = \frac{\gamma_{xz}}{2},\ \varepsilon_3 = 0 \tag{4.1.57}$$

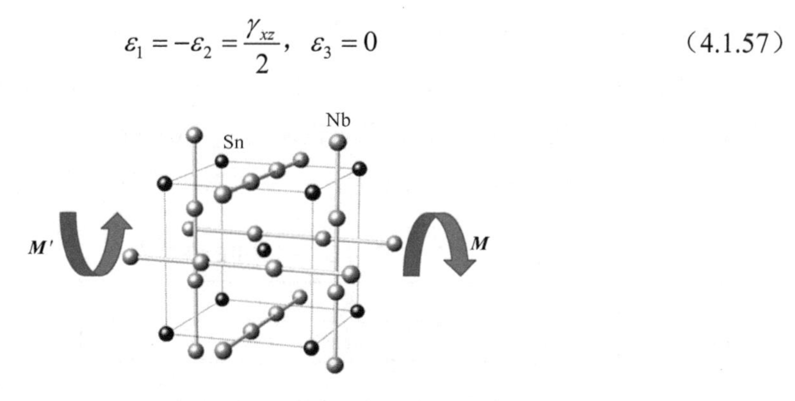

图 4.11 Nb_3Sn 单晶体扭转（$\boldsymbol{M}$、$\boldsymbol{M}'$为扭矩）示意图

由式（4.1.48）、式（4.1.49）、式（4.1.57）得到扭转加载模式下费米面上的电子态密度函数：

$$\begin{aligned} N^{\varepsilon}(E_{\mathrm{F}}^{\varepsilon}) &= N^{0}(E_{\mathrm{F}}^{0}) f(\gamma_{xz}) \\ &= N^{0}(E_{\mathrm{F}}^{0})\left\{1+\frac{(A_1-A_2)\gamma_{xz}}{2}+\tilde{a}_1\left[\sqrt{B_{11}^2+\left(B_{12}-\frac{\gamma_{xz}}{2}\right)^2}-\sqrt{B_{11}^2+B_{12}^2}\right]+\right. \\ &\left.\tilde{a}_2\left[\sqrt{B_{21}^2+\left(B_{22}-\frac{\gamma_{xz}}{2}\right)^2}-\sqrt{B_{21}^2+B_{22}^2}\right]+\tilde{a}_3\left[\sqrt{B_{31}^2+\left(B_{32}+\gamma_{xz}\right)^2}-\sqrt{B_{31}^2+B_{32}^2}\right]\right\} \end{aligned} \tag{4.1.58}$$

基于所建立的 Nb_3Sn 超导体临界性能应变退化模型，对不同加载模式下 Nb_3Sn 超导体费米面上电子态密度的变化规律进行了统一的预测，并与第一性原理模拟结果进行了比较（模型参数在表 4.3 给出）。图 4.12 给出了静水压强加载模式、单轴拉压加载模式、剪切加载模式、扭转加载模式下 Nb_3Sn 单晶体费米面上电子态密度随加载应变演变趋势的模型预测结果与第一性原理模拟结果的[51]对比（Nb_3Sn 单晶体的弹性模量 E =194.56 GPa，泊松比 υ =0.4）[52]，模型中的主应变敏感参数如表 4.3 所示。从图 4.12 可见，力学变形会导致费米面上电子态密度的下降，下降的变化趋势依赖加载模式。对于静水压强的作用而言，随着静水压强的增大，费米面上的电子态密度值线性下降；而对于单轴拉压加载条件、剪切加载条件及扭转加载条件而言，其导致的下降则呈现出非线性特征。对于单轴拉压作用，拉伸应变区与压缩应变区中费米面上电子态密度的衰减曲线具有不对称性，这与 Nb_3Sn 股线超导临界参数退化曲线关于轴向应变的非对称性是一致的。在剪切应变模式和扭转应变模式下，费米面电子态密度非线性下降的趋势又呈现出不同的特点。随着应变的增大，以应变值 1%为界，小应变区域内（<1%），在剪切应变模式下费米面上电

子态密度下降更快，而在大应变区域内（>1%），扭转变形下的费米面电子态密度响应展现出更快的下降趋势，这主要是由于不同的主应变在 Nb_3Sn 能带结构变化及费米面占据态变化中所起的作用不同。对于不同加载模式下 Nb_3Sn 费米面上电子态密度的演化规律，本书给出的模型可以进行统一的预测，并且与第一性原理模拟结果吻合良好。

表 4.3 模型中的参数值

A_1	A_2	A_3	$\tilde{a}_1$	$\tilde{a}_2$	$\tilde{a}_3$
0.975	12.57	−9.225	−35.5	−7.49	−5.65
B_{11}	B_{12}	B_{21}	B_{22}	B_{31}	B_{32}
0.00475	0.002	0.01528	0.002	0.0128	0.001

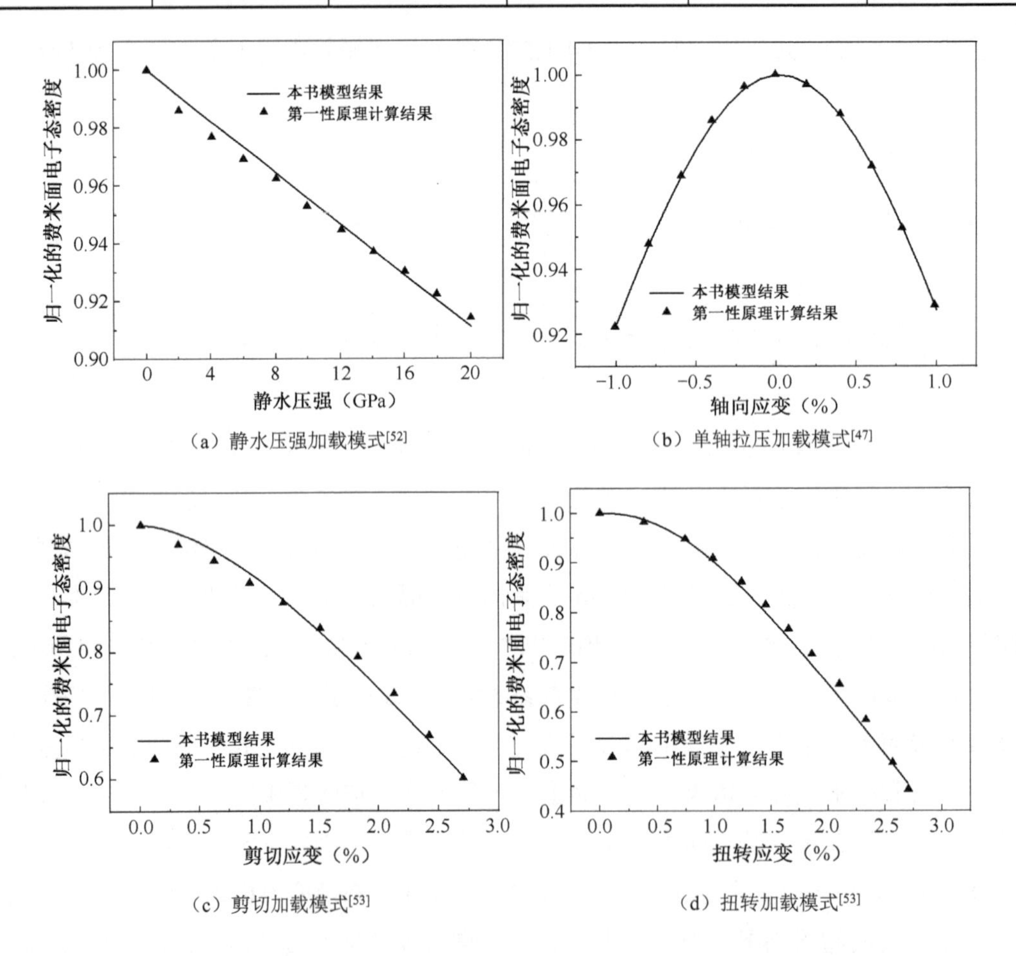

（a）静水压强加载模式[52]　（b）单轴拉压加载模式[47]

（c）剪切加载模式[53]　（d）扭转加载模式[53]

图 4.12 在不同加载模式下 Nb_3Sn 单晶体费米面上电子态密度随应变的变化情况

2. 复杂应变状态下 $N(E_F)$ 的演化与超导体微结构临界性能弱化

在多物理场环境下，Nb_3Sn 超导体临界性能的描述需要澄清两个基本问题：①多物理场之间的耦合作用关系；②由于 Nb_3Sn 超导体复杂的多级结构所引起的多尺度之间的耦合关联机制。对于问题①的理解和讨论，本书第 2 章中已经做了介绍。问题②的解释，一方面，需要借助 Nb_3Sn 超导体的微结构特征和多层级力学模型；另一方面，需要计算出适用于 Nb_3Sn 超导体微结构临界性能描述的、普适的一般表达式，借助该表达式讨论 Nb_3Sn 单晶体、多晶体、复合多晶体的临界性能变化规律，从而揭示出实现观测到的临界性能弱化现象背后所隐藏的多尺度耦合机制。

Nb_3Sn 超导体临界性能的多物理场（包含应变场）耦合效应是其内禀属性。在复杂应变状态下，Nb_3Sn 超导体微结构临界性能的力—电—磁—热耦合效应可以表示为

$$J_c(H,T,\boldsymbol{\varepsilon})=\sqrt{2}C\mu_0 H_c(t)h^{p-1}(1-h)^q \tag{4.1.59}$$

式中，J_c 为临界电流密度，$H_c(t)\cong H_c(0)(1-t^2)$，无量纲温度 $t\equiv T/T_c(0,\boldsymbol{\varepsilon})$，无量纲磁场 $h\equiv H/H_{c2}(T,\boldsymbol{\varepsilon})$，临界温度的表达式为[8]

$$T_c(H,\boldsymbol{\varepsilon})=T_{cm}(0)s(\boldsymbol{\varepsilon})^{1/3}\left(1-H/H_{c2}(0,\boldsymbol{\varepsilon})\right)^{1/1.52} \tag{4.1.60}$$

上临界磁场强度的表达式为

$$H_{c2}(T,\boldsymbol{\varepsilon})=H_{c2m}(0)\mathrm{MDG}(t)s(\boldsymbol{\varepsilon}) \tag{4.1.61}$$

这些关系式刻画了在多物理场环境下 Nb_3Sn 超导体微结构临界曲面的漂移规律，它们涵盖了各个物理场单独作用及其联合作用下超导体临界性能的变化规律，同时也给出了多物理场环境下各个临界性能（临界电流密度、上临界磁场强度、超导临界温度）变化之间的内在联系，这些内在联系表明了 Nb_3Sn 超导体临界性能错综复杂的实验观测曲线的背后是由某种内在的属性所主导和决定的。

多轴应变状态仅是一般应变状态的一个特例，在多轴应变状态下 Nb_3Sn 超导体临界性能的弱化特点显示的是 Nb_3Sn 超导体临界性能弱化一般性特征的某些局部方面；同时，不同的应变状态下 Nb_3Sn 超导体临界性能的弱化又呈现出某些共有的特点，这些共同的特点就是上述临界曲面方程所概括和呈现的。为了准确刻画在多物理场环境下 Nb_3Sn 单晶体超导体临界性能的变化，需要给出普适的、描述复杂应变状态下的应变函数 $s(\boldsymbol{\varepsilon})$ 的精确表达形式。这需要用到上临界磁场强度对温度的偏导数在超导临界温度处的取值，

它是衡量超导体相转变的一个重要参数，根据MDG关系式，这个参数可以表示为式(4.1.6)。由式（4.1.6）、式（4.1.7），以及 $s(\boldsymbol{0})=1$，可得应变函数应为

$$s(\boldsymbol{\varepsilon})=\left(\frac{\rho^{\varepsilon}}{\rho^{\boldsymbol{0}}}\right)^{3/2}\left(\frac{N^{\varepsilon}(E_{\mathrm{F}}^{\varepsilon})}{N^{\boldsymbol{0}}(E_{\mathrm{F}}^{\boldsymbol{0}})}\right)^{3/2} \tag{4.1.62}$$

式中，参数 ρ^{ε} 和 $N^{\varepsilon}(E_{\mathrm{F}}^{\varepsilon})$ 表示应变对超导体相转变附近正常态电阻率 ρ 和费米面上电子态密度的作用函数，$\rho^{\boldsymbol{0}}$ 和 $N^{\boldsymbol{0}}(E_{\mathrm{F}}^{\boldsymbol{0}})$ 为相应物理量在无外载条件下的值。

应变作用会导致 Nb_3Sn 晶体结构的变化，伴随着这一变化，电子能带结构和费米面上的电子态密度会发生改变。在不同的变形状态下，这一变化的规律是不同的。对于应变作用下 Nb_3Sn 微结构费米面上电子态密度的演化，基于 4.1.3 节的讨论并借助第一性原理的模拟结果，本节给出了可以统一描述不同应变状态下 Nb_3Sn 费米面上电子态密度变化的模型：$N^{\varepsilon}(E_{\mathrm{F}}^{\varepsilon})=N^{\boldsymbol{0}}(E_{\mathrm{F}}^{\boldsymbol{0}})f(\boldsymbol{\varepsilon})$［见式（4.1.48）］。在超导体相转变温度附近，不同加载条件下的正常态电阻率都和温度的平方成正比，比例系数依赖应变状态。本书采用 $\rho_{\mathrm{n}}(\boldsymbol{\varepsilon},T)=\rho_{00}+A^{\varepsilon}T^{2}$ 来描述力—热耦合作用下正常态电阻率的变化规律，其中 ρ_{00} 为正常态电阻率外推到绝对 0 K 时的电阻率，实验结果表明它对于外加载荷的依赖性很小[54]，在本节的推导中，我们假定它为常数；比例系数 $A^{\varepsilon}\propto\left[N^{\varepsilon}(E_{\mathrm{F}}^{\varepsilon})\right]^{2}$，即 $A^{\varepsilon}=K\left[N^{\varepsilon}(E_{\mathrm{F}}^{\varepsilon})\right]^{2}+B$，其中 K、B 为描述线性关系的常数，不依赖外加载荷。根据上述关系，可得应变作用下超导体相转变附近的正常态电阻率 ρ 的变化为

$$\frac{\rho^{\varepsilon}}{\rho^{\boldsymbol{0}}}=\frac{\rho_{00}+A^{\varepsilon}[T_{\mathrm{c}}^{\varepsilon}]^{2}}{\rho_{00}+A^{\boldsymbol{0}}[T_{\mathrm{c}}^{\boldsymbol{0}}]^{2}}=\left(\frac{A^{\varepsilon}}{A^{\boldsymbol{0}}}s(\boldsymbol{\varepsilon})^{2/3}+\frac{\rho_{00}}{A^{\boldsymbol{0}}[T_{\mathrm{c}}^{\boldsymbol{0}}]^{2}}\right)\Bigg/\left(1+\frac{\rho_{00}}{A^{\boldsymbol{0}}[T_{\mathrm{c}}^{\boldsymbol{0}}]^{2}}\right) \tag{4.1.63}$$

式中

$$\frac{A^{\varepsilon}}{A^{\boldsymbol{0}}}=\left(f(\boldsymbol{\varepsilon})^{2}+\frac{B}{K[N^{\boldsymbol{0}}(E_{\mathrm{F}}^{\boldsymbol{0}})]^{2}}\right)\Bigg/\left(1+\frac{B}{K[N^{\boldsymbol{0}}(E_{\mathrm{F}}^{\boldsymbol{0}})]^{2}}\right) \tag{4.1.64}$$

将式（4.1.63）和式（4.1.64）代入式（4.1.62），经过进一步的简化可得描述 Nb_3Sn 微结构的应变函数为

$$s(\boldsymbol{\varepsilon})=\left(\frac{\rho_{00}}{A^{\boldsymbol{0}}[T_{\mathrm{c}}^{\boldsymbol{0}}]^{2}}\right)^{3/2}\left((1+\frac{\rho_{00}}{A^{\boldsymbol{0}}[T_{\mathrm{c}}^{\boldsymbol{0}}]^{2}})\,f(\boldsymbol{\varepsilon})^{-1}-\left(f(\boldsymbol{\varepsilon})^{2}+\frac{B}{K[N^{\boldsymbol{0}}(E_{\mathrm{F}})]^{2}}\right)\Bigg/\left(1+\frac{B}{K[N^{\boldsymbol{0}}(E_{\mathrm{F}})]^{2}}\right)\right)^{-3/2} \tag{4.1.65}$$

本节基于张量函数的表示理论及 Nb_3Sn 电子态密度的 Bhatt 模型，同时假设主应变对于 Nb_3Sn 电子态密度的影响主要通过布里渊区对称点处的能级变化起作用，建立了可以统一描述静水压强、单轴拉压、剪切及扭转几种不同加载模式下 Nb_3Sn 单晶体费米面上电子态密度变化的演化模型。模型所表征的费米面电子态密度随应力或应变退化的关系与第一性原理模拟结果相比较具有高度的一致性。在复杂变形状态下，基于 Nb_3Sn 单晶体费米面电子态密度应变效应分析，通过讨论 Nb_3Sn 单晶体超导体相转变附近正常态电阻率的变化，建立了描述 Nb_3Sn 微结构超导体临界性能多物理场耦合效应的基本理论。Nb_3Sn 超导体临界性能的微结构理论是 Nb_3Sn 超导体多尺度、多物理场模拟的关键，它是以第 3 章中 Nb_3Sn 超导体的微结构特征和多层级力学模型分析构建超导体临界性能多尺度分析框架的核心。本节的讨论为下一步构建 Nb_3Sn 超导体临界性能的多尺度分析方法、从宏观实验来验证基本理论的可靠性奠定了基础。

4.2　Nb_3Sn 超导体临界性能的多尺度分析方法

在 4.1 节中，从多轴应变状态下 Nb_3Sn 微结构的临界性能变化出发，指出了应变诱导的费米面上电子态密度的变化在 Nb_3Sn 超导体临界曲面漂移中所起的主导作用，并通过简化的力学分析方法，验证了多轴应变状态下理论模型的可靠性。在此基础上，将多轴应变状态下 Nb_3Sn 微结构临界性能的演化方程进行了完善和拓展，建立了复杂应变状态下 Nb_3Sn 超导体临界性能的微结构理论。本节以微结构理论为核心，在第 3 章 Nb_3Sn 超导体的微结构特征和多层级力学模型分析的基础上，构建了 Nb_3Sn 超导体临界性能的多尺度分析方法，通过与宏观实验观测曲线的比较，验证了微结构理论的可靠性，同时阐述了 Nb_3Sn 超导体在多物理场环境下，其临界性能弱化背后的多尺度耦合机制。

4.2.1　基本计算方法

构建多尺度计算方法的目的是通过与实验结果的比对，验证理论模型在描述 Nb_3Sn 超导体临界性能演化方面的可靠性，同时实现超导体结构—临界性能的耦合分析：从超导体多尺度结构特征的提取到局部应力分析，再到超导体临界性能分析过程的实施，弥补了极端条件下实验观测的不足；同时，从不同尺度上的结构信息到局部力学变形信息，再到超导体临界性能信息之间的传递，可以揭示 Nb_3Sn 超导体多尺度耦合的机理，更好地理解超导体所呈现出的特性，以服务于磁体工程设计需求。

多尺度计算方法的实现，以 4.1 节所提出的 Nb_3Sn 超导体临界性能的微结构理论为基础，按照经典层次多尺度方法分析问题的思路，如图 4.13 所示，构建不同尺度上从超导体结构信息到局部变形信息，再到超导体临界性能信息之间转化和传递的桥梁，这一桥梁作为分析不同尺度上物理现象耦联的关键，要求具备物理的客观性和计算机模拟的可操作性。

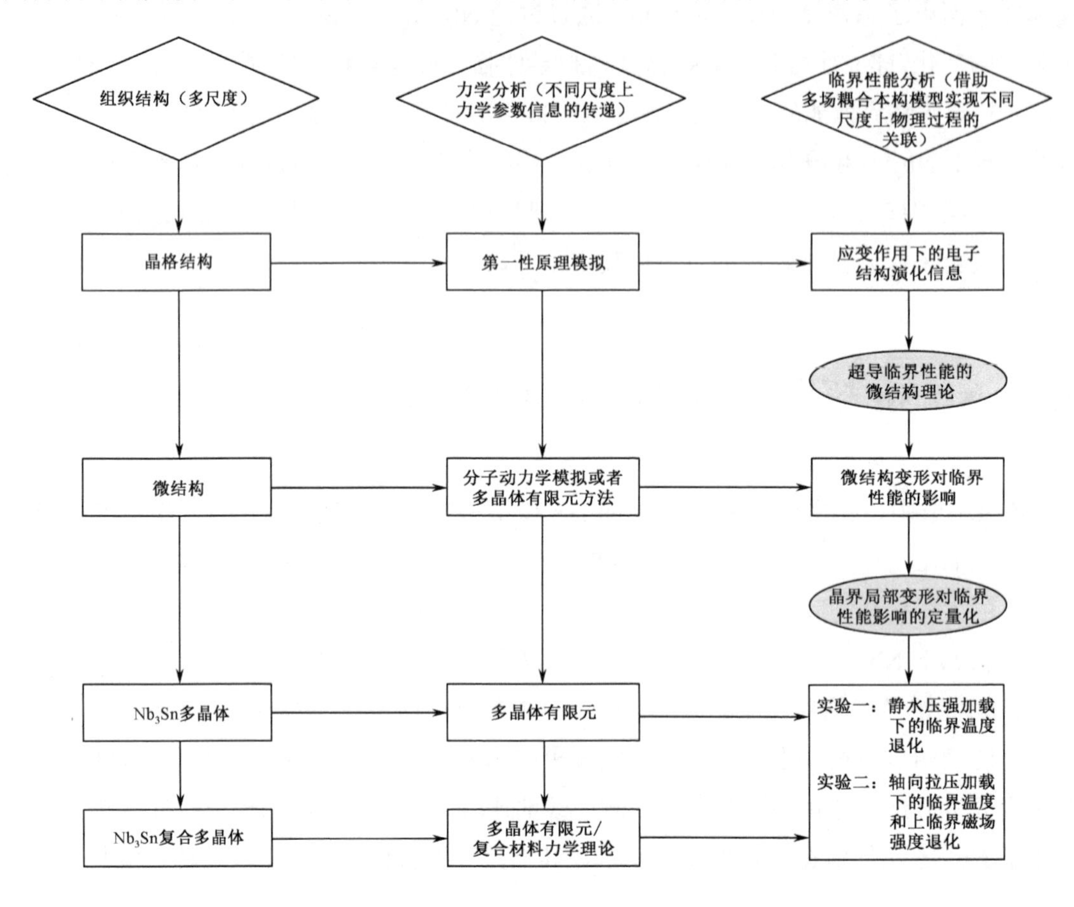

图 4.13　多尺度分析的示意简图

宏观实验观测到的多物理场环境下超导体临界性能的演化，是 Nb_3Sn 超导体系统整体的行为，对于这一整体行为的理解，需要从最小特征尺度上进行关注，以实现对整体性行为进行定量化的描述和解释。磁体用 Nb_3Sn 超导体的结构尺度的量级从 Å 跨越到 mm：①原子层次上，体心立方晶体结构的 Nb_3Sn，其晶体点阵间距约 2.645 Å；②晶体缺陷层次上，晶界是 Nb_3Sn 超导体中主要的有效磁通钉扎中心，晶界厚度在 nm 尺度量级；③晶粒显微组织层次上，Nb_3Sn 超导层的厚度为 0.5～1.5 μm，层内包含不同形貌和取向的等轴晶粒和柱状晶粒，其平均晶粒尺寸为 100～200 nm；④细观组织层次上，细观尺度的单胞［Nb 核-Nb_3Sn 超导层-Cu（Sn）基体］在空间周期性重复堆积排列形成 Nb_3Sn 复合超导体的核心区，以 Luvata Nb_3Sn 超导体为例，核心区中超导丝的总数量为 6655 根，单根超导丝的直径为 4～5 μm；⑤宏观组织层次上，Nb_3Sn 复合超导体的直径为 0.8～1.0 mm，长度大于 1000 m（Nb_3Sn 复合超导体中超导丝的扭矩为 10 mm 左右）。以第 3 章中 Nb_3Sn 超导体的微结构特征和多层级力学模型分析为基础，可以实现对实际 Nb_3Sn 超导体多尺度结构的几何抽象，这些抽象模型可以抓住并再现 Nb_3Sn 超导体的微细宏观结构特点；在此基础上，借助第一性原理模拟方法、经典的分子动力学模拟方法、多晶体有限元方法（辅助以复合材料的相关理论方法）可以实现力学参数在 Nb_3Sn 晶体结构、Nb_3Sn 微结构、Nb_3Sn 细观结构不同尺度的传递及不同尺度上 Nb_3Sn 局部变形的分析［Nb/Sn 原子、Nb_3Sn 晶界处/晶粒内部、Nb-Nb_3Sn-Cu（Sn）界面间］。借助计算机模拟，力学分析呈现了超导体内部不同尺度上的变形，它是 Nb_3Sn 超导体临界性能微结构理论中应变函数 $s(\varepsilon)$ 计算的关键。在 Nb_3Sn 超导体临界性能的微结构理论分析中，已经实现了第一次尺度跨越：从原子尺度层次上的晶格结构变化到晶粒显微组织层次上的微结构变化（这里所指的变化涵盖了力学状态的改变及其超导体临界性能的改变），理论分析实现了环境信息（多物理场环境）和结构信息、力学信息的第一次传递和转化；在这个过程中，模型参数的获取依赖第一性原理的计算结果。多尺度分析的第二次尺度跨越，从晶体缺陷层次及晶粒显微组织层次到细观组织层次的跨越，需要借助多晶体有限元模型。在多晶体有限元模型中，包含了原子尺度晶格变化信息的微结构构成了多晶体有限元模型中的基本单元；同时，有限元模型又涵盖了晶界/晶粒尺度上的结构信息，对微结构进行有限元离散，模型中每个离散单元内的连续介质模型又是 Nb_3Sn 晶胞的抽象和简化（第一次尺度跨越）。通过第 3 章中对晶界变形和晶粒内部变形的定量化研究，了解到微细观尺度上应变分布的非均匀性和晶界处的应力集中（应力集中处通常伴随着 Nb_3Sn 晶格结构更严重的畸变），为了将这些效应反映到宏观的超导体临界性能的观测曲线上，需要借助统计平均。单个离散单元内的 Nb_3Sn 超导体临界性能参数的变化，可以借助应变函数 $s(\varepsilon)$ 给出，单个晶粒和整个多晶体的临界性能参数通过统计平均的方式给出。这一层次的尺度跨越，综合权衡了第一性原理模拟和多晶体有限元模拟在超导体临界性能计算上各自的优缺点：原子尺度的第一性原理模拟可以导出超导体物理参数，但是规模较大体系的模拟受制于计算资源的限制；多晶体有限元方法可以计算规模较大的体系，同时包含晶界/晶粒（形貌和取向）作用效应的影响，但是由于连续介质力学的理论不能导出基本参数，不能抓住超导体临界性能演化的关键信息。本节介绍的 Nb_3Sn 超导体临界性能的微结构理论，可以作为这两种模拟方法之间的桥梁，实现基本物理过程的耦联。多尺度分析的第三次尺度跨越，从细观组织层次到宏观组织层次的分析，首先需要考虑定量描述 Nb_3Sn 超导层内柱状晶区和等轴晶区临界性能响应的不同，然后需要考虑 Cu（Sn）基体的塑性变形，最后需要模拟结果与 Nb_3Sn 复合超导体临界性能实验观测结果之间直接比对，从而验证分析结果的可靠性。综合考虑上述三个要素，对于极易发生塑性变形的基体，本节采用粗化处理，不考虑 Cu（Sn）基体中的晶粒形貌和取向；而对于 Nb_3Sn 超导层，则按照晶粒形貌和取向的细节，采用晶粒显微组织层次的建模方法进行细化处理；按照第二次尺度跨越所采用的平均化处理方法，对细观代表性体元中 Nb_3Sn 超导层的临界性能进行计算，并直接与宏观实验结果进行比对。细观结构单元周期性重复堆积，形成 Nb_3Sn 超导体的核心区域，本节选取代表性体元进行分析，并通过密排纤维增强复合材料理论和周期性边界条件的施加，考虑代表性单元邻近和周围的影响；代表性体元的分析，代表了整个超导体核心区域临界性能演化，因此可以直接和实验结果进行比对。

另外，伴随着超导体制备与表征技术的发展，对于 Nb_3Sn 单晶体和多晶体的实验观测也能顺利实施，这也为独立尺度上验证理论模型的可靠性提供了实验支撑。与上面介绍的以 Nb_3Sn 超导体临界性能的微结构理论为基础，设计多尺度分析算法，通过直接与 Nb_3Sn 复合超导体宏观实验观测结果的比对验证理论模型可靠性的思路不同，将 4.1 节中多尺度分析方法中不同尺度上跨越的算法分段实施，按照 Nb_3Sn 超导体结构由简单到复杂，在各个独立跨越尺度上实现结构信息—力学分析—超导体临界性能分析之间的关联，分别与 Nb_3Sn 单晶体/多晶体、Nb_3Sn 复合超导体实验结果的比较，逐级验证各个跨尺度段算法和模型的可靠性。

从整体到局部，再从局部到整体，为了将上述 Nb_3Sn 超导体临界性能多尺度计算思路细化，本节着重讨论了静水压强加载模式下 Nb_3Sn 单晶体和多晶体超导临界温度的弱化曲线和轴向载荷作用下 Nb_3Sn 复合超导体上临界磁场强度/临界温度的弱化曲线的计算流程。

4.2.2 静水压强诱导 Nb_3Sn 超导体临界温度退化的多尺度分析

Nb_3Sn 单晶体是检验超导体临界性能微结构理论可靠性最好的物理实体，但是由于样品纯度和加载模式的限制，目前仅有静水压强加载模式下的临界性能演化的实验结果。从宏观实验观测结果来看，Nb_3Sn 单晶体和多晶体在静水压强的作用下，其临界性能弱化曲线表现出明显的不同（线性和弱非线性的差异）；同时，在同等的静水压强加载条件下，多晶体临界温度下降的幅值远大于单晶体临界温度下降的幅值。对于 Nb_3Sn 多晶体而言，结构的空间尺度的量级从 Å 跨越到 nm 再到μm，涵盖了原子层次、晶体缺陷层次和晶粒显微组织层次；同时，由于 Nb_3Sn 多晶体晶界及晶粒内部在静水压强加载模式下的复杂应变状态，它提供了检验本书所建立的 Nb_3Sn 超导体临界性能微结构理论和多尺度计算方法有效性的实验支撑基础。

第 3 章借助晶体结构生成软件 Neper 和有限元软件 Abaqus 研究了静水压强作用下随机晶粒取向的 Nb_3Sn 多晶体的细观变形，结果表明晶界处存在应力跳跃和应力集中的现象。而对于 Nb_3Sn 单晶体，根据弹性力学理论，在静水压强的作用下，其内部的应力应变分布是均匀的。对于 Nb_3Sn 多晶体，局部的应力应变集中会导致 Nb_3Sn 多晶体临界温度的急剧下降。Nb_3Sn 多晶体内部的应变状态要比单晶体复杂得多，单纯力学变形状态的讨论不能展现这一差异产生原因的全貌，还需要借助本构理论模型实现变形信息向临界性能信息的转变和传递。

第 3 章采用多晶体有限元方法结合 Nb_3Sn 多晶体的微结构形貌特征，分析了含 400 个晶粒的 Nb_3Sn 多晶体在静水压强加载情况下的内部局部变形情况。本节在 Abaqus 有限元分析软件得到的 Nb_3Sn 多晶体内部变形的基础上，利用 Python 语言对有限元计算结果引入基于 Nb_3Sn 超导体临界性能的微结构理论给出的描述 Nb_3Sn 单晶体临界温度退化的耦合本构关系，从而分析静水压强加载模式下 Nb_3Sn 多晶体临界温度变化情况，具体流程如图 4.14 所示。程序提取有限元各单元（element）主应变 ε_1 、 ε_2 、 ε_3 ，将该应变代入 Nb_3Sn 单晶体临界性能力—电—磁—热耦合本构模型［见式（4.1.65)］，各单元计算结果按式（4.2.1）进行统计平均，程序输出该应力状态下 Nb_3Sn 多晶体内模拟单元的电子态密度、临界温度 T_c 情况。在式（4.2.1）中，V 为 Nb_3Sn 多晶体的总体积（V=1 μm^3），$T_{c\text{-single}}$ 是单晶体临界温度应变退化效应模型计算得到的单元临界温度［见式（4.1.60)］。利用该表达式即可得到静水压强作用下 Nb_3Sn 多晶体整体临界温度的变化规律。

$$T_c = \frac{1}{V}\iiint_V T_{c-\text{single}}(\varepsilon_1, \varepsilon_2, \varepsilon_3)\mathrm{d}x\mathrm{d}y\mathrm{d}z \tag{4.2.1}$$

Ren 等采用碳化钨 Bridgman 压砧研究了 Nb_3Sn 单晶体和多晶体在静水压强下的临界温度退化响应，其中施加的最大静水压强达到了 9.3 GPa[54]。基于本书建立的 Nb_3Sn 单晶体变形—超导临界温度耦合行为的本构模型和 Nb_3Sn 多晶体的细观力学计算模型，分别对静水压强作用下 Nb_3Sn 单晶体和多晶体的耦合响应进行了预测。在计算中，应变诱导

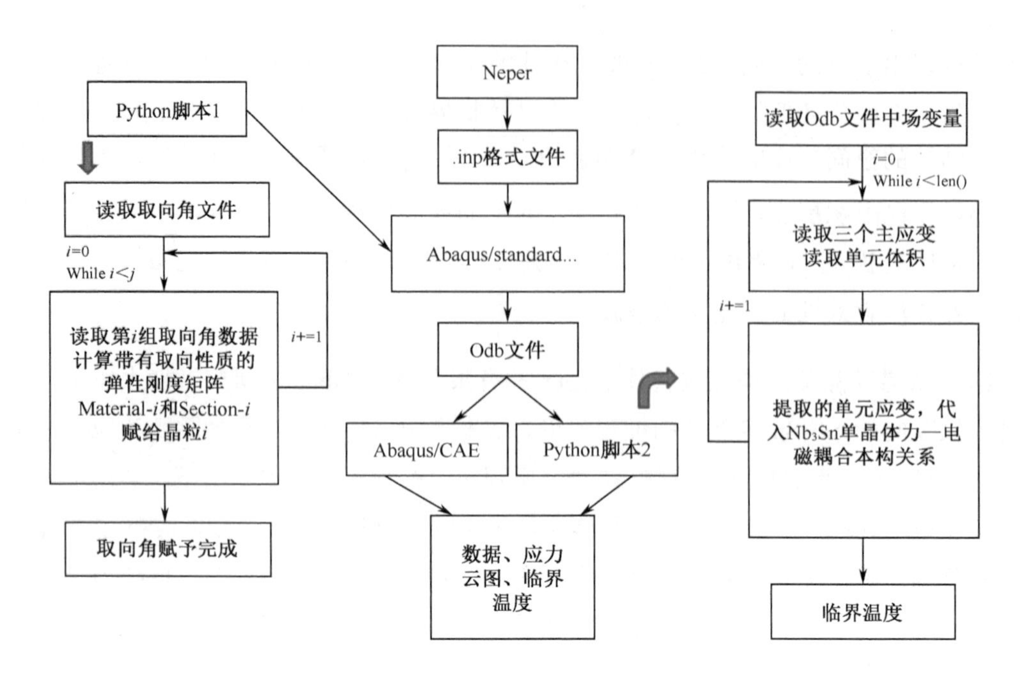

图 4.14　Nb_3Sn 多晶体临界温度计算流程

的费米面上电子态密度值的变化参数来自第一性原理计算结果，具体参数值如表 4.3 所示。在无外载作用下，Nb_3Sn 单晶体的临界温度为 T_c^0=17.09 K，$\rho_{00}=1.085\ \mu\Omega\cdot\text{cm}$，比例系数 A^0=6.0 $\text{n}\Omega\cdot\text{cm}/\text{K}^2$，这些参数值来自 Ren 等的实验测量结果[55]。参数 $(\chi_1+\chi_2+\chi_3)(1-2\upsilon)/E$ 和 $B/K[N^0(E_F)]^2$ 来源于电子态密度模型和本书建立的模型，由于 Ren 等的实验缺乏对 Nb_3Sn 单晶体弹性力学性能参数的直接测定，我们通对实验测量得到的静水压强作用下 Nb_3Sn 单晶体正常态电阻率随温度平方变化的系数曲线和超导临界温度曲线进行最优拟合得到它们的值，分别为 0.00344 GPa^{-1} 和 0.45 GPa^{-1}。其中参数 $(\chi_1+\chi_2+\chi_3)(1-2\upsilon)/E$ 的最优拟合值与基于第一性原理模拟结果计算得到的参考值 0.0044 GPa^{-1} 接近。为了保证计算模型的连续性和一致性，在 Nb_3Sn 多晶体临界温度退化的实验预测上，本书沿用了 Nb_3Sn 单晶体的计算参数。

Ren 等的实验揭示出这样的经验规律：对于 Nb_3Sn 单晶体而言，静水压强诱导的临界温度 $T_c(\varepsilon)$ 和正常态电阻率系数 A^ε 之间满足关系式 $T_c(\varepsilon)\propto\sqrt{A^\varepsilon}$。为了理解这个经验关系式背后的主导因素，本节首先给出了电阻率系数 A^ε 随静水压强 P 变化趋势的理论预测与实验结果的比较，如图 4.15 所示，随着静水压强的增大，超导体相转变附近正常态电阻率系数减小，理论模型与实验观测结果定性吻合。

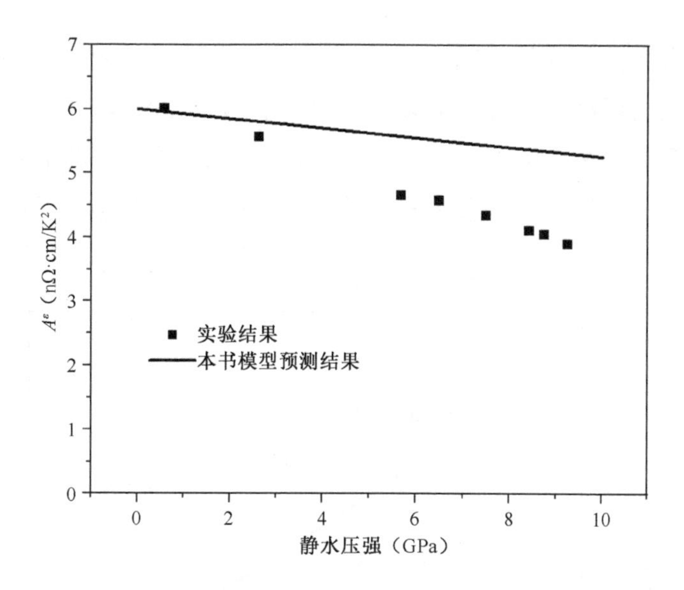

图 4.15 静水压强加载模式下 Nb_3Sn 单晶体的电阻率系数随压强的变化：理论预测与实验结果[54]的比较

为了验证多尺度分析的有效性，本节继续采用 Nb_3Sn 超导体临界性能的微结构理论和多尺度计算方法模拟了静水压强作用下 Nb_3Sn 单晶体和多晶体超导临界温度的变化趋势，并与实验观测结果做了比较。在多尺度模拟中，为了保证算法和模型的一致性，在单晶体和多晶体的计算中采用相同的参数。图 4.16（a）和图 4.16（b）分别给出了静水压强加载模式下 Nb_3Sn 单晶体和多晶体超导临界温度弱化的模拟结果与实验观测结果的对比图。模拟结果展示出临界温度随静水压强的弱非线性变化趋势，这和实验观测结果定性一致。在相同的静水压强加载水平下，Nb_3Sn 多晶体临界温度值的衰减要远大于单晶体。例如，在中等的静水压强加载水平 6GPa 作用下，和零应力状态相比，Nb_3Sn 多晶体的临界温度减小了 17.5%，而 Nb_3Sn 单晶体的临界温度仅减小了 2%。从力学信息来看，这个现象产生的直观原因是晶界处局部的应力集中，如图 4.16（b）所示。对于 Nb_3Sn 单晶体而言，随着静水压强的增大，Mises 应力恒为零；而对于 Nb_3Sn 多晶体而言，当加载的静水压强从 1 GPa、4 GPa 变化到 8 GPa 时，由于局部晶粒变形之间的约束作用，最大的 Mises 应力从 0.11 Gpa、0.46 GPa 逐步增大到 0.92 GPa。计算结果表明，微细观尺度上的应力集中现象在 Nb_3Sn 超导体的超导临界温度弱化中发挥重要作用。同时，通过比较 Nb_3Sn 单晶体和多晶体超导临界温度的退化行为图［见图 4.16（a）和图 4.16（b）］可以发现，剪切应变分量在应变诱导临界性能弱化响应中发挥的作用越来越重要：当较大的静水压强作用时，Nb_3Sn 多晶体内每个晶粒及晶界的变形是非常复杂的，存在剪切应变分量；而对于同样静水压强作用下的 Nb_3Sn 单晶体，剪切应变分量为零。基于 Nb_3Sn 超导体临界性能微结构理论的多尺度模拟，本书给出了从 Nb_3Sn 单晶体到多晶体，包含原子尺度晶格结构到晶体缺陷层次（晶界），再到晶粒显微组织层次的临界性能演化分析，同时包含了从多轴应变状态到一般复杂应变状态的临界性能分析，模拟能够一致和全面地展示 Nb_3Sn 超导体临界性能演化。

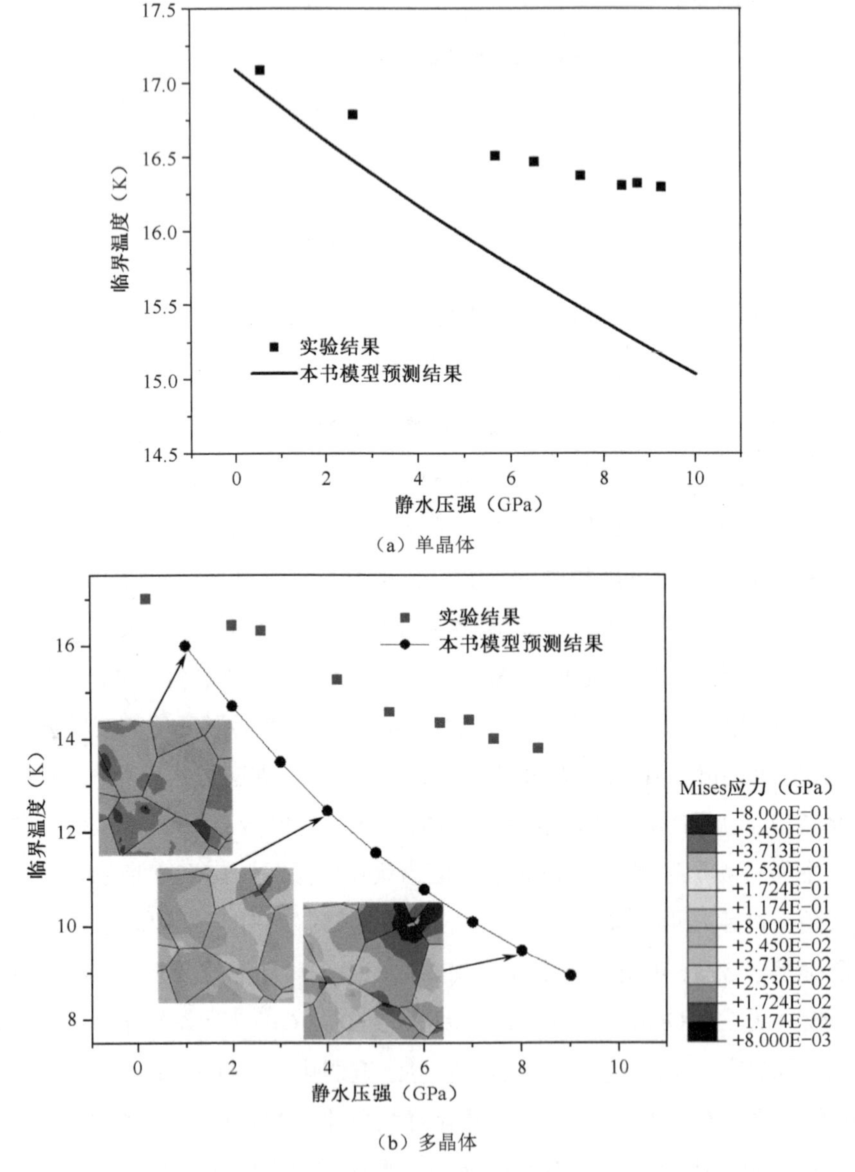

（a）单晶体

（b）多晶体

图 4.16 静水压强加载模式下 Nb_3Sn 单晶体和多晶体的临界温度弱化：多尺度分析计算结果与实验结果[54]的比对

通过图中多尺度模拟的结果与实验观测结果的比较可以发现，当静水压强增大至高压区时，模拟结果与实验结果相比出现偏差。Ren 等的实验结果表明，Nb_3Sn 单晶体的电阻率 ρ_{00} 在静水压强小于 7 GPa 时是不变的；当施加的静水压强大于 7 GPa 时，电阻率 ρ_{00} 略有增大，这是高压在 Nb_3Sn 单晶体内产生位错和微裂纹导致的。当静水压强为 7 GPa 时，由实验观测和本书模型预测给出的临界温度分别为 16.5 K 和 15.5 K（相对误差为 6.06%）。在 Ren 等的实验观测中，通过测量室温下多组样品电阻率的平均值来对实验结果的准确性进行标定，得到 Nb_3Sn 单晶体电阻率测量的估计误差为 5%（在 Ren 等的实验中，Nb_3Sn 超导体的超导临界温度是通过电阻率随温度变化的实验曲线得到的）。对于 Nb_3Sn 单晶体而言，当施加的静水压强在 7 GPa 以下时，多尺度模拟的预测结果与实验观测结果之间的误差在一个可以接受的合理范围内。当施加的静水压强大于 7 GPa 时，模型预测结果与实验观测结果之间的误差增大，这主要是在高压环境下 Nb_3Sn 单晶体内部发生的位错和微裂纹演化导致的，此时，超导体已经开始破坏。对于 Nb_3Sn 多晶体而言，Ren 等的实验结果表明，电阻率 ρ_{00} 的轻微增大发生在静水压强为 4.2 GPa 时，这同样是静水压强导致的 Nb_3Sn 超导体内部发生的结构损伤（位错和微裂纹）产生的影响。由于晶界交汇处应力集中的发生，Nb_3Sn 多晶体发生损伤的临界静水压强（4.2 GPa）要小于 Nb_3Sn 单晶体（7 GPa），这与模型分析的结果定性吻合的。当施加的静水压强为 4.2 GPa 时，实验观测和本书多尺度模型预测的临界温度分别为 15.7 K 和 12.3 K（相对误差为 21.7%）。在 Ren 等的实验测量中，Nb_3Sn 多晶体电阻率测量值的估算误差为 1.5%，这远远低于多尺度模型预测结果与实验观测结果之间的相对误差。当加载的静水压强小于 4.2 GPa 时，模型预测结果与实验结果之间的差异主要是由于 Nb_3Sn 多晶体中 Sn 原子含量造成的，Nb_3Sn 超导体临界性能对其 Sn 原子含量非常敏感[55]。在 Ren 等的实验中，电阻率观测的数据表明，在 Nb_3Sn 多晶体内部存在 Sn 原子积聚的现象，而在 Nb_3Sn 单晶体中则不存在这种现象。Nb-Sn 系统的临界温度对 Sn 原子含量非常敏感，当 Sn 原子含量从 23%变化到 26%时，临界温度会从 13 K 增加到 17 K[55]。当施加的静水压强大于 4.2 GPa 时，高压诱导的结构损伤联合 Sn 原子积聚分布的效应，会使模型预测结果与实验观测结果之间的误差增大。

在本书建立的多尺度模型中，可以很清晰地展现晶界交汇处发生的应力集中现象，但是不能呈现应力集中导致的微裂纹萌生、扩展的过程，以及伴随这一力学现象发生的超导体临界性能不可逆演化，本书建立的多尺度分析模型需要进一步拓展和完善。此外，由于 Nb_3Sn 超导体临界性能对其组分的依赖性[56]，在之后的分析中，需要涵盖晶界及晶粒内部的化学组分分布的影响，以期更加全面地展示 Nb_3Sn 超导体临界性能的演化规律。本书建立的多尺度分析模型为后续 Nb_3Sn 超导体临界性能的不可逆退化分析，以及微结构组分效应的分析奠定了基础。

图 4.17 给出了在静水压强加载模式下，随着静水压强的增大，Nb_3Sn 多晶体内部的临界温度分布演化图示。在 Nb_3Sn 多晶体临界温度退化的整体趋势中，在晶界及晶界交汇处，临界温度的退化非常显著。通过力学分析的信息可以知道，晶界和晶界交汇处是微细观应力集中发生的区域。在静水压强较小时，与晶粒内部区域相比，这些区域就表现出显著的临界性能弱化，伴随着静水压强的增大，区域内的临界温度弱化响应愈发显著。借助本书建立的多尺度模型，可以清晰地展示随着静水压强的增大，多晶体内部发生的微细观力学响应，以及其导致的整体及局部临界性能演变情况，这可以弥补实验观测的不足。

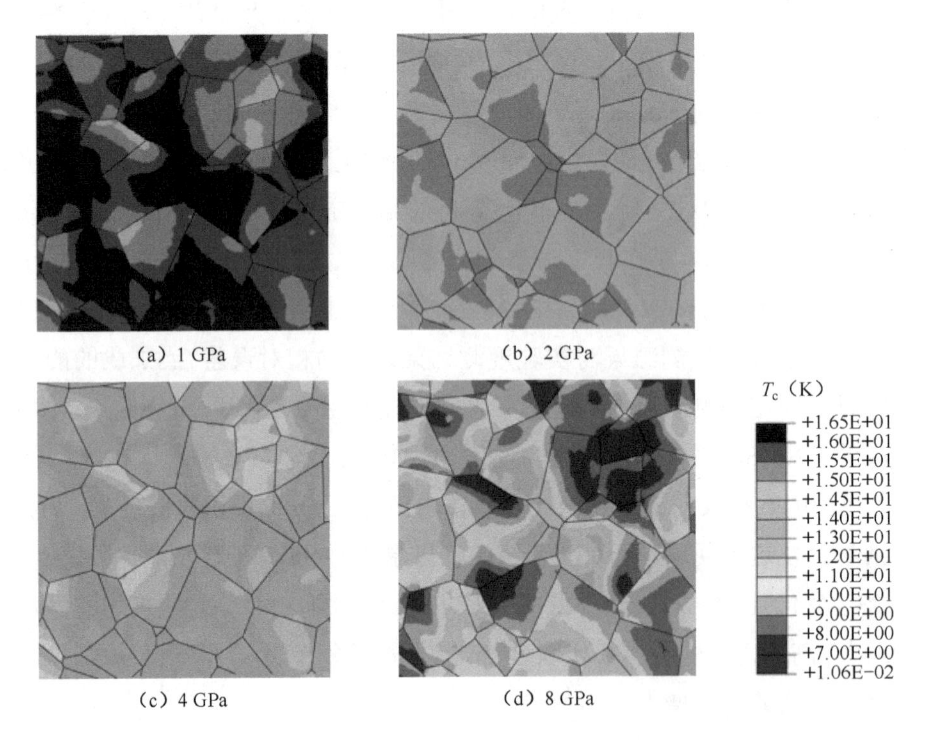

图 4.17　不同静水压强加载模式下 Nb_3Sn 多晶体内部的临界温度分布图

4.2.3　轴向载荷作用下 Nb_3Sn 复合超导体临界性能的弱化

Nb_3Sn 复合超导体是磁体工程中广泛使用的一种结构形式。人们对于 Nb_3Sn 复合超导体临界性能的研究持续时间很长，同时，由于 Nb_3Sn 复合超导体复杂的结构特征，关于其超导体临界性能多场耦合效应背后的主导机制，各种假说和争议也一直存在。本节围绕轴向载荷作用下 Nb_3Sn 复合超导体临界性能的实验结果，将 4.2.2 节讨论的多尺度计算思路细化，从多尺度耦合分析的角度切入，验证本书给出的 Nb_3Sn 超导体临界性能微结构理论的可靠性和适用性。

在轴向载荷作用下，临界温度和上临界磁场强度随宏观轴向应变的弱化曲线表现出强非线性特征，同时伴随着拉伸应变区和压缩应变区的非对称性。在对 Nb_3Sn 复合超导体多层级结构的建模中，为了抓住问题的主要矛盾、还原物理过程的原貌，同时考虑到计算资源的限制，本书对于核心区域（Nb_3Sn 柱状晶区和 Nb_3Sn 等轴晶区）进行了细化处理，以呈现出磁体工程用 Nb_3Sn 超导体微结构本来的形貌和取向，核心区结构信息—力学行为分析—超导体临界性能分析的关键计算流程和 Nb_3Sn 多晶体的临界性能分析相同。对于非核心区［Cu（Sn)］，它的形貌特点则不会细化到晶粒尺度来处理，可以直接按照细观结构的几何特点进行简化。在力学行为分析中，通过考虑基体的塑性变形，结合实验观测结果，采用线性的强化模型及六角分布的密排纤维增强的复合材料理论来分析，由于基体部分的分析不涉及 Nb_3Sn 超导体核心区的临界性能，它对核心区的影响仅体现在力学变形状态上，通过对核心区力学变形状态的影响来间接影响超导体核心区临界性能，所以，非核心区的计算主要在力学分析中完成。对于非核心区 Nb 核，它也具有超导电性能，且在力学变形形态上与 Nb_3Sn 超导体表现出较好的协调性，为了后续拓展多晶体有限元在极低温区—强电磁环境性的塑性行为分析，并且定量分析 Nb-Nb_3Sn 的相互作用影响规律，所以对 Nb 核的建模本书也细化到晶粒尺度。Nb_3Sn 复合超导体临界性能计算流程如图 4.18 所示。

图 4.19 和图 4.20 给出了按照多尺度分析流程计算得到的 Nb_3Sn 复合超导体在轴向载荷作用下的临界温度和上临界磁场强度的退化与实验结果[3,19]的比较。Nb_3Sn 复合超导体微结构的局部力学变形如图 3.30～图 3.34 所示。从图中可见，多尺度模型预测结果与实验结果定性吻合：在整个变形区内的退化趋势与实验结果吻合较好，模型可以较好地再现拉伸区和压缩区临界性能退化的不对称性；局部变形区内模型预测结果与实验结果之间的差异可能来源于多尺度模型，对于 Nb_3Sn 超导体晶界结构及基体变形的简化，在后续的研究中需要在此基础上对晶界和基体进行更加细致的描述。从整体变化趋势来看，基于 Nb_3Sn 超导体临界性能微结构理论的多尺度分析方法，对于 Nb_3Sn 复

合超导体临界性能退化描述的可靠性是可以接受的。

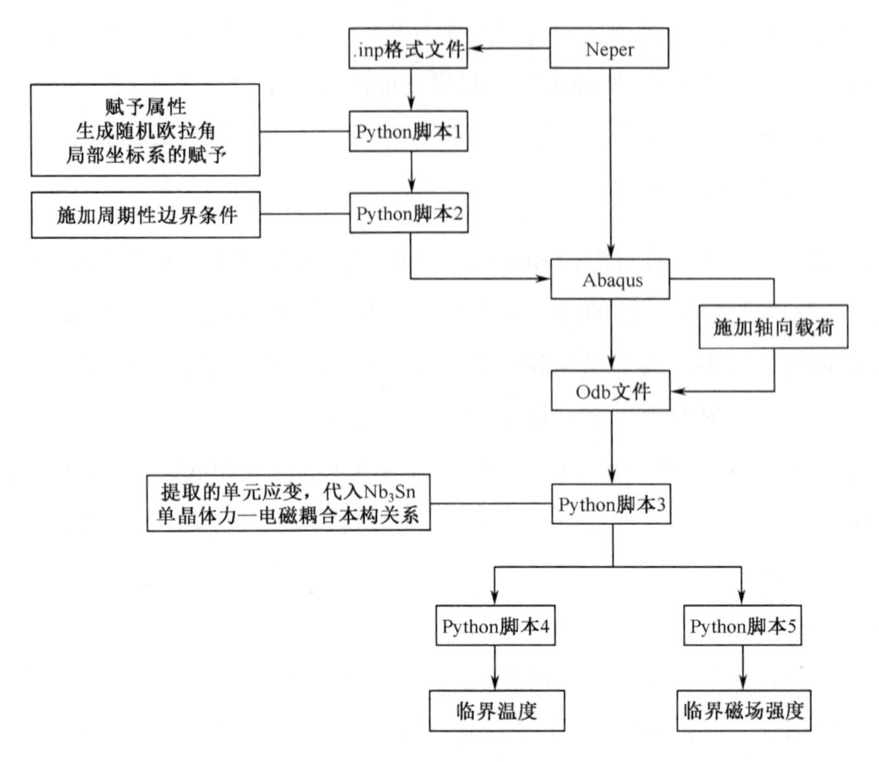

图 4.18　Nb_3Sn 复合超导体临界性能计算流程

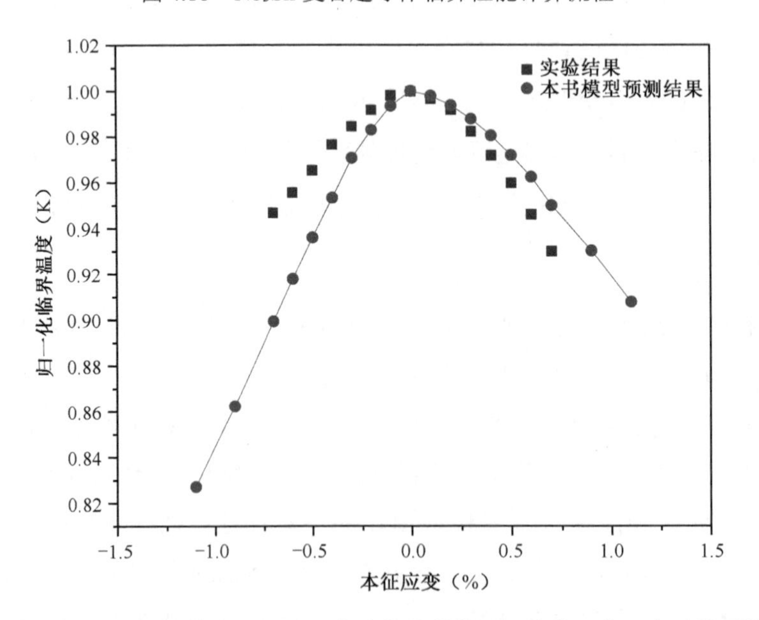

图 4.19　在轴向载荷作用下 Nb_3Sn 复合超导体临界温度的退化：实验结果[3]与本书多尺度模型预测结果的比较

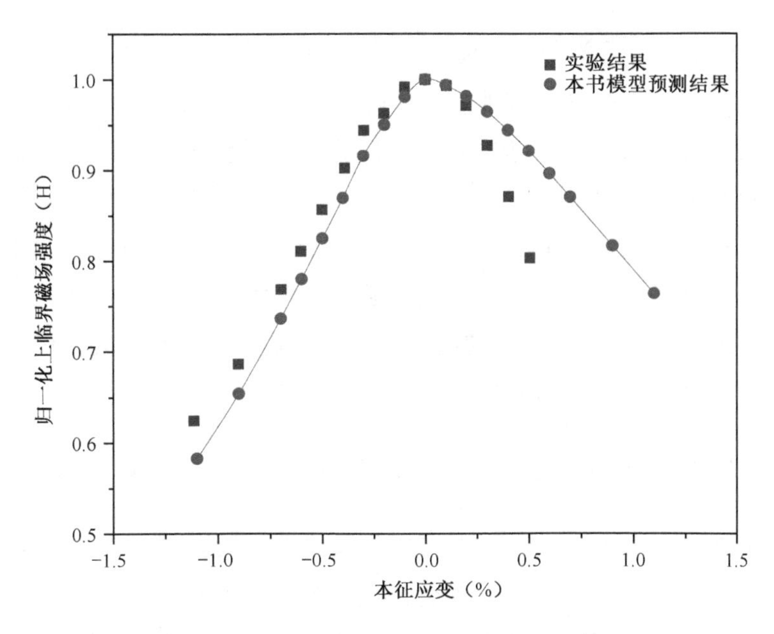

图 4.20　在轴向载荷作用下 Nb_3Sn 复合超导体上临界磁场强度的退化：实验结果[19]与本书多尺度模型预测结果的比较

4.2.4　超导体相转变的两尺度耦合分析方法

全面了解 Nb_3Sn 超导体临界性能，除借助多尺度分析方法刻画多物理场环境下超导体临界性能参数外，还需要基于此展示超导体相转变的全貌。在第 2 章的讨论中，本书建立了多物理场环境下 Nb_3Sn 超导体相转变的唯象模型，本节基于 Nb_3Sn 超导体临界性能的微结构理论和第 3 章中经典分子动力模拟的结果，将唯象理论的认识逐步加深，并以此为研究对象，讨论在多尺度分析思路中，第一性原理模拟和经典的分子动力模拟之间的耦合模式。

1. 高压下 Nb_3Sn 单晶体的超导体相转变

根据第 2 章的结果，温度和力学载荷耦合作用下的 Nb_3Sn 超导体相转变电阻率可以表示为式（2.2.1），基于此结合经典的分子动力学模拟给出的 Nb_3Sn 单晶体和多晶体局部变形的特点（见图 3.10、图 3.15），以及本章建立的 Nb_3Sn 超导体临界性能的微结构理论，本节讨论第一性原理模拟和经典的分子动力模拟之间的耦合模式在超导体相转变预测中的应用。

在 Nb_3Sn 超导体相转变温度（$T_c = 44$ K）附近，正常态电阻率与温度的关系可以通

过表达式 $\rho_{\mathrm{n}}(T)=\rho_{00}+AT^2$ 来描述（ρ_{00} 和 A 的物理含义见 4.1.3 节）。实验所揭示的 A15 相超导体正常态电阻率的平方依赖性是一种内在性质。在高压作用下，Nb_3Sn 单晶体正常态电阻率的变化依然遵循这一规律。不同的是，压强会导致系数 A 发生变化，所以，这一关系式可以拓展为 $\rho_{\mathrm{n}}(\boldsymbol{\varepsilon},T)=\rho_{00}+A^{\varepsilon}T^2$，其中平方项系数 A^{ε} 与态密度的平方成正比；根据 Nb_3Sn 超导体临界性能的微结构理论，A^{ε} 与描述一般应变状态下费米面上电子态密度演化的应变函数 $f(\boldsymbol{\varepsilon})$ 之间的关系为 $A^{\varepsilon}=A^{0}(f(\boldsymbol{\varepsilon})^2+C)/(1+C)$，其中，$C=B/K[N^{0}(E_{\mathrm{F}}^{0})]^2$，$A^{0}$ 为无应变时的电阻率平方项系数（K 和 B 为描述电阻率系数 A^{ε} 与态密度平方之间线性关系的常系数）。

无量纲电阻率函数 $\Pi=\exp\left(\dfrac{1-t}{\kappa}\right)$，式中，$t$ 为无量纲温度，无量纲参数 $\kappa\equiv\Delta T_{\mathrm{W}}(\boldsymbol{\varepsilon})/T_{\mathrm{c}}(\boldsymbol{\varepsilon})$ 描述了应变作用下超导体相转变区的温度宽度，$\Delta T_{\mathrm{W}}(\boldsymbol{\varepsilon})$ 表示 Nb_3Sn 单晶体的超导体相转变过程中完成电阻率跃变所经历温度区间的宽度。对于 Nb_3Sn 单晶体而言，静水压强加载模式下的变形比较均匀，应变诱导的临界温度变化可以直接由 Nb_3Sn 超导体临界性能的微结构理论给出［$T_{\mathrm{c}}(\boldsymbol{\varepsilon})=T_{\mathrm{c}}(\boldsymbol{0})s(\boldsymbol{\varepsilon})^{1/3}$，参见式（4.1.59）］。超导体相转变宽度 $\Delta T_{\mathrm{W}}(\boldsymbol{\varepsilon})$ 是定义无量纲电阻率函数的另一个重要参数，根据第2章的分析结果，它可以表示为 $\Delta T_{\mathrm{W}}\propto T_{\mathrm{c}}(0,\boldsymbol{\varepsilon})g(H,H_{\mathrm{c}}(0,\boldsymbol{\varepsilon}))$。由此可得，当无外加磁场作用时，无量纲参数 $\kappa=\bar{K}s(\boldsymbol{\varepsilon})^{\alpha}$，参数 $\bar{K}$ 由无应变状态时的临界温度和上临界磁场强度决定。

上述分析印证了应变函数在 Nb_3Sn 超导体相转变行为理解中的重要性，同时也是超导体临界性能微结构理论分析的核心。以此为基础，考虑到多晶体有限元方法不能捕捉原子尺度细节的缺点，从经典的分子动力学模拟出发，按照发展多尺度计算方法的思路，考虑通过微结构理论实现第一性原理模拟和经典的分子动力学模拟之间的耦合分析。以下给出上述分析模式对 Nb_3Sn 单晶体的超导体相转变的分析结果（具体的模型参数见表 4.4）。

表 4.4　电阻率模型参数

ρ_{00}（μΩ·cm）	A_0（μΩ·cm/K^2）	T_{c}^{0}（K）	C	$\bar{K}$
1.17	6.4×10^{-3}	17.82	−0.7	0.13×10^{-2}

图 4.21 的实线部分给出了 Nb_3Sn 单晶体在静水压强作用下温度在 0～44 K 时电阻率的预测值，从图 4.21 中可以看出正常态电阻率部分与实验曲线[54]基本吻合，所建立的计算模型能够准确刻画出实验观测到的超导临界温度附近的电阻率变化规律。对于正常态电阻率部分而言，其斜率随静水压强的增大而减小。在超导体相转变区，超导临界温度随静水压强的增大而减小，由于经典的分子动力学模拟中选取温度间隔较大，超导体

相转变过程曲线不够平缓，并没有完整地在图中呈现，但可以看出随着静水压强的增大，超导体相转变过程曲线逐渐向后推移，与实验曲线定性吻合。

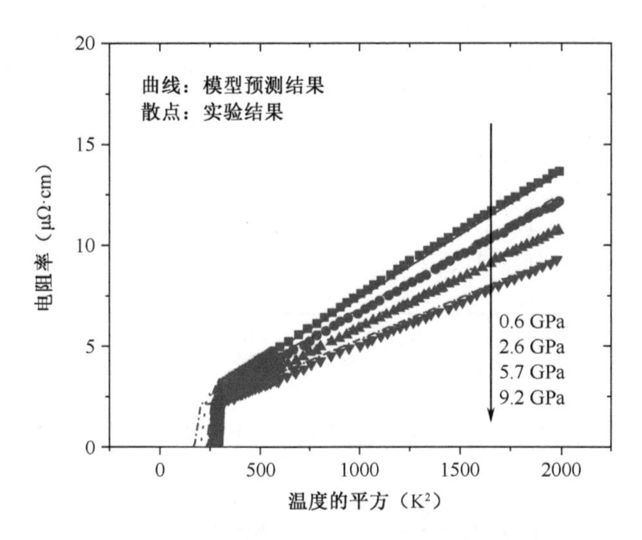

图 4.21　在静水压强作用下，低温区 Nb_3Sn 单晶体电阻率预测曲线与实验曲线[54]对比

为了更加清晰地展示静水压强诱导下 Nb_3Sn 单晶体超导临界温度的退化趋势，图 4.22 给出了模型预测结果与实验结果[54]的比较。从图 4.22 中可见，模型预测结果与实验结果定性吻合。定量差异的原因来自经典的分子动力学模拟的空间尺度和时间尺度与实验测量的 Nb_3Sn 超导体及加载下的时间效应之间存在一定差异；同时，受制于经验势函数，尽管经典的分子动力学模拟结果能够很好地呈现出 Nb_3Sn 单晶体的超导体相转变过程中原子级应力和应变状态，但是由于得到的单晶体基本力学性能参数与实验结果相比仍有有限的误差，导致最终计算得到的临界温度退化曲线与实验结果之间出现定量上的差异。

2. 高压下 Nb_3Sn 多晶体的超导体相转变

和多晶体有限元方法相比，经典的分子动力学模拟更能捕获力学载荷下原子运动及局部变形的细节，结合第 3 章中 Nb_3Sn 多晶体的分子动力学模型和本章中超导体临界性能的微结构理论，本节对多晶体内部的局部变形和临界温度退化进行原子尺度分析。图 4.23 为静水压强作用下临界温度及主应变分布云图，临界温度的计算由原子应变得到。从临界温度退化云图中可以看出，随着静水压强的增大，临界温度有明显的退化，超导体内部的临界温度分布是非均匀的，在晶界处退化效应最为明显，这与多晶体有限元模型的结论一致。

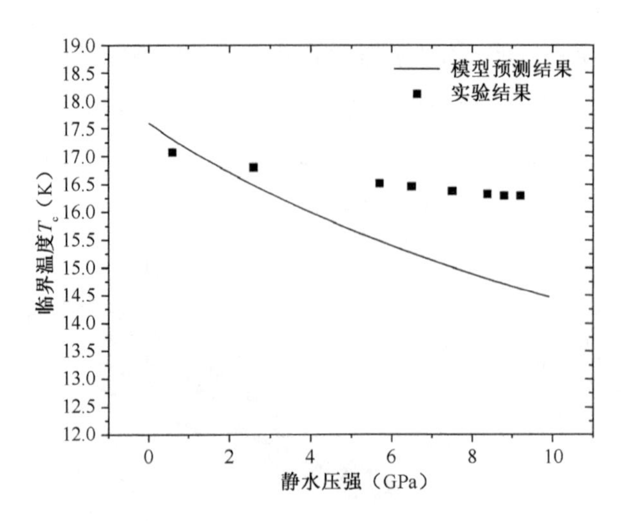

图 4.22　静水压强作用下 Nb_3Sn 单晶体临界温度变化：模型预测结果与实验结果[54]对比

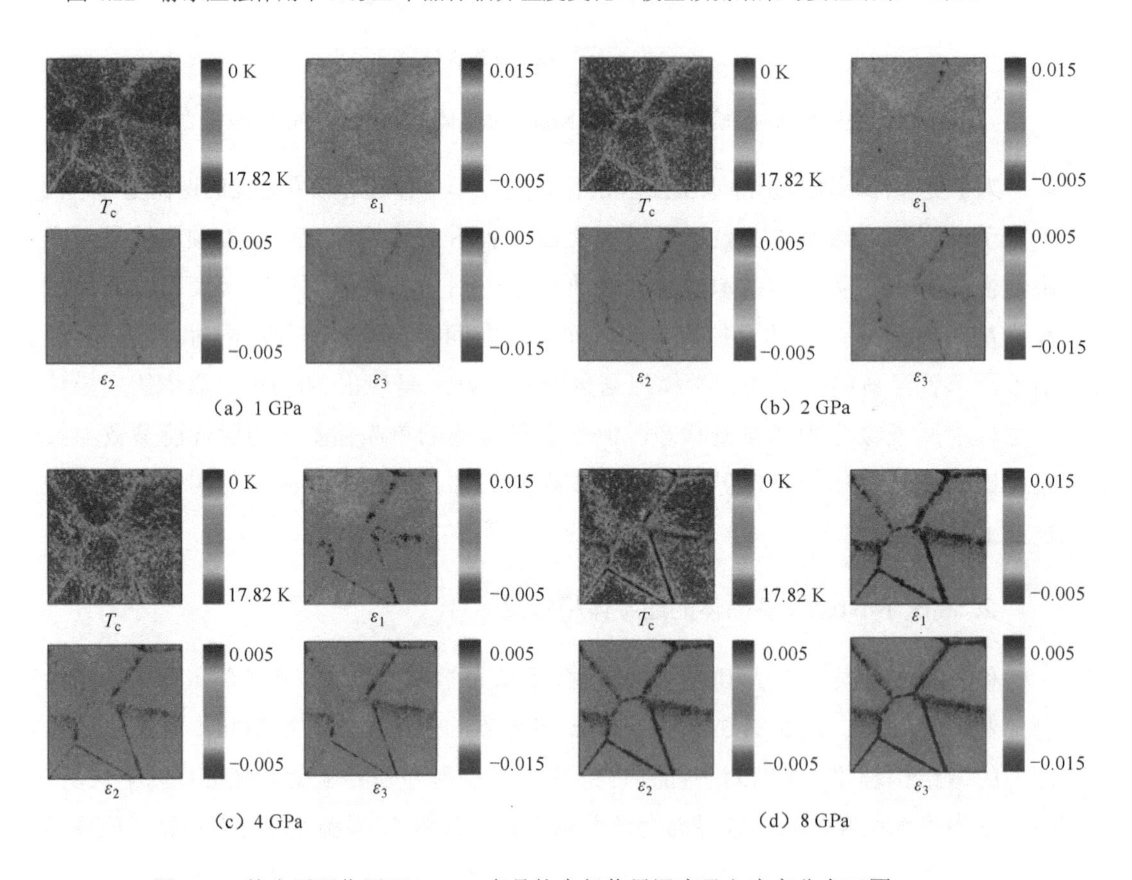

图 4.23　静水压强作用下 Nb_3Sn 多晶体内部临界温度及主应变分布云图

图 4.24 给出了高压下 Nb_3Sn 多晶体在低温区的电阻率转变图，其中，散点数据为实验结果，曲线为基于经典的分子动力学模拟和超导体临界性能微结构理论耦合分析的模型预测结果。从图 4.24 中可见，预测结果与实验结果[54]得到的超导体相转变趋势基本一致：在正常态电阻率区域，电阻率与温度的平方成正比，且随着静水压强的增大，斜率减小；在超导体相转变区域，临界温度随着静水压强的增大而向后推移，且完成超导体相转变所经历的温度区间有明显的展宽，这与实验观测到的现象基本吻合；在温度的拓展区域，较高温区和超导体相转变温度区内，预测结果和实验观测结果呈现出一些定量上的差异，这主要是由于基于经典的分子动力学模拟方法在对超导体力学行为进行模拟时，采用的是经验势函数，它在描述原子间相互作用力的精度方面仍需要进一步提高。

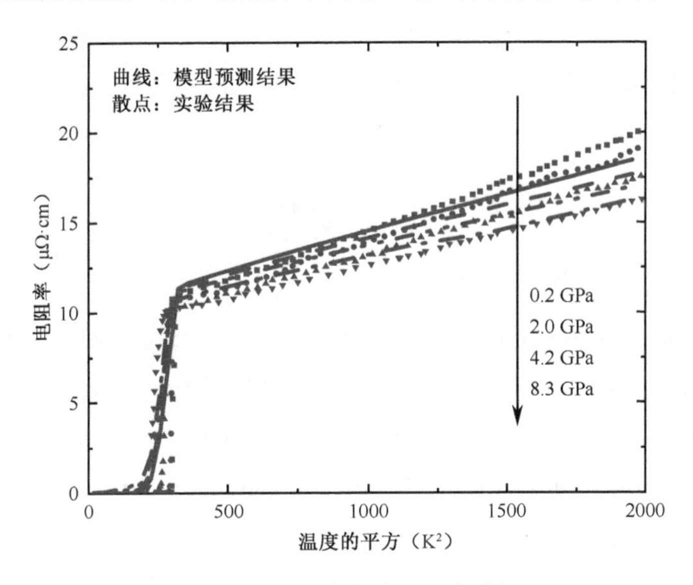

图 4.24　高压下，Nb_3Sn 多晶体在低温区的电阻率预测曲线与实验曲线[54]对比

4.3　本章小结

本章建立了在多物理场环境下 Nb_3Sn 超导体临界曲面漂移的多尺度分析框架，并通过与实验结果的比对，验证了分析模型的可靠性。首先，从多轴应变诱导的 Nb_3Sn 电子能带结构及费米面上电子态密度的变化出发，提出了在多轴应变状态下 Nb_3Sn 超导体临界性能多物理场耦合效应的半经验分析模型，并在对超导体结构力学变形分析简化的基础上，初步验证了基本模型在刻画多轴应变状态下超导体临界性能退化方面的可靠性。

其次，考虑到费米面上电子态密度的演化在超导体临界性能分析中的重要性，本章继续建立了这一重要物理参量随应变变化的估算方法，并基于多个关联物理参量的实验结果，反推了其在多轴应变状态下的演化规律。再次，以多轴应变状态下 Nb_3Sn 单晶体的电子结构演化分析为基础，建立了普适的 Nb_3Sn 超导体临界性能的微结构理论：将多轴应变状态下的理论模型拓展至一般应变状态，并通过考虑超导体相转变附近正常态电阻率与超导体临界性能之间的关联，进一步完善了初始简化分析模型的细节，从而实现了对复杂应变状态下费米面上电子态密度的演化与超导体微结构临界性能弱化规律的描述。最后，以微结构理论为核心，在第 3 章中 Nb_3Sn 超导体的微结构特征和多层级力学模型模拟的基础上，建立了 Nb_3Sn 超导体临界性能多尺度分析框架，给出了计算分析的细节，通过与宏观测量得到的临界性能曲线的比对，验证了多尺度分析模型的可靠性，揭示了不同组织结构在多物理场环境下超导体临界性能退化行为中所起到的作用。

参考文献

[1] Ekin J W. Strain scaling law for flux pinning in practical superconductors. Part 1: Basic relationship and application to Nb_3Sn conductors[J]. Cryogenics, 1980, 20(11): 611-624.

[2] Ten Haken B, Godeke A, Ten Kate H H J. The influence of compressive and tensile axial strain on the critical properties of Nb_3Sn conductors[J]. IEEE Trans. Appl. Supercond, 1995, 5(2): 1909-1912.

[3] Denis Markiewicz W. Invariant temperature and field strain functions for Nb_3Sn composite superconductors[J]. Cryogenics, 2006(46): 846-863.

[4] Denis Markiewicz W. Invariant strain analysis of the critical temperature T_c of Nb_3Sn[J]. IEEE Trans. Appl. Supercond, 2005, 15(2): 3368-3371.

[5] Oh S, Kim K. A scaling law for the critical current of Nb_3Sn stands based on strong-coupling theory of superconductivity[J]. J. Appl. Phys. , 2006, 99(3): 033909.

[6] Orlando T P, McNiff E J, Foner S, et al. Critical fields, pauli paramagnetic limiting, and material parameters of Nb_3Sn and V_3Si[J]. Phys. Rev. B, 1979, 19(9): 4545-4561.

[7] Arbelaez D, Godeke A, Prestemon S O. An improved model for the strain dependence of the superconducting properties of Nb_3Sn[J]. Supercond. Sci. Tech, 2008, 22(2): 025005.

[8] Flükiger R, Uglietti D, Abächerli V, et al. Asymmetric behaviour of $J_c(\varepsilon)$ in Nb_3Sn wires and correlation with the stress induced elastic tetragonal distortion[J]. Supercond. Sci. Tech, 2005, 18(12): S416-S423.

[9] Belevtsev B I. Superconductivity and localization of electrons in disordered two-dimensional metal systems[J]. Sov. Phys. Usp., 1990, 33(1): 36-54.

[10] Sekimoto K, Matsubara T. Model for the tetragonal-to-tetragonal phase transition of the A15 pseudobinary alloy $Nb_3Sn_{1-x}Sb_x$[J]. Phys. Rev. B, 1983, 27(1): 578-580.

[11] Lee T-K, Birman J L, Williamson S J. New three-dimensional $\boldsymbol{k}\cdot\boldsymbol{p}$ model for the electronic structure of A15 compounds[J]. Phys. Rev. Lett., 1977, 39(13): 839-842.

[12] Cohen R W, Cody G D, and Halloran J J. Effect of fermi-level motion on normal-state properties of β-tungsten superconductors[J]. Phys. Rev. Lett.,1967, 19(15): 840-844.

[13] Baber W G. The contribution to the electrical resistance of metals from collisions between electrons[J]. P Roy Soc A-Math Phy, 1937, 158(894): 383-396.

[14] Sankaranarayanan V, Rangarajan G, Srinivasan R. Normal-state electrical resistivity of chevrel-phase superconductors of the type $Cu_{1.8}Mo_6S_{8-y}Se_y$, $0\leqslant y\leqslant 8$[J]. J. Phys. F: Met. Phys., 1984, 14(3): 691-702.

[15] Wiesmann H, Gurvitch M, Lutz H, et al. Simple model for characterizing the electrical resistivity in A15 superconductors[J]. Phys. Rev. Lett., 1977, 38(14): 782-785.

[16] Khazeni K, Jia Y X, Crespi V H, et al. Pressure dependence of the resistivity and magnetoresistance in single-crystal[J]. J. Phys.: Condens. Matter, 1996, 8(41): 7723-7731.

[17] Sumption M D, Scanlan R M, Nijhuis A, et al. AC loss and contact resistance in Nb_3Sn rutherford cables with and without a stainless steel core[J]. Adv. Cryog. Eng., 1998(44): 1077-1084.

[18] Qiao L, Zheng X J. A three-dimensional strain model for the superconducting properties of strained International Thermonuclear Experimental Reactor Nb_3Sn strands[J]. J. Appl. Phys, 2012(112): 113909-113917.

[19] Taylor D, Hampshire D. The scaling law for the strain dependence of the critical current density in Nb_3Sn superconducting wires[J]. Supercond. Sci. Tech, 2005, 18(12): S241-S252.

[20] Katagiri K, Kuroda T, Wada H, et al. Tensile strain/transverse compressive stress effects

in bronze processed Nb-matrix Nb_3Sn wires[J]. IEEE Trans. Appl. Supercond, 1995, 5(2): 1900-1904.

[21] De Marzi G, Corato V, Muzzi L, et al. Reversible stress-induced anomalies in the strain function of Nb_3Sn wires[J]. Supercond. Sci. Tech, 2012, 25(2): 025015.

[22] Mondonico G, Seeber B, Senatore C, et al. Improvement of electromechanical properties of an ITER internal tin Nb_3Sn wire[J]. J. Appl. Phys., 2010, 108(9): 093906.

[23] Denis Markiewicz W. Elastic stiffness model for the critical temperature T_c of Nb_3Sn including strain dependence[J]. Cryogenics, 2004, 44(11): 767-782.

[24] Testardi L R. Unusual strain dependence of T_c and related effects for high-temperature (A15-structure) superconductors: Sound velocity at the superconducting phase transition[J]. Phys. Rev. B, 1971, 3(1): 95-106.

[25] Valentinis D F, Berthod C, Bordini B, et al. A theory of the strain-dependent critical field in Nb_3Sn, based on anharmonic phonon generation[J]. Supercond. Sci. Tech, 2013, 27(2): 025008.

[26] Lim K C, Thompson J D, Webb G W. Electronic density of states and T_c in niobium-tin (Nb_3Sn) under pressure[J]. Phys. Rev. B, 1983, 27(5): 2781-2787.

[27] Mentink M G T, Dhalle M M J, Dietderich D R, et al. Towards analysis of the electron density of states of Nb_3Sn as a function of strain[J]. AIP Conf Proc, 2012, 1435(1): 225-232.

[28] Tsuei C C. Relationship between the density of states and the superconducting transition temperature in A15 compounds[J]. Phys. Rev. B, 1978, 18(11): 6385-6387.

[29] Wiesmann H, Gurvitch M, Ghosh A K, et al. Estimate of density-of-states changes with disorder in A15 superconductors[J]. Phys. Rev. B, 1978, 17(1): 122-125.

[30] Bardeen J, Cooper L N, Schrieffer J R. Theory of superconductivity[J]. Phys. Rev., 1957, 108(5): 1175-1204.

[31] Allen P B, Dynes R C. Transition temperature of strong-coupled superconductors reanalyzed[J]. Phys. Rev. B, 1975, 12(3): 905-922.

[32] Qiao L, Yang L, and Song J. Estimate of density-of-states changes with strain in A15 Nb_3Sn superconductors[J]. Cryogenics, 2015, 69: 58-64.

[33] Smith T F, Finlayson T R, Taft A. Anharmonicity and superconductivity of Nb_3Sn[J]. Commun Phys, 1976, 1(6): 167-173.

[34] Mitrović B, Zarate H G, Carbotte J P. The ratio $2\Delta_0/k_BT_c$ within eliashberg theory[J]. Phys. Rev. B, 1984, 29(1): 184-190.

[35] Rupp G. Effect of strain in multifilamentary Nb_3Sn conductors up to 23 T[J]. IEEE T MAGN, 1981, 17(1): 1099-1102.

[36] Godeke A, Jewell M C, Fischer C M, et al. The upper critical field of filamentary Nb_3Sn conductors[J]. J. Appl. Phys., 2005, 97(9): 093909.

[37] Hopkins S C. Optimisation characterisation and synthesis of low temperature superconductors by current-voltage techniques[D]. United Kingdom: University of Cambridge, 2007.

[38] Webb G W, Fisk Z, Engelhardt J J, et al. Apparent T^2 dependence of the normal-state resistivities and lattice heat capacities of high-T_c superconductors[J]. Phys. Rev. B, 1977, 15(5): 2624-2629.

[39] Woodard D W, Cody G D. Anomalous resistivity of Nb_3Sn [J]. Phys. Rev., 1964, 136(1A): A166-A168.

[40] Gurvitch M, Ghosh A K, Lutz H, et al. Low-temperature resistivity of ordered and disordered A15 compounds[J]. Phys. Rev. B, 1980, 22(1): 128-136.

[41] Eilenberger G, Ambegaokar V. Bulk (H_{c2}) and surface (H_{c3}) nucleation fields of strong-coupling superconducting alloys[J]. Phys. Rev., 1967, 158(2): 332-339.

[42] Ghosh A K, Gurvitch M, Wiesmann H, et al. Density of states in two A15 materials[J]. Phys. Rev. B, 1978, 18(11): 6116-6121.

[43] Ten Haken B. Strain effects on the critical properties of high-field superconductors[D]. Enschede: University of Twente, 1994.

[44] Luhman T, Suenaga M, Klamut C J. Influence of tensile stresses on the superconducting temperature of multifilamentary Nb_3Sn composite conductors[J]. Adv. Mech. Eng., 1978(24): 325-330.

[45] Keys S, Hampshire D. A scaling law for the critical current density of weakly and strongly-coupled superconductors, used to parameterize data from a technological Nb_3Sn strand[J]. Supercond Sci Tech, 2003, 16(9): 1097.

[46] Weber W, Mattheiss L F. Electronic structure of tetragonal Nb_3Sn[J]. Phys. Rev. B, 1982, 25(4): 2270-2284.

[47] De Marzi G, Morici L, Muzzi L, et al. Strain sensitivity and superconducting properties

of Nb_3Sn from first principles calculations[J]. J. Phys.: Condens. Matter, 2013, 25(13): 135702.
[48] Weger M, Goldberg I B, Turnbull D. Solid state physics[M]. New York and London: Academic Press, 1973.
[49] Labbé J. Relation between superconductivity and lattice instability in the b-w compounds[J]. Phys. Rev., 1968, 172(2): 451-455.
[50] 黄克智，薛明德，陆明万. 张量分析[M]. 北京：清华大学出版社，2002.
[51] Zhang R, Gao P, Wang X. Strain dependence of critical superconducting properties of Nb_3Sn with different intrinsic strains based on a semi-phenomenological approach[J]. Cryogenics, 2017, 86(4): 30-37.
[52] Zhang R, Gao P F, Wang X Z, et al. First-principles study on elastic and superconducting properties of Nb_3Sn and Nb_3Al under hydrostatic pressure[J]. AIP Adv, 2015, 5(10): 1-9.
[53] 张锐. 基于第一性原理变形对超导材料 Nb_3Sn/Nb_3Al 临界参数影响的计算[D]. 兰州：兰州大学，2016.
[54] Ren Z, Gamperle L, Fete A, et al. Evolution of T^2 resistivity and superconductivity in Nb_3Sn under pressure[J]. Phys. Rev. B, 2017, 95(18): 184503.
[55] Godeke A. Performance boundaries in Nb_3Sn superconductors[D]. Enschede: University of Twente, 2005.

第 5 章

马氏体相变对 Nb_3Sn 超导体正常态电阻率行为的影响

当环境温度、磁场强度及电流密度中的任意参数超过临界值时，Nb_3Sn 超导体都会发生相变，从超导态进入正常态，成为常导体，这一过程称为失超。失超是 Nb_3Sn 超导磁体服役过程中的重要现象，失超瞬时释放的巨大磁体能量会导致磁体局部温度过高而被烧毁或产生局部高电压击穿绝缘层，严重影响到磁体装置的安全、稳定运行。

失超现象涵盖了多个瞬态物理过程的耦合，包含从原子尺度的 A15 相晶体结构到 Nb_3Sn 超导体微结构，再到宏观非均质 Nb_3Sn 复合超导体的不同尺度上不同物理机制之间的耦合和关联，与这一过程相伴随的是急速变化的多场环境下超导体相转变、晶体结构相变，以及微结构演变带来的超导体力/热/电性能的演变。Nb_3Sn 超导体临界性能的变化主导着失超现象所表现出来的强非线性特征。

为了后续对失超现象进行深入的研究，本章首先讨论超导态—正常态转变之后，力—热耦合作用下正常态电阻率变化的趋势。在第 2 章和第 4 章分析 Nb_3Sn 超导体临界性能的过程中，阐述了超导体临界性能和正常态电阻率行为之间的关联，其中着重讨论了超导体相转变温度到马氏体相变温度（约 44 K）区间内正常态电阻率的变化。本章对上述温度区间进行拓展，讨论马氏体相变对正常态电阻率行为的影响。本章从 Nb_3Sn 超导体正常态电阻率的唯象模型建立开始，逐步深入，以微观模型为基础，讨论力—热耦合作用下正常态电阻率变化背后的控制因素。

5.1 Nb_3Sn 超导体正常态电阻率的唯象模型

理解 Nb_3Sn 超导体正常态电阻率行为对于研究其临界性能及失超演化具有非常重要的作用。本节研究了力—热耦合作用下 Nb_3Sn 超导体正常态电阻率的变化规律，并建立了描述这种现象的唯象模型。力学变形诱导的 Nb_3Sn 超导体正常态电阻率的变化对于环境温度具有明显的依赖性，当环境温度在 44 K 左右时（接近 Nb_3Sn 马氏体相变温度），这个变化达到极大值。本章所建立的唯象理论模型可以准确地描述力—热耦合作用下 Nb_3Sn 超导体正常态电阻率特征。

5.1.1 Nb_3Sn 超导体正常态电阻率应变效应简介

对于 Nb_3Sn 超导体正常态电阻率，可以从侧面了解和理解其超导电性能，同时也有助于提升对失超现象的认识水平。它的重要性体现在以下几个方面。

（1）Nb_3Sn 超导体处于超导体相转变温度时的电阻率行为将会直接影响到其超导电性能。根据 Ginzburg Landau Abrikosov Gor'kov（GLAG）理论，超导体的上临界磁场强度 H_{c2}^* 与其正常态电阻率 ρ 之间的关系可以表示为 $H_{c2}^*(0)\propto \rho\gamma T_c$，其中 γ 为超导体的比热容。在描述超导体上临界磁场强度对温度依赖性（$H_{c2}^*(T)$）的 Werthamer、Helfand 和 Hohenberg（WHH）理论中，上临界磁场强度对温度的偏导数在超导临界温度 T_c 处的取值是一个重要的物理参量，它与正常态电阻率的关系为 $(\partial\mu_0 H_{c2}^*(T)/\partial T)_{T=T_c}=-4/\pi k_B c\rho N(E_F)$[1, 2]，其中，$\mu_0$ 表示真空磁导率，k_B 为玻尔兹曼常数，c 为光速，$N(E_F)$ 表示费米面上的电子态密度。根据上述理论，基于超导体在正常态时的电阻率行为，可以对其上临界磁场强度进行预测，表明了正常态电阻率行为研究在理解 Nb_3Sn 超导体临界性能方面所起的作用。

（2）Nb_3Sn 超导体一些独特的超导电性质可以通过其反常的正常态电阻率对温度的依赖关系来揭示。Lim 等[3]通过实验揭示了在静水压强作用下（0～1.6 GPa）Nb_3Sn 超导体的超导临界温度下降的趋势，在实验中，通过测量静水压强作用下超导体的超导临界温度 T_c、上临界磁场强度对温度的导数在 T_c 处的取值、正常态电阻率对温度的依赖关系来确定 Nb_3Sn 超导体比热容的静水压强效应，结果表明静水压强的作用会导致比热容和费米面上电子态密度的显著减小，通过对这些参数的测定来对静水压强作用下 Nb_3Sn 超导体的超导临界温度进行解释。为了解释 De Marzi 等[4]实验观测到的 Nb_3Sn 超导体在轴向拉伸变形作用下临界电流密度变化的反常行为，Qiao 和 Zheng[5]从力学变形对正常态电阻率，以及费米面上电子态密度的影响规律入手，对 Nb_3Sn 高场超导体变形—超导电性能耦合行为机理进行了解释，并基于超导体相转变附近正常态电阻率与温度平方之间的线性关系式，给出了其力—电磁耦合本构模型建立的新方法。

（3）Nb_3Sn 超导体超导电性能的测量是通过检测其电阻率来完成的，决定其超导电性能的控制因素，同样会对其正常态电阻率行为产生影响。为了探讨 A15 相 Nb_3Sn 超导体变形—超导电性能耦合行为的起源，Mentink 等[6]进行了力—热—磁多物理场耦合作用下超导体正常态电阻率变化规律的测量工作，以期从超导体正常态电阻率行为来阐释其超导电性能的多物理场耦合效应。

（4）失超发生后，超导体由超导态转变为正常态，正常态电阻率行为的研究是分析失超诱发的一系列现象的根本。在采用有限元软件 Ansys、Comsol 和 Gandalf，以及 FNAL 发展的 QuenchPro[7]，CERN（欧洲核子研究组织）发展的 Roxie Quench Module[8]、Cudi[9]、

StabCalc[10]、Opera-3D[11]等来分析失超现象时，基于不同的数值方法求解失超瞬态热传导过程—瞬态电磁场响应—瞬态冲击过程耦合的描述方程中，通过关键物理参数的传递实现多过程之间的耦合描述，其中在极端多场环境下的电阻率参数是一个重要的参数。

实验发现[12,13]，对于 A15 相结构的超导体，当环境温度低于 44 K 时，电阻率与温度的平方成正比。随着环境温度的逐渐升高，电阻率非线性增大，并趋于“饱和”，在“饱和”区对应的温度区间内，电阻率的变化很微小。当超导体承受施加载荷的作用时，应力应变的作用会导致电—电子散射、电—声子散射，以及费米面上电子态密度的变化，这些变化都会导致超导体正常态电阻率对温度依赖关系的转变。Lim 等[3]的实验揭示了残余电阻率对于静水压强的依赖性：随着静水压强的增大，残余电阻率下降，残余电阻率—静水压强曲线表现出强非线性变化特征。Mentink 等[6]最新的实验结果表明，轴向的压缩变形会导致 Nb_3Sn 正常态电阻率的显著下降，不同应变状态下残余电阻率的变化量依赖环境温度，当环境温度接近超导体的马氏体相变温度，即 40 K 左右时，这一变化量达到极大值。为了深入理解 Nb_3Sn 超导体临界性能及失超现象的演化过程，对于力—热耦合作用下正常态电阻率行为的研究是非常必要的，它是研究 Nb_3Sn 超导体复杂行为的基础和桥梁。

5.1.2　唯象模型的建立

力—热耦合作用下 Nb_3Sn 超导体正常态电阻率行为表现出明显的非线性特性。为了描述外载作用下 Nb_3Sn 超导体电阻率与温度之间的非线性函数关系，将电阻率函数 $\rho(\boldsymbol{\varepsilon},T)$（其中，$\boldsymbol{\varepsilon}$ 表示应变张量，T 为环境温度）在零应变状态（$\boldsymbol{\varepsilon}=\boldsymbol{0}$）和超导临界温度（$T=T_\mathrm{c}$）附近进行泰勒展开，即可得到

$$
\begin{aligned}
\rho(\boldsymbol{\varepsilon},T)=\rho(\boldsymbol{0},T_\mathrm{c})&+\left[\frac{\partial}{\partial\varepsilon_{xx}}\varepsilon_{xx}+\frac{\partial}{\partial\varepsilon_{yy}}\varepsilon_{yy}+\frac{\partial}{\partial\varepsilon_{zz}}\varepsilon_{zz}+\frac{\partial}{\partial T}(T-T_\mathrm{c})\right]\rho(\boldsymbol{0},T_\mathrm{c})+\\
&\frac{1}{2!}\left[\frac{\partial}{\partial\varepsilon_{xx}}\varepsilon_{xx}+\frac{\partial}{\partial\varepsilon_{yy}}\varepsilon_{yy}+\frac{\partial}{\partial\varepsilon_{zz}}\varepsilon_{zz}+\frac{\partial}{\partial T}(T-T_\mathrm{c})\right]^2\rho(\boldsymbol{0},T_\mathrm{c})+\\
&\frac{1}{3!}\left[\frac{\partial}{\partial\varepsilon_{xx}}\varepsilon_{xx}+\frac{\partial}{\partial\varepsilon_{yy}}\varepsilon_{yy}+\frac{\partial}{\partial\varepsilon_{zz}}\varepsilon_{zz}+\frac{\partial}{\partial T}(T-T_\mathrm{c})\right]^3\rho(\boldsymbol{0},T_\mathrm{c})+\cdots
\end{aligned}
\tag{5.1.1}
$$

在泰勒展开式中，为了处理问题简便，我们忽略了应变张量中的剪切应变分量。

1. $\rho(\boldsymbol{0},T)$ 的表达形式：零应变状态下正常态电阻率的温度效应

当 Nb_3Sn 超导体不受外载的作用时，$\boldsymbol{\varepsilon}=\boldsymbol{0}$，电阻率方程的形式为

$$\rho(\boldsymbol{0},T)=\rho(\boldsymbol{0},T_c)+\left.\frac{\partial\rho}{\partial T}\right|_{T=T_c}(T-T_c)+\frac{1}{2}\left.\frac{\partial^2\rho}{\partial T^2}\right|_{T=T_c}(T-T_c)^2+\cdots \tag{5.1.2}$$

式（5.1.2）表示电阻率对环境温度的依赖关系。A15 相结构的超导体，如 Nb_3Sn，其正常态电阻率在整个测量温度区内表现出超常规特性。在较低的温度区内，从超导临界温度 T_c 变化到马氏体相变温度（44 K 左右）时，Nb_3Sn 超导体的电阻率随温度的变化服从简单的 T^2 定律。当测量温度区从 18 K 到 800 K 时，在整个温度区内 Nb_3Sn 超导体的电阻率行为可以刻画为

$$\rho(T)=\rho_{00}+\rho_{10}T+\rho_{20}\exp(-T_0/T) \tag{5.1.3}$$

式中，参数 ρ_{00}、ρ_{10}、ρ_{20} 是不依赖温度的独立常数，温度常数 $T_0=85\,\text{K}$。当环境温度较高时，Nb_3Sn 超导体的正常态电阻率值趋于饱和，此时超导体中的电子平均自由程和原子间距的量级相当。为了描述 Nb_3Sn 超导体正常态电阻率随温度变化的超常规行为，研究者对于电—声子散射做了不同的处理。在本节的分析中，我们采用式（5.1.3）来描述温度对于 Nb_3Sn 超导体正常态电阻率的影响规律，由此可以将式（5.1.1）改写为

$$\begin{aligned}\rho(\boldsymbol{\varepsilon},T)=&\rho(\boldsymbol{0},T_c)+\rho_{10}(T-T_c)+\rho_{20}(\exp(-T_0/T)-\exp(-T_0/T_c))+\left.\frac{\partial\rho}{\partial\varepsilon_{xx}}\right|_{(\boldsymbol{0},T_c)}\varepsilon_{xx}+\\&\left.\frac{\partial\rho}{\partial\varepsilon_{yy}}\right|_{(\boldsymbol{0},T_c)}\varepsilon_{yy}+\left.\frac{\partial\rho}{\partial\varepsilon_{zz}}\right|_{(\boldsymbol{0},T_c)}\varepsilon_{zz}+\frac{1}{2}\left[\left.\frac{\partial^2\rho}{\partial\varepsilon_{xx}^2}\right|_{(\boldsymbol{0},T_c)}\varepsilon_{xx}^2+\left.\frac{\partial^2\rho}{\partial\varepsilon_{yy}^2}\right|_{(\boldsymbol{0},T_c)}\varepsilon_{yy}^2+\left.\frac{\partial^2\rho}{\partial\varepsilon_{zz}^2}\right|_{(\boldsymbol{0},T_c)}\varepsilon_{zz}^2+\right.\\&\left.2\left.\frac{\partial^2\rho}{\partial\varepsilon_{xx}\partial\varepsilon_{yy}}\right|_{(\boldsymbol{0},T_c)}\varepsilon_{xx}\varepsilon_{yy}+2\left.\frac{\partial^2\rho}{\partial\varepsilon_{yy}\partial\varepsilon_{zz}}\right|_{(\boldsymbol{0},T_c)}\varepsilon_{yy}\varepsilon_{zz}+2\left.\frac{\partial^2\rho}{\partial\varepsilon_{zz}\partial\varepsilon_{xx}}\right|_{(\boldsymbol{0},T_c)}\varepsilon_{zz}\varepsilon_{xx}\right]+\\&\left.\frac{\partial^2\rho}{\partial\varepsilon_{xx}\partial T}\right|_{(\boldsymbol{0},T_c)}\varepsilon_{xx}(T-T_c)+\left.\frac{\partial^2\rho}{\partial\varepsilon_{yy}\partial T}\right|_{(\boldsymbol{0},T_c)}\varepsilon_{yy}(T-T_c)+\left.\frac{\partial^2\rho}{\partial\varepsilon_{zz}\partial T}\right|_{(\boldsymbol{0},T_c)}\varepsilon_{zz}(T-T_c)+\cdots\end{aligned} \tag{5.1.4}$$

2. $\rho(\boldsymbol{\varepsilon},0)$ 的表达形式：Nb_3Sn 块体残余电阻率的力学变形效应

在 Ginzburg-Landau 理论框架内，借助实验测量得到的外加载荷作用下超导临界温度 T_c、上临界磁场强度对温度的偏导数在 T_c 处的取值、残余电阻率等物理参量的变化，可以得到电子比热容关于应变状态的函数，这是确定 Nb_3Sn 超导体费米面上电子态密度与应变张量之间关系的基础。当温度趋于零时，上述电阻率函数的表达形式为

$$\rho(\boldsymbol{\varepsilon},0)=\rho_{00}+\left(\left.\frac{\partial\rho}{\partial\varepsilon_{xx}}\right|_{(\boldsymbol{0},T_c)}-\left.\frac{\partial^2\rho}{\partial\varepsilon_{xx}\partial T}\right|_{(\boldsymbol{0},T_c)}T_c\right)\varepsilon_{xx}+\left(\left.\frac{\partial\rho}{\partial\varepsilon_{yy}}\right|_{(\boldsymbol{0},T_c)}-\left.\frac{\partial^2\rho}{\partial\varepsilon_{yy}\partial T}\right|_{(\boldsymbol{0},T_c)}T_c\right)\varepsilon_{yy}+$$
$$\left(\left.\frac{\partial\rho}{\partial\varepsilon_{zz}}\right|_{(\boldsymbol{0},T_c)}-\left.\frac{\partial^2\rho}{\partial\varepsilon_{zz}\partial T}\right|_{(\boldsymbol{0},T_c)}T_c\right)\varepsilon_{zz}+\frac{1}{2}\left(\left.\frac{\partial^2\rho}{\partial\varepsilon_{xx}^2}\right|_{(\boldsymbol{0},T_c)}\varepsilon_{xx}^2+\left.\frac{\partial^2\rho}{\partial\varepsilon_{yy}^2}\right|_{(\boldsymbol{0},T_c)}\varepsilon_{yy}^2+\left.\frac{\partial^2\rho}{\partial\varepsilon_{zz}^2}\right|_{(\boldsymbol{0},T_c)}\varepsilon_{zz}^2+\right.\quad(5.1.5)$$
$$\left.2\left.\frac{\partial^2\rho}{\partial\varepsilon_{xx}\partial\varepsilon_{yy}}\right|_{(\boldsymbol{0},T_c)}\varepsilon_{xx}\varepsilon_{yy}+2\left.\frac{\partial^2\rho}{\partial\varepsilon_{yy}\partial\varepsilon_{zz}}\right|_{(\boldsymbol{0},T_c)}\varepsilon_{yy}\varepsilon_{zz}+2\left.\frac{\partial^2\rho}{\partial\varepsilon_{zz}\partial\varepsilon_{xx}}\right|_{(\boldsymbol{0},T_c)}\varepsilon_{zz}\varepsilon_{xx}\right)+\cdots$$

式（5.1.5）表征了 Nb_3Sn 超导体残余电阻率对应变的依赖性。Lim 等[3]采用四端子法测量了静水压强作用下 Nb_3Sn 超导体的电阻率行为，结果表明残余电阻率随着静水压强的增大而减小，静水压强诱导的电子性能变化与 d 带的电子占据率增加相关，即随着静水压强的增大，更多的电子跃迁到 d 带。

为了描述残余电阻率的力学变形效应，本节将压力作用下富勒烯超导体[14]正常态电输运经验模型进行了推广，即采用

$$\rho(\boldsymbol{\varepsilon},0)=\rho_{00}+\rho_{01}\exp(-(a_{01}\varepsilon_{xx}+a_{02}\varepsilon_{yy}+a_{03}\varepsilon_{zz}))\quad(5.1.6)$$

来刻画 Nb_3Sn 超导体残余电阻率的多轴应变效应。在式（5.1.6）中，ρ_{00} 和 ρ_{01} 是不依赖应变的常数(无外加载荷作用时的残余电阻率即可表示为 $\rho_{00}+\rho_{01}$)；无量纲参数 a_{01}、a_{02}、a_{03} 表征了各应变分量对残余电阻率影响的相对强度之间存在的差别。结合式（5.1.5）和式（5.1.6）可以将力—热耦合作用下 Nb_3Sn 超导体的正常态电阻率表示为

$$\rho(\boldsymbol{\varepsilon},T)=\rho_{00}+\rho_{01}\exp(-(a_{01}\varepsilon_{xx}+a_{02}\varepsilon_{yy}+a_{03}\varepsilon_{zz}))+\rho_{10}T+\rho_{20}\exp(-T_0/T)+$$
$$\left(\left.\frac{\partial^2\rho}{\partial\varepsilon_{xx}\partial T}\right|_{(\boldsymbol{0},T_c)}\varepsilon_{xx}+\left.\frac{\partial^2\rho}{\partial\varepsilon_{yy}\partial T}\right|_{(\boldsymbol{0},T_c)}\varepsilon_{yy}+\left.\frac{\partial^2\rho}{\partial\varepsilon_{zz}\partial T}\right|_{(\boldsymbol{0},T_c)}\varepsilon_{zz}\right)T+\cdots\quad(5.1.7)$$

3. $\rho(\boldsymbol{\varepsilon},T)$ 的表达式：力—热耦合作用下 Nb_3Sn 超导体的正常态电阻率

在式（5.1.7）中，隐含了与应变、温度相关的高阶项，采用分离变量的方法来表示耦合高阶项，即 $\rho_{20}\exp(-T_0/T)+\cdots=\rho_2(\boldsymbol{\varepsilon})\exp(-T_0/T)$，电阻率方程式（5.1.7）可以进一步简化为

$$\rho(\boldsymbol{\varepsilon},T)=\rho_{00}+\rho_{01}\exp(-(a_{01}\varepsilon_{xx}+a_{02}\varepsilon_{yy}+a_{03}\varepsilon_{zz}))+\rho_1(\boldsymbol{\varepsilon})T+\rho_2(\boldsymbol{\varepsilon})\exp(-T_0/T)\quad(5.1.8)$$

式中

$$\rho_1(\boldsymbol{\varepsilon})=\rho_{10}+\left.\frac{\partial^2\rho}{\partial\varepsilon_{xx}\partial T}\right|_{(\boldsymbol{0},T_c)}\varepsilon_{xx}+\left.\frac{\partial^2\rho}{\partial\varepsilon_{yy}\partial T}\right|_{(\boldsymbol{0},T_c)}\varepsilon_{yy}+\left.\frac{\partial^2\rho}{\partial\varepsilon_{zz}\partial T}\right|_{(\boldsymbol{0},T_c)}\varepsilon_{zz}+$$
$$\frac{1}{2}\left.\frac{\partial^3\rho}{\partial\varepsilon_{xx}^2\partial T}\right|_{(\boldsymbol{0},T_c)}\varepsilon_{xx}^2+\frac{1}{2}\left.\frac{\partial^3\rho}{\partial\varepsilon_{yy}^2\partial T}\right|_{(\boldsymbol{0},T_c)}\varepsilon_{yy}^2+\frac{1}{2}\left.\frac{\partial^3\rho}{\partial\varepsilon_{zz}^2\partial T}\right|_{(\boldsymbol{0},T_c)}\varepsilon_{zz}^2+ \tag{5.1.9}$$
$$\left.\frac{\partial^3\rho}{\partial\varepsilon_{xx}\partial\varepsilon_{yy}\partial T}\right|_{(\boldsymbol{0},T_c)}\varepsilon_{xx}\varepsilon_{yy}+\left.\frac{\partial^3\rho}{\partial\varepsilon_{yy}\partial\varepsilon_{zz}\partial T}\right|_{(\boldsymbol{0},T_c)}\varepsilon_{yy}\varepsilon_{zz}+\left.\frac{\partial^3\rho}{\partial\varepsilon_{zz}\partial\varepsilon_{xx}\partial T}\right|_{(\boldsymbol{0},T_c)}\varepsilon_{zz}\varepsilon_{xx}+\cdots$$

实验结果表明[3]，在静水压强的作用下，环境温度为 19.4 K 时的电阻率变化趋势与残余电阻率的变化趋势完全相同。Mentink 等[6]测量了 Nb_3Sn 材料在轴向压缩变形下的电阻率变化，结果表明当测量环境温度为 19 K 时，随着压缩应变的增大，电阻率非线性减小；当测量环境温度变化时，应变导致的电阻率变化对于环境温度具有依赖性，在环境温度为 44 K 左右时，应变诱导电阻率变化曲线取得极大值。

借助上述唯象模型，本节对 Mentink 等的实验结果进行了数值分析。对于承受轴向变形的 Nb_3Sn 样品而言，在横观各项同性假定下，借助线弹性的理论分析，可以给出 Nb_3Sn 超导体内部的应变状态为

$$\varepsilon_{zz}=\varepsilon_{\text{app}}\text{；}\quad\varepsilon_{xx}=-\upsilon\varepsilon_{\text{app}}\text{；}\quad\varepsilon_{yy}=-\upsilon\varepsilon_{\text{app}} \tag{5.1.10}$$

式中，ε_{app} 表示沿 z 方向（轴向）施加的应变，υ 为 Nb_3Sn 材料的泊松比。将上述应变状态的表达式代入电阻率唯象模型中，即可得到轴向拉伸变形和温度耦合作用下 Nb_3Sn 超导体正常态电阻率的表达式：

$$\rho(\varepsilon_{\text{app}},T)=\rho_{00}+\rho_{01}\exp(-k_0\varepsilon_{\text{app}})+(\rho_{10}+k_1\varepsilon_{\text{app}}+k_2\varepsilon_{\text{app}}^2)T+\rho_2(\varepsilon_{\text{app}})\exp(-T_0/T) \tag{5.1.11}$$

式中

$$k_0=a_{01}-\upsilon a_{02}-\upsilon a_{03}$$

$$k_1=\left.\frac{\partial^2\rho}{\partial\varepsilon_{zz}\partial T}\right|_{(\boldsymbol{0},T_c)}-\upsilon\left.\frac{\partial^2\rho}{\partial\varepsilon_{xx}\partial T}\right|_{(\boldsymbol{0},T_c)}-\upsilon\left.\frac{\partial^2\rho}{\partial\varepsilon_{yy}\partial T}\right|_{(\boldsymbol{0},T_c)}$$

$$k_2=\frac{1}{2}\left.\frac{\partial^3\rho}{\partial\varepsilon_{zz}^2\partial T}\right|_{(\boldsymbol{0},T_c)}-\upsilon\left(\left.\frac{\partial^3\rho}{\partial\varepsilon_{yy}\partial\varepsilon_{zz}\partial T}\right|_{(\boldsymbol{0},T_c)}+\left.\frac{\partial^3\rho}{\partial\varepsilon_{zz}\partial\varepsilon_{xx}\partial T}\right|_{(\boldsymbol{0},T_c)}\right)+\upsilon^2\left(\frac{1}{2}\left.\frac{\partial^3\rho}{\partial\varepsilon_{xx}^2\partial T}\right|_{(\boldsymbol{0},T_c)}+\frac{1}{2}\left.\frac{\partial^3\rho}{\partial\varepsilon_{yy}^2\partial T}\right|_{(\boldsymbol{0},T_c)}+\left.\frac{\partial^3\rho}{\partial\varepsilon_{xx}\partial\varepsilon_{yy}\partial T}\right|_{(\boldsymbol{0},T_c)}\right)$$

式（5.1.8）中的 $\rho_1(\varepsilon)$ 项只保留到施加应变的二阶项，而忽略了高阶项的影响。

当无外加载荷的作用时，$\varepsilon_{\text{app}}=0$，式（5.1.10）表示的 Nb_3Sn 超导体正常态电阻率方程退化为 $\rho(0,T)=\rho_{00}+\rho_{01}+\rho_{10}T+\rho_2(0)\exp(-T_0/T)$，即为 Woodard 和 Cody[13]给出的刻画 Nb_3Sn 超导体正常态电阻率—温度异常行为的理论模型。通过对多组 Nb_3Sn 样品的实验观测，Woodard 和 Cody 发现模型参数 ρ_{10} 和 $\rho_2(0)$ 满足如下关系：$\rho_{10}=4.66\times10^{-8}\ \Omega\cdot\text{cm}\cdot\text{K}^{-1}$，$\rho_2(0)=5\rho_{10}\times300\ \text{K}=7.47\times10^{-5}\ \Omega\cdot\text{cm}$。当 Nb_3Sn 超导体承受轴向载荷的作用时，其晶体结构发生变化，相应地，声子色散关系及电子能带结构会发生改变，这些变化使得 Nb_3Sn 超导体低温电阻率反常行为，以及超导体变形—超导电性能耦合行为的建模和定量化分析变得非常困难。采用唯象模型的解释描述，可以给出便于工程应用的超导体电磁本构关系。

借助上面的分析，可以得到力学变形诱导的 Nb_3Sn 超导体正常态电阻率的变化量对温度的依赖关系为

$$\rho(0,T)-\rho(\varepsilon_{\text{app}},T)=\rho_{01}(1-\exp(-k_0\varepsilon_{\text{app}}))+(k_1\varepsilon_{\text{app}}+k_2\varepsilon_{\text{app}}^2)T+[\rho_2(\varepsilon_{\text{app}})-\rho_2(0)]\exp(-T_0/T) \tag{5.1.12}$$

式中，$\rho_2(\varepsilon_{\text{app}})-\rho_2(0)$ 项的形式待定。为了确定其形式，我们对 Mentink 等[6]的实验结果进行拟合分析，结果表明

$$\frac{\rho_2(\varepsilon_{\text{app}})-\rho_2(0)}{\rho_{01}(1-\exp(-k_0\varepsilon_{\text{app}}))}=8 \tag{5.1.13}$$

通过式（5.1.13）可以发现：在应变作用下温度系数 ρ_2 的变化量与残余电阻率的变化量具有正比关系。这个关系式也可以通过 Lim 等的实验结果被侧面证实：对于承受静水压强作用的 Nb_3Sn 材料，其正常态电阻率—温度曲线在环境温度分别为 19.4 K 和 0 K 时，表现出相同的变化趋势。在式（5.1.13）的基础上，即可确定力—热耦合作用下 Nb_3Sn 超导体正常态电阻率的表达形式为

$$\rho(0,T)-\rho(\varepsilon_{\text{app}},T)=\rho_{01}\left[1-\exp(-k_0\varepsilon_{\text{app}})\right]\left[1+8\exp\left(-T_0/T\right)\right]+(k_1\varepsilon_{\text{app}}+k_2\varepsilon_{\text{app}}^2)T \tag{5.1.14}$$

将上述一维形式的方程式（5.1.13）推广到三维形式，即可得到多轴应变状态下温度系数 ρ_2 的变化遵循

$$\frac{\rho_2(\boldsymbol{\varepsilon})-\rho_2(\boldsymbol{0})}{\rho_{01}\exp(-(a_{01}\varepsilon_{xx}+a_{02}\varepsilon_{yy}+a_{03}\varepsilon_{zz}))}=8 \tag{5.1.15}$$

式中，参数 $\rho_2(\boldsymbol{0})$ 表示应变 $\varepsilon = \boldsymbol{0}$ 时的温度系数（Woodard and Cody 模型中的参数 ρ_{20}）。至此，确定了 Nb_3Sn 超导体正常态电阻率模型 $\rho(\varepsilon,T)$ 的具体函数形式。

5.1.3 力—热耦合作用下 Nb_3Sn 超导体正常态电阻率变化的定量分析

在施加载荷的作用下，Nb_3Sn 超导体的声子谱及电子态密度会发生变化，为了探究 A15 相 Nb_3Sn 超导体力学变形—超导电性能耦合行为与上述变化的关联，Mentink 等进行了 Nb_3Sn 材料在承受压缩载荷时的正常态电阻率实验[6]。在图 5.1 和图 5.2 中，我们对本章模型预测结果与实验结果进行了比较：图 5.1 中给出了测量环境温度 $T = 19\,\text{K}$ 时，Nb_3Sn 超导体的正常态电阻率随施加压缩应变的变化规律；图 5.2 中给出了不同的压缩应变下，Nb_3Sn 超导体的正常态电阻率随温度的变化规律。在表 5.1 中，我们给出了唯象模型拟合得到的最优参数。当唯象理论模型拟合得到环境温度为 19 K 时，Nb_3Sn 超导体在零应变状态下的电阻率为 $1.56\times10^{-5}\,\Omega\cdot\text{cm}$，这与已有文献中的结果[15,16]非常吻合。在温度为 19～50 K 时，对处于变形状态的 Nb_3Sn 超导体，唯象理论模型拟合得到的温度常数 T_0 为 56 K，这个值低于 Woodard 和 Cody 模型得到的 85 K。需要强调的是，温度常数 85 K 的拟合值是在温度为 18～850 K 时得到的，并且针对的是零应变状态的 Nb_3Sn 超导体。从图 5.1 和图 5.2 中实验结果和本书模型预测结果的比较可以发现，本书给出的唯象理论模型可以很好地描述 Mentink 等实验观测到的力—热耦合作用下 Nb_3Sn 超导体的正常态电阻率行为。

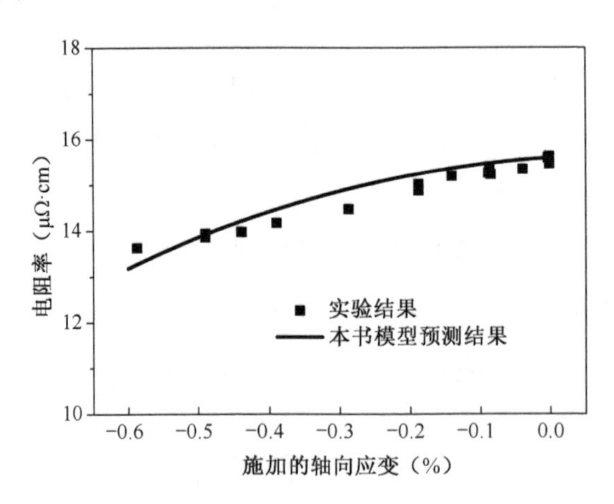

图 5.1 环境温度为 19 K 时，Nb_3Sn 超导体的正常态电阻率随施加轴向压缩应变的变化关系（点线表示实验结果[6]，实线表示模型预测结果）

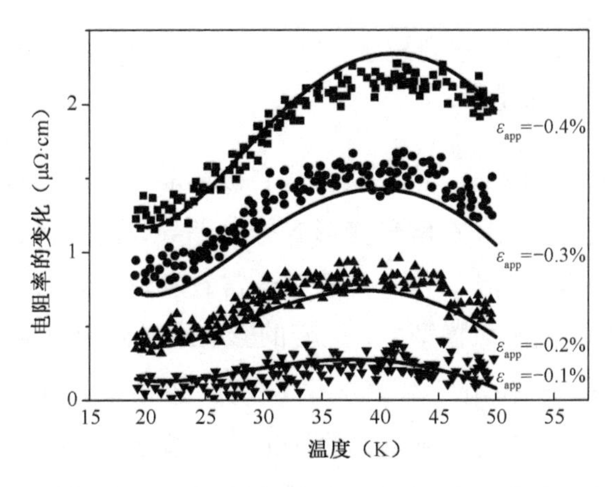

图 5.2　轴向压力作用下 Nb_3Sn 超导体正常态电阻率的变化量对于环境温度的依赖性

（点线表示实验结果[6]，实线表示模型预测结果）

表 5.1　模型参数

ρ_{01}（Ω·cm）	k_0	T_0（K）	k_1（$\Omega\cdot cm\cdot K^{-1}$）	k_2（$\Omega\cdot cm\cdot K^{-1}$）	$\rho(0,19)$（Ω·cm）
5.84×10^{-5}	−42	56	1.78×10^{-4}	6.2×10^{-3}	1.56×10^{-5}

在描述 Nb_3Sn 超导体正常态电阻率—温度特性的 Woodard 和 Cody 模型中，与温度相关的指数项被归因于声子辅助带间散射，温度常数 T_0 取决于电子从 s 带跃迁到 d 带的散射过程中所需要的声子能量。当环境温度低于 44 K 时，Nb_3Sn 超导体的正常态电阻率和温度的平方成正比，这一现象可以通过考虑 s 带电子和 d 带电子的散射行为来进行解释。电—电子散射对于电阻率的贡献可以通过关系式 $\rho_{e-e}\propto(N_d(E_F))^2(k_BT)^2$ [17]来进行表征，其中，$N_d(E_F)$ 表示 d 带电子费米面上的电子态密度，k_B 为玻尔兹曼常数。在 Mott[18]开发的描述电阻率—温度特性的理论模型中，包含了高电子态密度 $N(E_F)$ 项，电阻率方程中的 T^2 项部分起源于电子态密度随能量的急剧变化，这种变化会对包含费米函数项的积分结果产生较大的影响。如果考虑电子带间散射的概率，在电阻率—温度行为的描述中，会增加 T^3 项。此外，如果考虑到高密度能带和传导带中电子可能具有不同的波矢，分析结果进一步表明，在较高的环境温度下，Nb_3Sn 超导体的正常态电阻率随温度的变化成线性关系，随着环境温度的下降，电阻率的衰减成指数下降趋势，表明体系不存在高温声子。当电子的平均自由程和晶格结构中的原子间距 a 接近时，A15 相 Nb_3Sn 超导体的电阻率趋于饱和，电阻率方程可以表示为 $\rho=12\pi^3\hbar[N(E_F)_{free}/N(E_F)]^2/S_Fe^2a$ [19]，式中，$\hbar$ 为普朗克常数，e 为电子电荷，S_F 为费米面面积。环境温度的改变会导致电子态密度 $N(E)$ 的变化，但不会对电阻率的饱和值产生影响。为了定性解释 Nb_3Sn 超导体正常态电阻率的反常温度行为，从微观机制出发做出的假定还包括局域态假说，它认为局域

态能级存在，并且被晶体场分裂，其对于正常态电阻率的贡献可以采用表达式 $\rho \approx [\cosh(T_0/2T)]^{-2}$ 来进行描述[20]。

当 Nb_3Sn 超导体发生形变时，应变偏张量会破坏晶体点群的对称性，导致电子能带结构和声子色散曲线发生改变。在解释变形 Nb_3Sn 超导体的正常态电阻率行为时，需要从微观尺度上分析平均声子频率、电—声子耦合常数及费米面上电子态密度等多个物理参量的变化。在本章给出的唯象模型中，应变的影响通过残余电阻率项（$\rho_0(\boldsymbol{\varepsilon})$）及温度参数项（$\rho_1(\boldsymbol{\varepsilon})$ 和 $\rho_2(\boldsymbol{\varepsilon})$）起作用。本文分析 Nb_3Sn 超导体电阻率行为的唯象方法是对 Woodard-Cody 模型的一种拓展，所建立的理论模型通过简单的形式描述了声子无序性和结构无序性对于变形超导体正常态输运性质的影响，模型背后的物理意义和参数意义还需要进一步探讨。

从本质上来看，本章建立的理论模型是唯象的，但是可以精确地描述 Mentink 等和 Lim 等实验观测到的 Nb_3Sn 超导体在形变时的正常态输运特性。为了得到正常态电阻率关于应变张量和温度的解析表达形式，我们将电阻率函数 $\rho(\boldsymbol{\varepsilon},T)$ 在零应变状态和超导体相转变温度（$\boldsymbol{0}, T_c$）进行泰勒展开。在此基础上，通过联合考虑应变对于残余电阻率的作用规律（$\rho(\boldsymbol{\varepsilon},0)$）和零应变状态下温度对正常态电阻率的影响规律（$\rho(\boldsymbol{0},T)$），试图从侧面揭示出力—热耦合作用下 Nb_3Sn 超导体正常态电阻率变化的基本特征。外载荷和温度同时作用下的电阻率行为 $\rho(\boldsymbol{\varepsilon},T)$ 通过泰勒展开式中的高阶耦合项来进行描述，借助分离变量法，我们对其进行了解耦处理。在建模的过程中，采用和拓展了一些经典的经验公式（如适用于 Nb_3Sn 超导体的 Woodard-Cody 关系式，适用于 Fullerene 超导体的指数经验关系式）来描述和探究力—热耦合作用下电阻率行为特性，理论模型可以很好地再现实验观测到的电阻率变化规律。由于缺乏明确的物理背景，对于超导体正常态电阻率反常行为现象背后的物理机制的分析与探讨还存在不足，变形诱导的结构无序转变[14]被认为与电阻率特性高度关联，为了更加深入地研究热环境下外载荷作用时 Nb_3Sn 超导体的正常态电阻率行为，理论研究还需要进一步深化。另外，从实验的角度上看，应变的张量属性增加了系统实验的难度，单轴加载状态下的实验结果不具有系统性和完整性，导致了对于复杂应变状态下电阻率变化定量认识的不足。

5.1.4 小结

力—热耦合作用下 Nb_3Sn 超导体正常态电阻率行为的研究对于超导体临界性能的深

入研究和失超演化的解释具有非常重要的意义，本节建立了可以准确描述应变状态和环境温度对 Nb_3Sn 超导体正常态电阻率影响规律的唯象模型。模型为后续从微观角度研究 Nb_3Sn 超导体正常态电阻率行为的演变奠定了基础，并有助于深入理解超导体的临界性能和失超演化。

5.2　马氏体相变对电阻率行为的影响

在外加载荷作用下，Nb_3Sn 超导体相转变温度至马氏体相变温度区间内（约 44 K）的正常态电阻率与温度的平方成正比，这一变化是由费米面上电子态密度的变化所主导的。随着温度的继续升高，正常态电阻率随温度的变化偏离上述规律。为了深入阐述这一现象的起源，本节建立了一个基于微观理论基础的半解析分析的理论框架，用于预测单轴应变状态下马氏体相变温度附近 Nb_3Sn 超导体的低温导电特性。理论预测结果与实验观测结果吻合良好，表明了应变诱导的声子谱变化与电子态密度之间的竞争关系是解释力—热耦合作用下 Nb_3Sn 超导体正常态电阻率随温度变化曲线偏离 T^2 规律的重要考虑因素。该模型有助于深入理解 Nb_3Sn 超导体的临界性能，以及认识在极端多物理场环境下失超演化的规律。

实验结果表明，当环境温度低于 44 K 时，A15 相 Nb_3Sn 超导体正常态电阻率与温度的平方成正比[12]。随着环境温度增加到 200 K，Nb_3Sn 超导体的电阻率迅速增大；在 200 K 之后的高温区内，电阻率随温度的演变规律按照弱线性趋势变化并达到饱和值[13]。当 Nb_3Sn 超导体承受外加载荷的作用时，正常态电阻率随温度的变化曲线表现出更加显著的非线性特征。Lim 等的实验结果表明[3]，Nb_3Sn 超导体相转变附近的正常态电阻率的大小与加载的静水压强相关；Mentink 等最近的一项实验研究表明[6]，对于 Nb_3Sn 超导体而言，单轴压缩应变会诱导正常态电阻率下降，在不同应变水平下，正常态电阻率下降的幅值依赖环境温度，当环境温度在 44 K 左右时（接近 Nb_3Sn 超导体的马氏体相变温度），电阻率变化的幅值最大。

Nb_3Sn 超导体正常态电阻率随温度的演变行为，表现出一些异常。在高温区时，其电阻率区域达到饱和值，这种反常的温度依赖关系可以通过高温时电子的平均自由程和 Nb_3Sn 晶格点阵中原子间距的量级一致来进行解释[21]。在低温区时，当温度区间在超导体相转变温度以上，但在马氏体相变温度（约 44 K）以下时，正常态电阻率随温度的变

化 $\rho_n(T)$ 可以采用关系式 $\rho_n(T)=\rho_{00}+AT^2$ 来描述，其中系数 A 和费米面上电子态密度的平方成正比。在极低温区内，超导体正常态电阻率的 T^2 依赖关系是超导体的内禀属性；已有的电—电子散射机理[22]、非 Debye 型声子结构的电—声子带间散射机理[23]被证明不足以解释这种温度演变关系[24]。尽管按照费米子准粒子散射的标准理论可以得到这种关系，但是目前关于这种关系的物理起源仍然没有达成一致的认识。需要补充说明的是，正常态的 Nb_3Sn 超导体可以采用朗道的费米液体模型来描述，准粒子的能量和基于局域密度泛函理论得到的本征能量吻合较好，正常态超导体的输运性质可以采用基于 Migdal 近似的 Bloch-Boltzmann 理论[25]来解释，在这一解释中强调了电—声子耦合的主导作用。

在力学载荷作用下，Nb_3Sn 超导体可能会发生以下四个方面的变化：第一，由于外加载荷引起晶格硬化/软化，使得传导电子与声子之间的相互作用发生变化；第二，超导体的变形会诱导费米能级的移动；第三，随着施加应变范围的扩大，将出现新的晶体相结构，微裂纹开始在超导体内部萌生和演化；第四，力学变形会引起电子能带的重叠或者电子结构变化。

在应变和温度的共同作用下，Nb_3Sn 超导体表现出了复杂的低温电阻率行为，这表明电子散射、电—声子散射和费米能级上的电子态密度在决定这一行为中所起的作用发生了变化，需要建立一个定量模型来刻画力—热耦合作用下 Nb_3Sn 超导体的低温电阻率，以便对上述变化进行明确的分析。本节建立了一个半解析模型，用于表征 Nb_3Sn 超导体在正常状态下低温电阻率的对应变和温度的依赖性，明确了应变引起的声子谱变化与电子态密度变化在低温电阻率行为中的作用。

5.2.1 半经验半解析耦合分析模型

在力学变形可能诱发的几种效应中，电子结构的变化是解释正常态电阻率力—热耦合效应的一个重要考虑因素。为了处理问题方便，本节仅考虑单轴应变作用的情形。受 Cohen 等[26]、De Marzi 等[27]工作的启发，借助 Nb_3Sn 超导体临界性能微结构理论中应变作用下费米面上电子态密度的演化方程，轴向应变 $\varepsilon_{\mathrm{axi}}$ 作用下的电子态密度 $N(E)$ 可以表示为

$$N(E,\varepsilon_{\mathrm{axi}})=\begin{cases}N_0(\varepsilon_{\mathrm{axi}}), & E>0\\ \alpha N_0(\varepsilon_{\mathrm{axi}}), & E<0\end{cases}\tag{5.2.1}$$

式中

$$N_0(\varepsilon_{\text{axi}}) = N_0(0)\left\{1 + A\varepsilon_{\text{axi}} + C\sum_{i=1,2}\sqrt{D_i^2 + \left(\varepsilon_{\text{axi}} - F_i\right)^2} + B\right\} \tag{5.2.2}$$

式（5.2.1）中，α 是一个无量纲参数，用来表示费米能级附近电子态密度的急剧下降，参数 A、B、C、D_i（$i=1,2$）、F_i（$i=1,2$）表示力学变形诱导的 Nb_3Sn 电子能带结构的变化（见第4章），各参数之间满足约束条件 $B=-C\sum_{i=1,2}\sqrt{D_i^2+F_i^2}$ 和 $A/C=F/\sqrt{D_1^2+F_1^2}+F/\sqrt{D_2^2+F_2^2}$。当 $T=0$ 时，变形 Nb_3Sn 超导体费米能级的位置可以表示为 $E_{\text{F}}(0,\varepsilon_{\text{axi}})=k_{\text{B}}(T_0+\Delta T_0\varepsilon_{\text{axi}})$，在这一表达式中，$k_{\text{B}}$ 表示玻尔兹曼常数，ΔT_0 是一个描述应变诱导费米能级移动的常数（和第4章中的分析类似，取一阶近似，假定应变诱导的费米能级变化是按照线性规律变化的）。当 Nb_3Sn 超导体承受轴向载荷的作用时，如果d带中几乎没有电子填充，其和s带的重叠情形可以采用参数 $\alpha \ll 1$ 和 $E_{\text{F}}(0,\varepsilon_{\text{axi}})>0$ 来表示；如果d带电子几乎是充满的，其和s带的重叠情形可以采用参数 $\alpha \gg 1$ 和 $E_{\text{F}}(0,\varepsilon_{\text{axi}})<0$ 来表示。在本书的模型中，采用d带中几乎没有电子填充的情形，Nb_3Sn 超导体参数 $E_{\text{F}}(0,\varepsilon_{\text{axi}})>0$。上述假设的另一种等效形式通过费米函数在能带边缘 $E=0$ 处的函数值给出，它的具体形式为 $F_\alpha(T,\varepsilon_{\text{axi}})=\left\{1+\exp[-E_{\text{F}}(T,\varepsilon_{\text{axi}})/k_{\text{B}}T]\right\}^{-1}$。根据任意温度 T 时占据态电子的总数与 $T=0$ 时占据态电子的总数相等，可以得到费米能级的位置，它是费米函数 $F_\alpha(T,\varepsilon_{\text{axi}})$ 的隐函数

$$F_\alpha(T,\varepsilon_{\text{axi}}) = 1-[F_\alpha(T,\varepsilon_{\text{axi}})]^\alpha \text{e}^{[-(T_0+\Delta T_{\varepsilon_{\text{axi}}})/T]} \tag{5.2.3}$$

在给定的应变状态下，费米函数 $F_\alpha(T,\varepsilon_{\text{axi}})$ 的值随着温度的升高而降低。在低温区内，上述解析表达式的近似解为 $F_\alpha(T,\varepsilon_{\text{axi}})\approx\left\{1-\exp[-(T_0+\Delta T_{\varepsilon_{\text{axi}}})/T]\right\}$。当温度高于 $(T_0+\Delta T_{\varepsilon_{\text{axi}}})/(1-\alpha)\ln 2$ 时，费米函数 $F_\alpha(T,\varepsilon_{\text{axi}})$ 的值小于1/2，这表明费米能级越过带边，进入了低态密度区。费米能级的跃迁会导致应变和温度的联合作用下电子态密度的变化，进而影响到 Nb_3Sn 超导体的正常态电性能。

在对 Nb_3Sn 超导体应变效应的理解中，应变诱导的声子谱的变化是另一个需要考虑的因素，这个因素在高压及较大的应变作用（参考第3章中经典的分子动力学的模拟结果），以及相结构的演变中扮演着重要的角色。取一阶近似，在应变 ε_{axi} 作用下 Nb_3Sn 超导体的弹性常数 $C_{ij}^{\varepsilon_{\text{axi}}}$ 可以表示为 $C_{ij}^{\varepsilon_{\text{axi}}}=C_{ij}+k_{ij}\varepsilon_{\text{axi}}$，其中 C_{ij} 表示无外加载荷作用时的弹性常数，k_{ij} 表示非谐效应对于超导体弹性性能的贡献。借助Anderson给出的计算方法[28]，表征应变作用下Debye温度变化的表达式 $f_{\theta_{\text{D}}}(\varepsilon_{\text{axi}})=\theta_{\text{D}}^{\varepsilon_{\text{axi}}}/\theta_{\text{D}}$（$\theta_{\text{D}}^{\varepsilon_{\text{axi}}}$ 和 θ_{D} 分别表示有外加

载荷状态和无外加载荷状态下 Nb_3Sn 超导体的 Debye 温度）可以通过弹性常数的变化给出，即

$$f_{\theta_D}(\varepsilon_{axi}) = (1+m\varepsilon_{axi})^{1/2}(1+n\varepsilon_{axi})^{1/2}\left[0.9378(1+n\varepsilon_{axi})^{3/2} + 0.0622(1+m\varepsilon_{axi})^{3/2}\right]^{-1/3} \quad (5.2.4)$$

式中，无量纲参数 m 和 n 与弹性常数中的非谐项相关。Nb_3Sn 超导体弹性势中的非谐效应会导致声子作用模式的改变，使得 Eliashberg 谱函数 $\alpha^2F(\omega)$（描述了频率为 ω 的声子对电子的散射作用）发生变化，和这种变化相伴随的是电—声子耦合常数 λ 的改变。电—声子耦合常数的变化，本节采用 $f_\lambda(\varepsilon_{axi}) = \lambda_{\varepsilon_{axi}} / \lambda = 2\int_0^\infty \frac{\alpha^2F(\omega,\varepsilon_{axi})}{\omega} / \lambda \mathrm{d}\omega$（$\lambda_{\varepsilon_{axi}}$ 表示外加载荷作用下的电—声子耦合强度）来表示。为了处理问题简化，本节采用了 $f_\lambda(\varepsilon_{axi})$ 的替代形式来对其进行描述，它的表达式为

$$f_\lambda(\varepsilon_{axi}) = \frac{1}{\lambda}\frac{1.04 - \mu^*\ln\Phi}{(0.62\mu^* - 1)\ln\Phi - 1.04} \quad (5.2.5)$$

式中，μ^* 为库仑赝势，Φ 对 ε_{axi} 的依赖关系参见第 4 章中的分析。

本节对 Nb_3Sn 超导体正常态低温电阻率的分析采用了如下假设：①正常态电流的输运是由 s 带电子完成的；②正常态电阻率的产生主要是由于 s 带和 d 带电子的散射造成的；③在极低温度区间内，主要的散射机制为缺陷的弹性散射；④ d 带能量的积分区间限制在 $E \geqslant 0$；⑤在研究的极低温度区间内，Debye 温度 $\theta_D^{\varepsilon_{axi}}$ 的变化是稳定和缓慢的，所以假定 Debye 温度 $\theta_D^{\varepsilon_{axi}}$ 是应变的单值函数。基于上述假定，借助前文的分析，可以给出力—热耦合作用下，Nb_3Sn 超导体正常态电阻率 $\rho(T,\varepsilon_{axi})$ 的表达式为

$$\begin{aligned}\rho(T,\varepsilon_{axi}) = {} & \rho_{imp}(0,\varepsilon_{axi})F_\alpha(T,\varepsilon_{axi}) + \\ & \mathcal{R}(\varepsilon_{axi})\left(\frac{T}{\theta_D(\varepsilon_{axi})}\right)^3 \int_0^{\frac{\theta_D(\varepsilon_{axi})}{T}} \left(\frac{x/2}{\sinh(x/2)}\right) \ln\left[\frac{1+F_\alpha(T,\varepsilon_{axi})(\mathrm{e}^x-1)}{1-F_\alpha(T,\varepsilon_{axi})(1-\mathrm{e}^{-x})}\right]\mathrm{d}x\end{aligned} \quad (5.2.6)$$

式中

$$\rho_{imp}(0,\varepsilon_{axi}) = \rho_{imp}(0,0)[a + (1-a)\mathrm{e}^{-c\varepsilon_{axi}}], \quad (5.2.7)$$

$$\mathcal{R}(\varepsilon_{axi}) = \mathcal{R}_0\left[\frac{F_\alpha(800,\varepsilon_{axi})}{F_\alpha(800,0)}\right]^{-1} f_\lambda(\varepsilon_{axi}) f_{N(E_F)}^{-3}(\varepsilon_{axi}) f_{\theta_D}(\varepsilon_{axi}) \quad (5.2.8)$$

这里 $\rho_{imp}(0,0)$ 表示 $T=0$ 时的电阻率，是由晶格缺陷对电子的散射产生的，无量纲经验参数 a 和 c 表示应变对残余电阻率的影响（这里需要说明的是，对于 Nb_3Sn 单晶体，

由于其不含晶体缺陷且加载强度的大小还未至微裂纹的产生，所以它的残余电阻率值不随应变状态发生变化，这一规律是经过实验验证的）。描述费米面上电子态密度变化的表达式 $f_{N(E_F)}(\varepsilon_{axi}) = N(E_F(0,\varepsilon_{axi}),\varepsilon_{axi}) / N(E_F(0,0),0)$ 由式(5.2.1)和式(5.2.2)给出。式(5.2.8)中的关系式 $\mathcal{R}(\varepsilon_{axi})$ 是通过下述方法估算得到的：当无应变作用时，$\mathcal{R}(\varepsilon_{axi}) = \mathcal{R}_0$，表示不依赖应变的比例常数，这一常数描述的是高温区电阻率 $\rho(T,0)$ 随温度的弱线性变化趋势；式（5.2.6）中的第二项给出了声子散射对电阻率 $\rho_{ph}(T,0)$ 的贡献，在高温区时，这一项退化为 $\mathcal{R}_0(T/\theta_D)F_\alpha(800,0)$（Fermi 函数 $F_\alpha(T,0)$ 表明，随着温度的升高，参与散射的 d 电子的有效数量在减少，并且在高温区达到饱和值，Fermi 函数的饱和值可以近似地采用 $F_\alpha(800, 0)$ 来表示；退化的表达式给出了高温区电阻率随温度的弱线性变化趋势）。还有另一种描述电—声子耦合作用对电阻率贡献的表达式，它的形式为 $\rho_1 T$ [6]，其中，ρ_1 和重整化常数 γ^* 有关，$\gamma^* = \left(\dfrac{k_B\hbar}{4e^2}\right)\dfrac{1+\lambda}{\lambda}\dfrac{\rho_1}{a_0^2\rho_{max}^2}$，$\hbar$ 为普朗克常数，e 为基本电量，ρ_{max} 为饱和电阻率。借助 Mott and Davis [29]给出的表达式，饱和电阻率 ρ_{max} 的值可以借助 $\rho = 12\pi^3\hbar[N(E_F)_{free} / N(E_F)]^2 / S_F e^2 a_0$ 给出。通过上述的讨论，将两种表达形式等效，即可以将式（5.2.8）中的常数 $\mathcal{R}_0$ 和电—声子耦合电阻率参数 ρ_1 建立联系，从而得到常数 $\mathcal{R}_0$ 的计算式为 $\mathcal{R}_0 = K\theta_D F_\alpha(800,0)^{-1} N(E_F)^{-3}\lambda S_F^{-2}$，这里 K 是一个不依赖应变的常数。考虑到 Fermi 面的面积 S_F 不依赖应变[6]，可以给出应变对于常数 $\mathcal{R}_0$ 的影响[见式（5.2.8）]。

5.2.2　结果讨论

为了验证本节给出的半经验半解析耦合分析模型［见式（5.2.6）］在描述 Nb_3Sn 超导体正常态电阻率力热效应方面的有效性，下文中给出了正常态电阻率随应变和温度变化的预测结果与实验结果的比较。计算所采用的模型参数在表 5.2 中给出。

表 5.2　计算所采用的模型参数

T_0（K）	100	a	1.015
ΔT_0（K）	-1.0×10^4	c	4.506
α	0.04	C	−0.139
θ_D（K）	250	D_1(%)	0.106
$\mathcal{R}_0$（μΩ·cm）	211	D_2(%)	0.221
$\rho_{imp}(0,0)$（μΩ·cm）	14.3	F_1(%)	0.239
m	−1.580	F_2(%)	−0.346
n	−1.580	—	—

图 5.3 给出了当环境温度为 19 K 时，Nb_3Sn 超导体的电阻率随施加的轴向压缩应变的变化。计算模型中输入的大多数参数是 Nb_3Sn 超导体的基本物理参数，它们来自已有文献[26]。理论模型导出的 0 K 时无应变状态下的残余电阻率 $\rho_{imp}(0,0)$ 的值为 14.3 μΩ·cm，与文献［26］的报导值 11 μΩ·cm 相比略高，这是由于残余电阻率值对于实验样品具有依赖性[29-31]。从图 5.3 中可见，在压缩应变小于 0.5%时，模型预测结果与实验结果吻合良好；当压缩应变大于 0.5%时，Nb_3Sn 超导体内部发生损伤，导致模型预测结果与实验结果之间的差异变大。

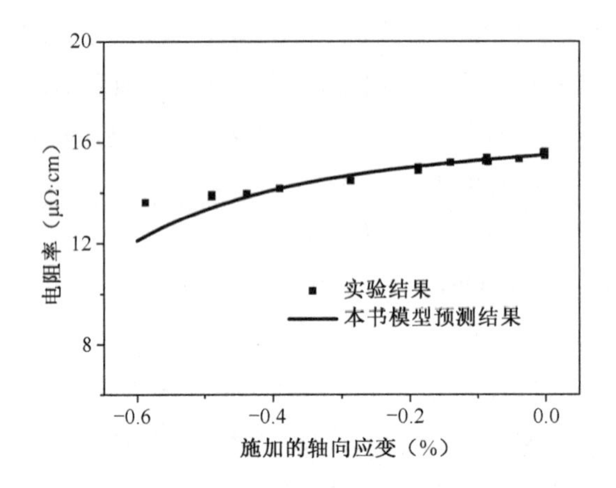

图 5.3　当环境温度为 19 K 时，Nb_3Sn 超导体的正常态电阻率随施加的轴向应变的变化：实线表示模型预测结果，点线表示 Mentink 等[6]的实验结果

图 5.4 给出了在应变和温度的联合作用下，Nb_3Sn 超导体正常态电阻率的变化。计算模型所采用的参数值与表 5.2 中一致。模型导出的各个应变状态下费米面上电子态密度的值比文献［32］给出的结果略小。从图中可见，在不同外加载荷水平下，电阻率随温度的变化规律可以很好地被本节给出的模型描述。从图 5.4 中可见，不同加载应变水平下的正常态电阻率变化对温度的依赖性非常明显：当环境温度为 44 K 左右（不同应变状态下，这一温度值会有轻微的变化）时，电阻率的变化值最大，这是由于 Nb_3Sn 发生马氏体相变所引起的。这种相结构的转变，会引起声子谱和电子态密度的变化，它们对于正常态电阻率行为的影响可以通过本节的理论模型来定量描述。另外，通过对力—热耦合作用下正常态电阻率行为的定量研究，也可以侧面给出声子结构和电子结构的改变在 Nb_3Sn 马氏体相变中所起的作用信息。

本节建立了力—热耦合作用下正常态电阻率行为研究的微观理论框架，在超导体相转变温度至马氏体相变温度范围内，不同加载应力水平下的电阻率与温度的平方成正比，这起源于超导体费米面上电子态密度的演化；当马氏体相变发生时，由于电—声子耦合作用，超导体晶体结构发生了变化，相应地，其正常态电阻率随温度的变化趋势出现了转折，本节建立的模型可以很好地描述力—热耦合作用下正常态电阻率的这种变化趋势。

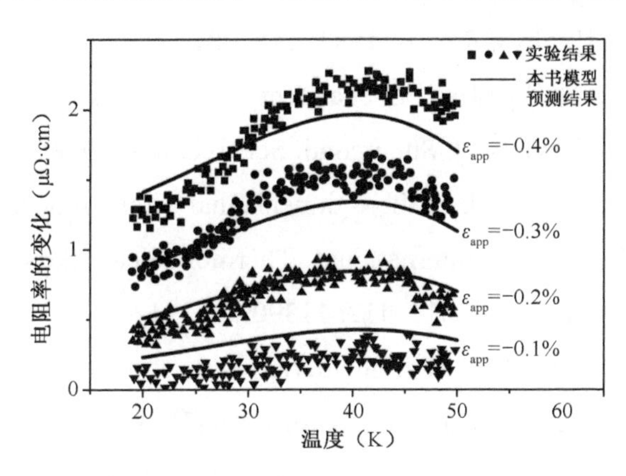

图 5.4　在不同加载应变水平下，Nb_3Sn 超导体的正常态电阻率随温度的变化：实线表示模型预测结果，点线表示 Mentink 等[6]的实验结果

5.3　本章小结

为了后续对 Nb_3Sn 超导体失超现象进行深入的研究，本章讨论了超导态—正常态转变发生后，在力—热耦合作用下正常态电阻率变化的趋势，重点讨论了马氏体相变对正常态电阻率变化规律的影响。首先，从正常态电阻率变化规律的唯象模型建立入手，给出了便于工程应用的包含力—热耦合效应的电阻率表达式的简洁形式；接着，从应变对电子结构和声子结构的影响切入，建立讨论正常态电阻率变化的微观模型，分析了力—热耦合作用下正常电阻率变化背后的控制因素。本章的研究为 Nb_3Sn 超导体失超研究奠定了一定的基础。

参考文献

[1]　Arbelaez D, Godeke A, and Prestemon S. An improved model for the strain dependence of the superconducting properties of Nb_3Sn[J]. Supercond. Sci. Technol, 2009, 22(2): 32.

[2] Belevtsev B. I. Superconductivity and localization of electrons in disordered two-dimensional metal systems[J]. Sov. Phys. Usp., 1990, 33(1): 36-54.

[3] Lim K. C, Thompson J. D, and Webb G. W. Electronic density of states and in Nb_3Sn under pressure[J]. Phys. Rev. B, 1983, 27: 2781.

[4] De Marzi G, Corato V, Muzzi L, et al. Reversible stress-induced anomalies in the strain function of Nb_3Sn wires[J]. Supercond. Sci. Technol, 2012, 25: 025015.

[5] Qiao L, and Zheng X. J. A three-dimensional strain model for the superconducting properties of strained International Thermonuclear Experimental Reactor Nb_3Sn strands[J]. J. Appl. Phys, 2012, 112: 113909-113917.

[6] Mentink M G T, DhalleM M J, Dietderich D R, et al. Towards analysis of the electron density of states of Nb_3Sn as function of strain[J]. AIP Conf. Proc., 2012, 1435: 225.

[7] Schoerling D, Zlobin A V. Nb_3Sn Accelerator Magnets: Designs, Technologies and Performances[EB/OL]. (2019-11-24)[2021-3-25].

[8] Schwerg N, Auchmann B, and Russenschuck S. Challenges in the thermal modeling of quenches with ROXIE[J]. IEEE Trans. Appl. Supercond, 2009,19(3): 1270-1273.

[9] Verweij A P. A model for calculation of electrodynamic and thermal behavior of superconducting Rutherford cables[J]. Cryogenics, 2006(46): 619-626.

[10] Rapper W M D. Thermal stability of Nb_3Sn Rutherford cables for accelerator magnets[D]. Enschede, the Netherlands: University of Twente, 2014.

[11] Felice H, Todesco E. Quench protection analysis in accelerator magnets, a review of the tools[EB/OL].(2014-1-16)[2021-3-30]. http://cds.cern.ch/record/1643431.

[12] Webb G. W, Fisk Z, Engelhardt J. J, et al. Apparent T^2 dependence of the normal-state resistivities and lattice heat capacities of high-T_c uperconductors[J]. Phys. Rev. B, 1977, 15: 2624.

[13] Woodard D W, Cody G D. Anomalous resistivity of Nb_3Sn[J]. Phys. Rev, 1964, 136(1A): A166 .

[14] Zettl A, Lu L, Xiang X D, et al. Normal-state transport properties of fullerene superconductors[J]. J Supercond, 1994(7): 639.

[15] Godeke A. A review of the properties of Nb_3Sn and their variation with A15 composition, morphology and strain state[J]. Supercond. Sci. Technol, 2006, 19: R68.

[16] Devantay H, Jorda J L, Decroux M, et al. The physical and structural properties of

superconducting A15-type Nb-Sn alloys[J]. J. Mater. Sci, 1981(16): 2145.

[17] Baber W G. The Contribution to the Electrical Resistance of Metals from Collisions between Electrons[J]. Proc. R. Soc. London, 1937, 158(894): 383-396.

[18] Mott N F. The electrical conductivity of transition metals[J]. Proc. R. Soc. London, 1936, 153: 699.

[19] Wiesmann H, Gurvitch M, Lutz H, et al. Simple model for characterizing the electrical resistivity in A15 superconductors[J]. Phys. Rev. Lett, 1977, 38(14): 782-785.

[20] Elliott R J. Resistance anomalies in some rare-earth metals[J]. Phys. Rev, 1954, 94564.

[21] Fisk Z, Webb G W. Saturation of the high-temperature normal-state electrical resistivity of superconductors[J]. Phys. Rev. Lett, 1976, 36: 1084-1086.

[22] Caton R, Viswanathan R. Analysis of the normal-state resistivity for the neutron-irradiated A15 superconductors V_3Si, Nb_3Pt, and Nb_3Al[J]. Phys. Rev. B, 1982.

[23] Ramakrishnan S, Nigam A K, Chandra G K. Resistivity and magnetoresistance studies on superconducting A15 V_3Ga, V_3Au, and V_3Pt compounds[J]. Phys. Rev. B, 1986, 34(9): 6166.

[24] Gurvitch M, Ghosh A K, Lutz H, et al. Low-temperature resistivity of ordered and disordered A15 compounds[J]. Phys. Rev. B, 1980, 22(1): 128-136.

[25] Allen P B, Pickett W E, Krakauer H. Anisotropic normal-state transport properties predicted and analyzed for high-T_c oxide superconductors[J]. Phys. Rev. B, 1988, 37(13): 7482-7490.

[26] Cohen R W, Cody G D, and Halloran J J. Effect of fermi-level motion on normal-state properties of β-tungsten superconductors[J]. Phys. Rev. Lett , 1967, 19(15): 840-844.

[27] De Marzi G, Morici L, Muzzi L, et al. Strain sensitivity and superconducting properties of Nb_3Sn from first principle calculations[J]. Phys. Rev. B, 2013, 25: 135702-7.

[28] Anderson O L. A simplified method for calculating the Debye temperature from elastic constants[J]. Phys Chem Solids, 1963, 24(7): 909-917.

[29] Mott N F, Davis E A. Electronic processes in non-crystalline Materials[M]. New York: Oxford University Press, 1971.

[30] Hopkins S C. Optimisation characterisation and synthesis of low temperature superconductors by current-voltage techniques[D]. United Kingdom: University of Cambridge, 2007.

[31] Qiao L, Yang L, and Zheng X J. A simple phenomenological model for characterizing the coupled effect of strain states and temperature on the normal-state electrical resistivity in Nb_3Sn superconductors[J]. J. Appl. Phys, 2013, 114: 033905-033907.
[32] Qiao L, Yang L, and Song J. Estimate of density-of-states changes with strain in A15 Nb_3Sn superconductors[J]. Cryogenics, 2015, 69: 58-64.
[33] Devred A, Backbier I, Bessette D, et al. Status of ITER conductor development and production[J]. IEEE Trans. Appl. Supercond, 2012, 22(3): 4804909.

第 6 章

Nb_3Sn 超导体失超分析

2008 年，欧洲核子研究组织大型强子对撞机（Large Hadron Collider，LHC）强场偶极磁体（NbTi 超导体，工作电流 12 kA，磁场强度 8.33 T，环境温度 1.9 K）发生爆炸事故，这一事故造成 LHC 停机 18 个月，维修费用达到数千万美元，而造成这一爆炸事故的原因就是失超。LHC 的四极磁体系统是美国的 FNAL 负责设计和制造的，在 CERN 联合 FNAL 开发的 LHC 新一代的磁体系统中，选择用 Nb_3Sn 超导体替代 NbTi 超导体。这一超导磁体装置目前正处于实验室样机的研制阶段，目标磁场强度 11 T 的超导磁体装置的装配时间预计在 2024—2026 年[1]。与此同时，在 CERN 的长期目标 Future Circular Collider 研究规划中，拟发展的目标磁场强度为 16 T 的 Nb_3Sn 超导磁体装置也在同步设计制造。除此之外，在 ITER Tokamak 磁体系统的制造中，Nb_3Sn 强磁场超导磁体的运行电流水平为 68 kA，背景磁场强度为 12 T，运行环境温度为 4.2 K。在强磁场超导磁体制造升级的过程中，磁体性能参数在逐步提升的同时，潜在的失超风险隐患也在增大。

强磁场超导磁体的研制，需要超导体内更高的运行电流水平，与之相随的是磁体装置内储存电磁能量的攀升，超导磁体装备的安全风险加大。强磁场超导磁体装置储存着巨大的电磁能量：单个 LHC 偶极磁体储存的能量约为 7×10^6 J，储存在 1232 个 LHC 主偶极中的总能量高达 9×10^9 J，相当于 1.5×10^3 kg 炸药中储存的能量。如果在强磁场超导磁体装置服役工况下发生失超且没有保护装置，造成的后果将是灾难性的。而诱发超导体产生失超现象的原因有很多，如磁通跳跃、高能质子束持续撞击磁体引起局部温度升高、服役环境中电磁力作用下铠装式电缆导体中超导股线移动摩擦生热、工频外磁场作用下超导体内产生的交流损耗、强流等离子体破裂在强磁场超导磁体内产生的涡流等形式的热扰动、脉冲磁场扰动，以及突发短路故障造成的过电流冲击等。

Nb_3Sn 超导磁体装置储存着巨大的电磁能量，超导磁体失超的主要过程是电磁能瞬间转变为热的过程。失超总是发生在超导磁体局部区域内，由于最先从超导态转变为正常态的区域受加热时间最长（热点），所以其温升最高。局部过热会因热应力损坏超导磁体；同时，失超产生的高电压也会击穿绝缘层。为了避免局部过热和限制高电压的产生，磁体失超保护的策略是将失超扩展到整个超导磁体上，最大限度地增加能够耗散电磁能和热能的物质载体，从而避免储存的能量被局部磁体全部吸收而发生毁伤。磁体失超预防和保护技术的发展，需要准确探测出失超信号，并且及时、可靠地做好保护动作（启动应急保护措施）。失超检测系统必须具备高敏感性，不能漏检任何一次失超事故；同时，也要避免由于系统采用过于严格的标准（最大不检测电压和保护延迟时间的选取）而触发的错误警报。目前，针对超导体失超这一物理现象，发展起来的检测方法有电压检测方法、温升检测方法、超声波检测方法、压力检测方法、流量检测方法等。

失超安全分析及探测技术的发展，需要精确描述失超瞬态过程中各物理参量的变化。失超的物理过程可以采用瞬态热传导方程（在液氦环境下，需要补充液氦的流动方程和超临界氦的热传导方程）、瞬态电磁场方程及弹性动力学基本方程来描述。对于这一瞬态物理过程的解释和模拟通常借助半经验解析方法[2-5]和数值模拟方法[6-25]，由于超导磁体复杂的几何结构特征和在多物理场环境下的高度非线性，使得数值模拟方法逐渐成为模拟失超瞬态多物理过程强非线性相互作用的主流方法。基本控制方程的数值求解则主要基于显式或隐式有限元方法、有限差分法、配置法、有限体积法。

商用软件及各个实验室自主开发的计算软件，已经成为 Nb_3Sn 超导体及超导磁体失超后演化分析的重要工具，对于失超后演化行为建模的挑战主要来自模型建立所需要的高效计算能力和精细的设置。在采用第 1 章中所述的仿真软件对失超后演化行为进行模拟时，空间网格需要跨越 6 个数量级（不包括纳米量级的 Nb_3Sn 晶粒尺度），同时求解器的时间步长只能按照最小的时间尺度来设置。采用一致的方式对失超瞬态各物理参量的演变进行模拟时，会消耗大量计算资源，同时会产生大量的额外无效数据。所以，在建模过程中对微细观尺度上的过程进行了简化处理，并通过关键物理参量的等效和传递实现对多瞬态耦合过程描述，同时在极端多物理场环境下的超导体物性演化方面也进行了简化处理。简化处理的后果是对失超后超导体瞬态响应的强非线性特征的描述上失真，并导致数值仿真结果与实验结果出现定量及定性上的差异（见第 1 章）。

本章从 Nb_3Sn 超导体微观结构特征（Nb_3Sn 晶粒尺度）入手，初步分析了失超瞬态微结构的热应力和热分布特征。为了处理问题的简化和抓住失超现象的主要物理特征，本章选取了 Nb_3Sn 多晶体作为研究对象，并依据实验测定的 Nb_3Sn 超导体物性参数，对 Nb_3Sn 超导体失超现象进行了初步的模拟，数值仿真结果给出了失超瞬态的关键物理参量的演化。研究结果为后续深入研究失超演化行为奠定了基础。

6.1 Nb_3Sn 超导体失超瞬态微结构的热应力和传热分析

本章研究的内容为 Nb_3Sn 超导体失超瞬态微结构的热应力和热分布规律，描述这一耦合过程方程的有热传导方程、弹性动力学基本方程，简述如下。

1. 热传导方程

在 Nb_3Sn 多晶体中，控制温度分布的热传导微分方程及相关初值条件为

$$\begin{cases} \bar{\rho}c(T)\dfrac{\partial T(\boldsymbol{r},t)}{\partial t}-\lambda(T)\nabla^2 T(\boldsymbol{r},t)=W(T,t) \\ T(\boldsymbol{r},t)\big|_{t=0}=f(x,y,z) \\ T(\boldsymbol{r},t)\big|_s=\overline{T(t)} \end{cases} \tag{6.1.1}$$

式中，$\bar{\rho}$、$c(T)$、$\lambda(T)$ 分别为 Nb_3Sn 超导体的密度、比热容和热传导率，$T(\boldsymbol{r},t)$ 为瞬态下的温度分布，其中 $c(T)$、$\lambda(T)$ 的值依赖环境温度 T；$f(x,y,z)$ 为热传导的初始条件，即 Nb_3Sn 超导体在失超之前的运行温度；$\overline{T(t)}$ 作为第一类边界条件，使有限元模拟与失超实验中温度的变化相互吻合。本章研究的是 Nb_3Sn 多晶体微细观尺度下的单胞模型，因此暂不需要考虑模型边界与外部环境（如空气、液氦等）的对流换热情况及不同物体材料间的接触热交换。

2. 弹性动力学基本方程

弹性动力学基本方程及弹性本构方程为

$$\begin{aligned} &\sigma_{ij,i}+f_j=\bar{\rho}\frac{\partial^2 u_j}{\partial t^2} \\ &\sigma_{ij}=D_{ijkl}(T)\varepsilon_{ij}^{\mathrm{E}} \\ &\varepsilon_{ij}=\frac{1}{2}(u_{i,j}+u_{j,i}) \end{aligned} \tag{6.1.2}$$

考虑热应变相关方程为

$$\begin{aligned} &\varepsilon_{ij}=\varepsilon_{ij}^{\mathrm{E}}+\varepsilon_{ij}^{\mathrm{TH}} \\ &\varepsilon_{ij}^{\mathrm{TH}}=\alpha(T)\Delta T\delta_{ij} \end{aligned} \tag{6.1.3}$$

相关初值条件为

$$\begin{aligned} &\left.\frac{\partial u_i}{\partial t}\right|_{t=0}=0 \\ &u_i\big|_{t=0}=0 \\ &u_i\big|_s=\overline{u_i} \\ &\sigma_{ij}\big|_s=\overline{\sigma_{ij}} \end{aligned} \tag{6.1.4}$$

式中，$D_{ijkl}(T)$ 构成依赖温度 T 的超导体弹性矩阵，$\alpha(T)$ 表示线膨胀系数，两者都与温度成非线性关系；$\varepsilon_{ij}^{\mathrm{E}}$ 、$\varepsilon_{ij}^{\mathrm{TH}}$ 分别表示弹性应变与热应变，两部分相加组成总应变；初始时刻超导体处于静止状态，质点速度与位移为零；$\overline{u_i}$ 、$\overline{\sigma_{ij}}$ 分别表示超导体的位移边界条件和应力边界条件，在后续的有限元模拟中，对应了在模拟单元上施加的周期性位移及在初始降温过程中产生的热应力状态。

式中，克罗内克函数 δ_{ij} 为

$$\delta_{ij} = \begin{cases} 1, & i = j \\ 0, & i \neq j \end{cases} \tag{6.1.5}$$

由 δ_{ij} 函数可知，对于热应变 $\varepsilon_{ij}^{\mathrm{TH}}$ ，它只影响 6 个应变分量中的正应变，而对剪切应变没有影响。将热应变方程组式（6.1.3）代入方程组式（6.1.2）的几何方程中，可得

$$\varepsilon_{ij}^{\mathrm{E}} = \frac{1}{2}(u_{i,j} + u_{j,i}) - \alpha(T)\Delta T\delta_{ij} \tag{6.1.6}$$

将方程式（6.1.6）代入方程组式（6.1.2）的本构方程中可推出应力表达式为

$$\sigma_{ij} = \frac{1}{2}D_{ijkl}(T)(u_{i,j} + u_{j,i}) - \alpha(T)\Delta T D_{ijkl}(T)\delta_{ij} \tag{6.1.7}$$

由此可知，在计算超导体模拟单元内应力之前，需要求解失超过程中的热传导方程，确定超导体内的温度分布；同时，在计算应力与传热时，需要考虑与温度成非线性关系的超导体物性参数，如弹性矩阵、线膨胀系数、热传导率等。

本章采用 Abaqus 有限元软件求解 Nb_3Sn 超导体失超瞬态微结构的热应力和传热，求解思路如图 6.1 所示。

（1）数值仿真总体计算流程分为热分析与应力分析两个模块，由于 Nb_3Sn 超导体发生失超现象所经历的时间短、过程快，温度产生的热应力并没有反过来影响热的传播，因此在 Abaqus 有限元软件中将两个模块分离成两个计算过程，进行顺序热力耦合。另外，每个过程都由三个部分组成：前处理、计算流程、后处理。对于分析模型的结构建立和材料的赋予，后续进行更详细的说明。

（2）在热分析模块中，根据失超前运行环境温度，对 Nb_3Sn 超导体模拟单元各节点添加初始环境温度。Nb_3Sn 超导体失超，发生超导态—正常态的转变，电流发生分流（复合超导体中）产生焦耳热（参见第 5 章中正常态电阻率的分析），导致整个超导体温度迅

速升高，造成对超导磁体的毁伤和破坏。根据模拟单元的尺寸，本节将超导体失超瞬态的温升简化为点热源来处理；同时，由于 Nb_3Sn 晶粒尺寸较大（平均晶粒尺寸 135 nm 左右），忽略晶界对传热的影响。通过编程计算并修改模型的.inp 格式文件，将热传导相关的参数 $c(T)$ 和 $\lambda(T)$ 赋予模型。在后处理中，对温度分布与传热速度进行分析。

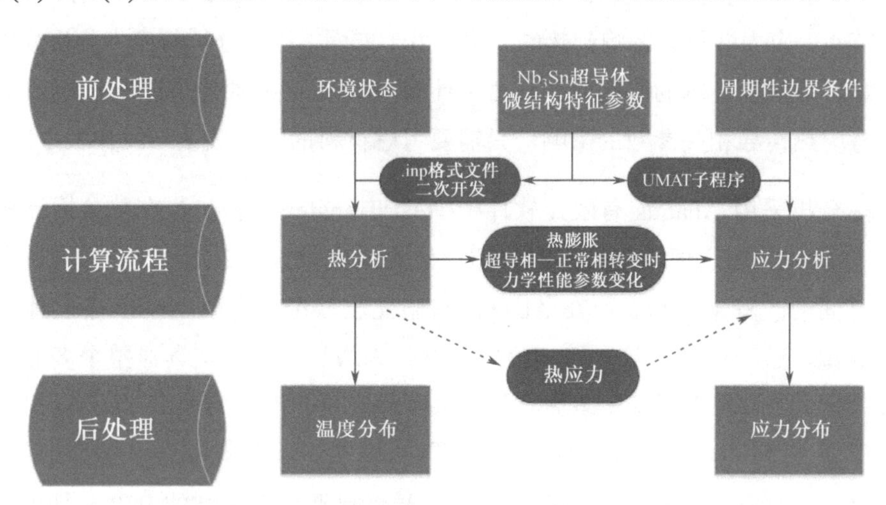

图 6.1　Nb_3Sn 超导体热力耦合问题的求解思路

（3）在应力分析模块中，给模拟单元施加周期性边界条件，使计算模型更加符合实际情况。热应力产生过程的控制方程通过编写 UMAT 子程序，借助 Fortran 语言赋予计算模型。并在后处理过程中，分析 Mises 等效应力的分布状况、应力集中现象，以及超导体相转变过程中弹性参数的变化。

（4）Nb_3Sn 超导磁体在服役之前，经历了从室温环境（300 K）降温至运行温度（4.2 K）这一变温过程，在复合超导体内会产生热残余应变（热残余应力），与失超过程不同的是，失超为瞬态问题，前者可以忽略变温过程中的时间历程，将其作为一个稳态问题来处理。在失超模拟之前，可以按图 6.1 中的流程计算，将热应力场作为运行环境条件施加给失超过程中的应力分析模块。对于 Nb_3Sn 复合超导体而言，由于不同相结构的热收缩系数不同，热残余应变（热残余应力）较大，这个过程的计算分析是十分必要的。

6.2　Nb_3Sn 超导体失超瞬态微结构的热分布和热应力

热力耦合问题的处理可以分为两种方式：顺序耦合热应力分析和完全耦合热应力分

析。顺序耦合热应力分析中应力的求解基于一个温度场，但是没有反向相关性，首先求解纯粹的热传导问题，然后读取温度解到应力分析中作为一个预定义的场，来执行一个顺序耦合的热应力分析过程。完全耦合热应力分析中同时求解温度场和应力场，主要解决热和力学解会相互强烈影响的问题。一方面，基于 Nb_3Sn 超导体失超现象发生时间短、过程快的特点，应力并不会影响到热的产生；另一方面，将热分析与应力分析分成两个部分独立计算，缩短了计算的时间成本。对于计算 Nb_3Sn 超导体运行前产生的稳态热应力，则不需要考虑热传导相关参数的影响，只需要考虑材料的弹性模量与线膨胀系数。

本节热分析采用 Abaqus 有限元软件中 Heat Transfer 分析步，在热分析计算中考虑到 Nb_3Sn 多晶体的运行环境为液氦，将超导体的温度设为 4.2 K。为了与失超实验现象中温度和时间的改变量相吻合，在 Abaqus 有限元软件中，选取 Nb_3Sn 多晶体内部一单元作为点热源，赋予点热源等时间间隔的温度作为边界条件，使其对整个多晶体进行能量的传送。涉及的超导体物性参数有密度 $\overline{\rho}$、比热容 $c(T)$ 和热传导率 $\lambda(T)$。其中，Nb_3Sn 材料的密度 $\overline{\rho}$ 为 5400 kg/m^3；由于 $c(T)$ 和 $\lambda(T)$ 随温度非线性变化[26,27]，在计算热传导时需要将温度与超导体性能参数相关联，因此需要将数据导入模型的 INP 文件中。本节通过经验拟合，将比热容与热传导率两个参数随温度变化的实验曲线拟合成具体的多项式方程形式，通过对方程进行编程计算得出 0～300 K 温度范围内每个参数的具体值，并导入模型的 INP 文件中。

采用 Abaqus 有限元软件中 Static General 分析步计算热应力时，分析步的时间长度必须和热传导的时间步长一致。热应力计算的主要过程是将已经计算完成的温度场赋予求解应力的模型中，温度引起的热膨胀施加给有位移边界的模拟单元，通过线膨胀系数将热传导分析与热应力分析两部分相互联系起来。应力分析模块中最重要的是将随环境温度非线性变化的弹性常数矩阵加入计算模型中，本节采用的方法是编写 UMAT 子程序，重新定义单晶体本构关系。为了提高模拟精度，立方相 Nb_3Sn 单晶体弹性矩阵中三个弹性系数 C_{11}、C_{12}、C_{44} 及线膨胀系数 $\alpha(T)$ 值，通过对非线性实验曲线进行经验拟合获得[28,29]。其中，Nb_3Sn 单晶体弹性常数由 Keller[28]等通过对超声波速度与衰减的测量计算得出，随着温度降低，剪切波波速在晶体内有很大的下降，在 32 K 温度下剪切波将无法进行传播，因此其在 0～32 K 温度范围内取为一个恒定值。

借助后处理过程，可以给出 Nb_3Sn 立方相多晶体模型在 100 ms 内的热传导过程，如图 6.2 所示。在图 6.2 中给出了立方相 Nb_3Sn 多晶体在 x 轴中点处不同时刻的横截面热流向量分布，其中，热流向量表示单位时间通过单位面积的热能，图中所示为中心点热源向四周扩散的过程。由图 6.2（a）和图 6.2（b）可以看出点热源提供的能量短时间内快速向边界扩散，之后，热流向量增速变缓，多晶体整体维持一个正常的升温过程。随着时间的变化，热流向量在靠近边界时云图出现不规则的形状，这是由于 Nb_3Sn 模拟单元为立方体，在顶点处与点热源的距离最大，在热传导过程中顶点处相较其他位置获得热能具有滞后性，因此在横截面顶点处数值最小。另外，每个顶点处的热流向量分布相互作用，也产生了边界中点处热流向量较小于周围的现象。

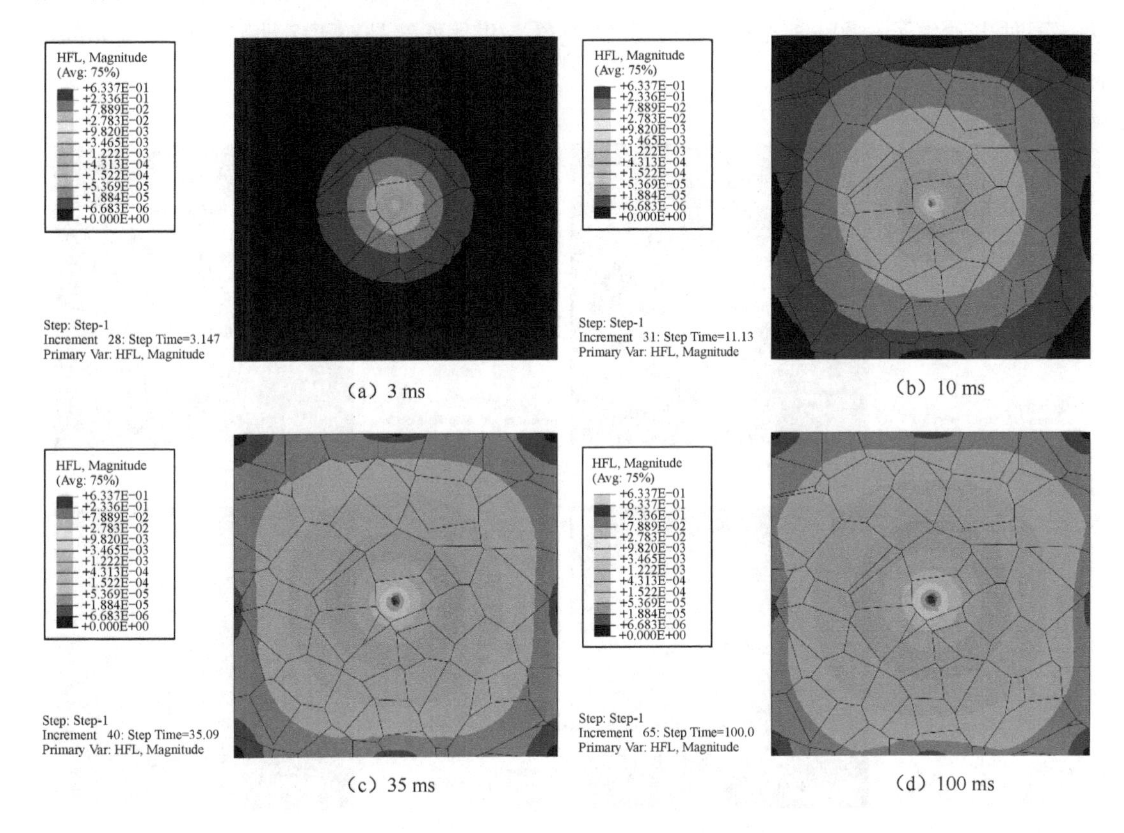

图 6.2　Nb_3Sn 立方相多晶体模型在 100 ms 内的热传导过程

热力耦合分析计算结果经后处理得到的应力云图如图 6.3 和图 6.4 所示，其中给出了 Nb_3Sn 立方相多晶体模型在 x 轴中点的应力横截面图，以总时间的 1/4 为时间间隔进行取样。图 6.3 和图 6.4 中分别给出了模型边界无约束及施加周期性边界两种条件下的应力分布状况。从图 6.3 中可以看出，Mises 应力分布与图 6.2 中热流向量分布相似，都是从中心点热源扩散到边界，符合正常温度场引起热膨胀从而产生热应力的规律，并且在模型 4 个顶点处应力最小。图 6.3 中 Mises 等效应力在晶界处出现明显的不连续、跳跃现象，并且单个晶粒中存在不同的应力梯度。这是由于在以点热源为圆心的热传递中，相同半径下的晶粒温度场相似，但每个晶粒取向不同、弹性系数不同，环向晶粒间因形变程度不同而接触挤压产生热应力；沿径向的相邻晶粒所处的温度场各不相同，也会产生相应的热应力。图 6.4 中对于 Nb_3Sn 立方相多晶体模型施加了周期性边界条件，其本质是在多晶体单胞模型的相对面、相对边及相对顶点上添加多点约束方程，在一定程度上满足相邻单胞模型边界上的变形协调性条件。从图 6.4 中可以看出在 Nb_3Sn 立方相多晶体模型热膨胀过程中受到来自边界的约束，随着时间变化 Mises 应力由外向内依次增大；同时也发生了与图 6.3 相同的应力跳跃现象，并且外部晶粒更多地受到边界位移的影响，跳跃的现象也更加明显。

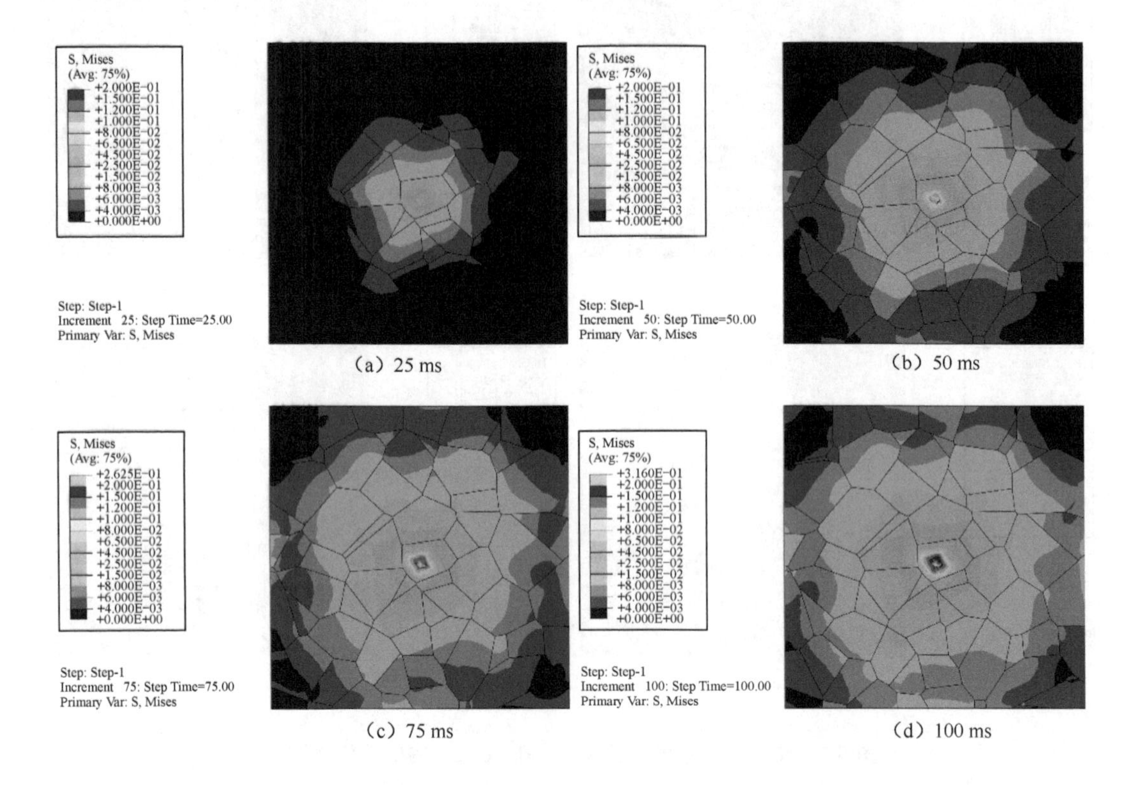

图 6.3　Nb_3Sn 立方相多晶体模型在 100 ms 内的应力云图变化（无位移边界条件）

在上述两种约束条件下的多晶体模型中都出现了单个晶粒内部应力的梯度分布现象，我们从模型中随机取出一个晶粒来观察应力变化，如图 6.5 所示。图 6.5（a）和图 6.5（b）分别是两种约束条件下相同晶粒的应力分布，图 6.5（a）中晶粒符合温度场的差异导致应力的梯度分布规律，而图 6.5（b）中晶粒则沿径向反方向应力由大变小，温度场的影响变小，应力梯度产生的原因更多是边界位移提供向内的压缩应力。在两种约束条件下，Mises 等效应力的量级也有所不同。

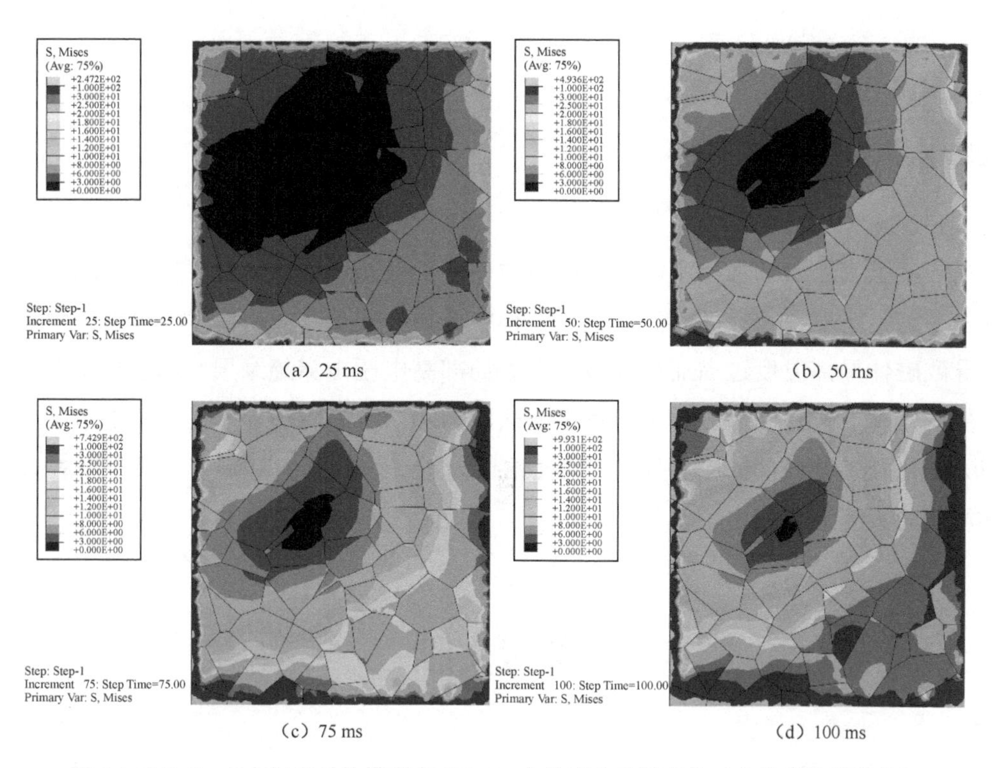

（a）25 ms　（b）50 ms

（c）75 ms　（d）100 ms

图 6.4　Nb_3Sn 立方相多晶体模型在 100 ms 内的应力云图变化（含位移边界条件）

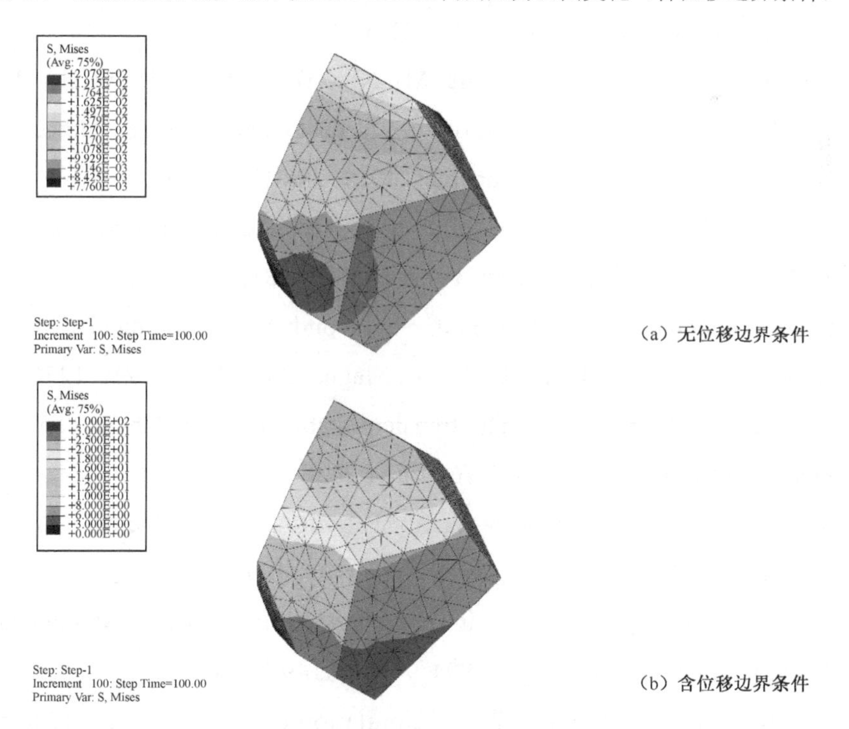

（a）无位移边界条件

（b）含位移边界条件

图 6.5　Nb_3Sn 立方相多晶体中单个晶粒的热应力分布状况

6.3 本章小结

当环境温度、磁场强度及电流密度中的任意参数超过临界值时，Nb_3Sn 超导体都会发生失超。失超是 Nb_3Sn 超导磁体服役过程中的重要现象，失超瞬时释放的巨大磁体能量会导致磁体局部温度过高而被烧毁和产生局部高电压击穿绝缘层。本章基于有限元方法，初步分析了 Nb_3Sn 多晶体失超瞬态的热应力和热分布特征，模拟结果揭示了晶界处的应力变化及晶粒内部的应力梯度，研究结果为进一步研究 Nb_3Sn 复合超导体在多物理场环境下的失超演化奠定了基础。

参考文献

[1] Schoerling D, Zlobin A V. Nb_3Sn Accelerator Magnets: Designs, Technologies and Performances[EB/OL]. (2019-11-24)[2021-3-25].

[2] Wilson M N. Superconducting magnet[M]. New York: Oxford University Press, 1983.

[3] Joshi C H and Iwasa Y. Prediction of current decay and terminal voltages in adiabatic superconducting magnets[J]. Cryogenics, 1989, 29(3): 157-167.

[4] Chechetkin V R and Sigov A S. Stability of superconducting magnet systems subject to thermal disturbances[J]. Phys. Rep, 1989, 176(1): 1-81.

[5] Picaud V, Hiebel P and Kauffmann J. Superconducting coils quench simulation, the Wilson's method revisited[J]. IEEE Trans. Magn., 2002, 38(2): 1253-1256.

[6] Hale J R and Williams J E C. The transient stabilization of Nb_3Sn composite ribbon magnets[J]. J. Appl. Phys, 1968, 39(6): 2634-2638.

[7] Ünal A. Operational stability analysis for superconductors under thermal disturbances[D]. Lubbock: Texas Tech University, 1992.

[8] Shajii A and Freidberg J P. Quench in superconducting magnets. I. Model and numerical implementation[J]. J. Appl. Phys, 1994, 76(5): 3149-3158.

[9] Bottura L. A numerical model for the simulation of quench in the ITER magnets[J].

J. Comput. Phys, 1996, 125(1): 26-41.

[10] Koizumi N, Takahashi Y and Tsuji H. Numerical model using an implicit finite difference algorithm for stability simulation of a cable-in-conduit superconductor[J]. Cryogenics, 1996, 36(9): 649-659.

[11] Murakami T, Murase S, Shimamoto S, et al. Two-dimensional quench simulation of composite CuNb/Nb_3Sn conductors[J]. Cryogenics, 2000, 40(6): 393-401.

[12] 南和礼. 绝热超导磁体失超过渡过程的数值模拟研究[J]. 低温物理学报，2000(4): 299-305.

[13] Yamada R, Marscin E, Ang L, et al. 2-D/3-D quench simulation using Ansys for epoxy impregnated Nb_3Sn high field magnets[J]. IEEE Trans. Appl. Supercond, 2003,13(2): 1696-1699.

[14] Yamada R and Wake M. Three dimensional FEM quench simulations of superconducting strands[EB/OL]. (2005-9-20)[2021-3-29].

[15] Pugnat P and Siemko A. Review of quench performance of LHC main superconducting magnets[J]. IEEE Trans. Appl. Supercond, 2007,17(2): 1091-1096.

[16] Takahashi Y, Yoshida K, Nabara Y, et al. Stability and quench analysis of toroidal field coils for ITER[J]. IEEE Trans. Appl. Supercond, 2007,17(2): 2426-2429.

[17] 白质明，吴春俐. 超导磁体耐受过电流冲击稳定性的有限元方法研究[J]. 东北大学学报（自然科学版），2008, 29(12): 1799-1802.

[18] Breschi M, Trevisani L, Bottura L, et al. Stability of Nb_3Sn superconducting wires: The role of the normal matrix[J]. IEEE Trans. Appl. Supercond, 2008, 18(2): 1305-1308.

[19] Breschi M, Trevisani L, Bottura L, et al. Effects of the Nb_3Sn wire cross section configuration on the thermal stability performance[J]. IEEE Trans. Appl. Supercond, 2009, 19(3): 2432-2436.

[20] Bordini B and Rossi L. Self field instability in high-J_c Nb_3Sn strands with high copper residual resistivity ratio[J]. IEEE Trans. Appl. Supercond, 2009, 19(3): 2470-2476.

[21] Salmi T-M, Ambrosio G, Caspi S, et al. Quench protection challenges in long Nb_3Sn accelerator magnets[J]. AIP Conf. Proc., 2012,1434(1): 656-663.

[22] Guo X L, Wang L and Green M A. Coupled transient thermal and electromagnetic finite element analysis of quench in MICE coupling magnet[J]. Cryogenics, 2012, 52(7): 420-427.

[23] Bajas H, Bajko M, Bordini B, et al. Quench analysis of high-current-density Nb_3Sn conductors in racetrack coil configuration[J]. IEEE Trans. Appl. Supercond, 2015, 25(3): 1-5.

[24] Guo X L, Wang L and Zhang Y. Numerical study on the quench process of superconducting solenoid magnets protected using quench-back[J]. IEEE Trans. Appl. Supercond, 2016, 26(4): 1-7.

[25] Sorbi M, Ambrosio G, Bajas H, et al. Measurements and analysis of dynamic effects in the LARP model quadrupole HQ02B during rapid discharge[J]. IEEE Trans. Appl. Supercond, 2016, 26(4): 1-5.

[26] Bauer P and Rajainmaki H. EFDA material data compilation for superconductor simulation[EB/OL]. (2007-4-1)[2021-3-29].

[27] Knapp G S, Bader S D and Fisk Z. Phonon properties of A15 superconductors obtained from heat-capacity measurements[J]. Phys. Rev. B, 1976, 13(9): 3783-3789.

[28] Keller K R and Hanak J J. Ultrasonic measurements in single-crystal Nb_3Sn[J]. Phys. Rev, 1976, 154(3): 628-632.

[29] Touloukian Y S, Kirby R K, Taylor R E, et al. Thermophysical properties of matter: Thermal expansion, metallic elements and alloys[M]. New York: Plenum Publishing Co., 1975.

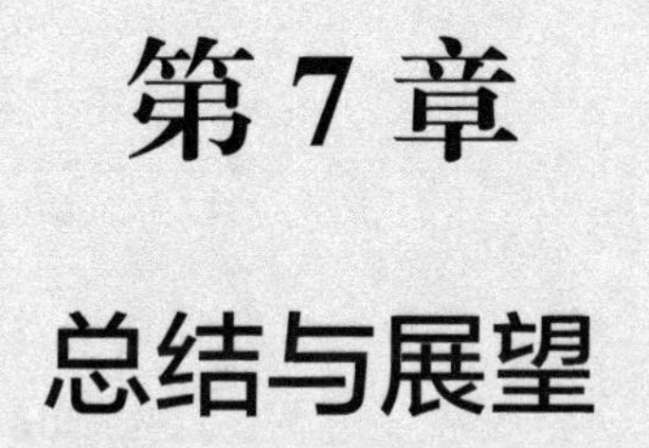

第 7 章

总结与展望

作为构筑强磁场超导磁体核心构件的关键材料，Nb_3Sn 高场超导体在高能物理、高场核磁共振波谱仪及国际热核聚变实验反应堆等强磁场超导磁体领域得到了广泛的研究关注。Nb_3Sn 超导体临界性能弱化及失超，是强磁场超导磁体装备运行过程中的重要现象，严重影响到装备的服役安全，给强磁场超导磁体装备的设计和制造带来严峻的挑战。

围绕磁体用 Nb_3Sn 超导体临界性能，本书介绍了超导体多场耦合问题的解耦处理方法，阐明了超导体多尺度力学行为分析在超导体临界性能分析中的重要性，建立了超导体临界性能分析的微结构理论，基于此给出了临界性能多尺度分析算法，并通过与实验结果的比对，验证了分析方法的可靠性。当环境温度、磁场强度及电流密度中的任意参数超过临界值时，Nb_3Sn 超导体都会发生相变，从超导态进入正常态，成为常导体（发生失超）。本书对 Nb_3Sn 超导体正常态电阻率的力—热耦合效应和失超瞬态微结构的热应力和热分布进行了初步的探讨，为后续研究失超瞬态演化奠定了基础。

目前，欧洲核子研究组织和美国费米国家实验室设计的几种不同类型 Nb_3Sn 超导体装置样机的实验测试，都出现了磁体设计参数难以达到设计预期的问题，这是磁通跳跃导致的失超电流大幅衰减导致的。同时，在失超的众多诱因中，磁通跳跃是诱发超导体失超的内部原因。在失超的链式演化过程中，它所释放出的巨大磁体能量会使超导体局部温度瞬间升高，局部温度过高会毁伤超导体，与此同时，失超产生的局部高电压会击穿绝缘层，严重威胁到强磁场超导磁体装置的服役安全。强磁场超导磁体装置的安全性分析需要揭示电磁能与超导体相互作用的瞬态演化机理，精确描述失超发生的瞬态演化过程，包括磁—电环境下 Nb_3Sn 超导体中的磁通跳跃过程，热冲击/电冲击下超导体的毁伤过程，以及这些过程诱导的超导体结构演变与物性演化，由此给出极端环境和多场耦合条件下的失稳准则，并对服役强磁场超导体结构的设计进行精准评估。强磁—电环境下 Nb_3Sn 超导体的失超瞬态响应行为是强磁场超导磁体装置制造中需要研究的基础课题之一，对于这一行为机理的探究，将为强磁场超导磁体装置的设计与制造、失超检测系统的优化提供依据，同时将有助于高强稳定性超导体的制备和开发。

磁通跳跃诱发的失超瞬态过程，包含了耦合的诱发过程和失超后的演化过程。在外加磁场连续变化区间，超导体的磁化强度变化出现不连续的现象，即磁通跳跃。在磁通跳跃的瞬间，伴随着磁通线突然侵入超导体，其内部屏蔽电流消失。这一现象起源于磁通钉扎的不可逆性：局域化的磁通因某些原因（力/热/电磁环境的干扰）发生移动，其产生的能量损耗导致局部温度升高，温度的升高将减小阻碍磁通移动的钉扎力，并且更多的磁通线发生移动，如果上述循环持续，将伴随着更大的能量损耗和温度上升，原来少量、缓慢的磁通运动演化为大量、迅速的磁通运动。磁通跳跃发生的时间间隔在毫秒量级。磁通跳跃发生的磁场区间，依赖 Nb_3Sn 超导体中超导丝的有效直径 d_{eff}：对于 MJR Nb_3Sn 超导体（d_{eff} 约 110 μm），磁通跳跃发生的磁场区间为 0.7～3 T，对于 PIT Nb_3Sn 超导体（d_{eff} 约 55 μm），磁通跳跃发生的磁场区间为 0.5～1.5 T。在 Nb_3Sn 超导磁体装置内，它的磁场分布是非均匀的，从 0 变化到峰值磁场；而在不同的磁场区间内，串联的超导线圈内的运行电流强度是一样的。磁通跳跃会导致 Nb_3Sn 超导体运行电流水平的大幅下降：在美国费米国家实验室基于 Nb_3Sn 超导体制造的几组磁体装置样机中，多组出现了由于磁通跳跃导致的失超电流值大幅下降的情形，其中最小的失超电流实测值仅为设计值的 37%。

磁通跳跃会破坏 Nb_3Sn 超导体的超导电性能，如果控制及时，超导体恢复为超导态；否则，则演变为正常态，失超发生。在磁通跳跃诱发的失超响应过程中，一个重要的失超稳定性参数判据为低 $J_c d_{eff}$ 值，其中，J_c 为 Nb_3Sn 超导体的临界电流密度，d_{eff} 表示 Nb_3Sn 超导纤维的有效直径。J_c 的大小取决于磁通钉扎力的强弱；d_{eff} 的大小在微米尺度范围。晶界是 Nb_3Sn 超导体中主要的有效磁通钉扎中心，随着晶粒尺寸细化带来的 J_c 值大幅提升［Nb_3Sn 超导体的临界电流密度已经达到 3000 A/mm^2（4.2 K，12 T）］，超导体微细观尺度在决定磁通跳跃诱发的失超响应中起着重要的作用。同时，对于磁通跳跃诱发的失超响应后续过程而言，为了描述失超过程中各物理参量的变化，需要在两种数量级对超导体的瞬态响应进行模拟：微米（Nb_3Sn 超导纤维的横截面尺寸）和米（超导体的横截面尺寸）。在时间尺度上，失超产生的时间尺度为微秒，之后以毫秒为单位进行传播，超导体完全放电所经历的时间间隔为 1 秒。磁通跳跃诱发的失超演化过程本质上是一个多物理过程耦合、多时空尺度演化、多重速率竞争（磁扩散速率、热传导速率、裂纹萌生和扩展速率）的问题，相互依赖的过程和现象会在不同的空间尺度和时间尺度上各自变化发展、同时耦联竞争。

1965—1990 年，磁场强度为 10 T 的 Nb_3Sn 超导磁体装置的制造历经了 25 年。如今，目标磁场强度为 16 T 的 Nb_3Sn 超导磁体装置的制造正在进行，强磁场超导磁体装置的制造在失超保护方面面临的挑战依然巨大，基础研究落后于工程实践，成为限制强磁场超导磁体装置制造水平提升的巨大障碍。为了满足强磁场超导磁体装置设计及失超防护技术发展的需求，精准描述失超响应需要针对失超诱因、失超后多时空演化过程的精细结构，以及失超造成的超导体毁伤机理进行深入研究，掌握这一灾变链式演化的完整过程，以期从各个阶段进行预防和控制。已有的计算软件在细微时空尺度上关键信息的模糊处理，虽然满足了工程设计中以一致的方式对磁体系统的物理参数变化进行描述的要求，但是忽略和隐藏了失超瞬态小微时空尺度上的关键过程，如晶粒尺度（纳米量级）上的磁通钉扎—跳跃过程、Nb_3Sn 超导体相转变之后的马氏体相变过程（时间尺度在微秒量级）及潜在的失超诱导的毁伤过程。对于现有失超仿真计算系统的完善和修正，需要阐明强磁电环境下磁通跳跃诱发超导体失超毁伤瞬态过程的多时空演化机理：磁通和变形晶界的作用机制（磁通稳定性），极限时空尺度下磁通运动的动力—热力耦合过程（磁热稳定性），Nb_3Sn 超导体相转变—马氏体相变过程与毁伤过程的耦合演化（力学稳定性）。对于这些现象的研究，有助于更加完整地认识失超瞬态过程，了解其演化背后的物理机制，阐明伴随这一瞬态过程的 Nb_3Sn 超导体结构演变与性能演化，为失超现象的准确描述奠定了基础。

在强磁电环境下磁通跳跃诱发超导体失超毁伤瞬态过程多时空演化的研究，是强磁场超导磁体装置制造，以及失超防护技术的发展对固体力学的要求。为了清除强磁场超导磁体装置设计与制造水平提升过程中的障碍，需要精确阐释强磁电环境下磁通跳跃诱发 Nb_3Sn 超导体失超毁伤瞬态过程多时空演化的精细结构，这是极端多物理场环境中服役强磁场超导磁体装置安全和稳定性分析的基石。后续研究需要以磁通和变形晶界的作用机制（磁通稳定性）、极限时空尺度下磁通运动的动力—热力耦合过程（磁热稳定性）、Nb_3Sn 超导体相转变—马氏体相转变过程与毁伤过程的耦合演化（力学稳定性）为切入点，揭示失超诱因和演化背后的物理机制，展现强磁电环境下磁通跳跃诱发失超毁伤瞬态过程多时空演化的精细结构，同时建立和发展考虑 Nb_3Sn 超导体失超现象多时空尺度效应的非线性理论模型和数值仿真方法。研究结果将为精确理解和描述极端服役工况下超导体失超现象解决最大障碍，为强磁场超导磁体装置的设计制造、失超防护技术的发展及强稳定性超导体的研发提供理论支撑，同时为其他瞬态物理过程多时空演化的理论解释和定量描述提供有效的研究思路。

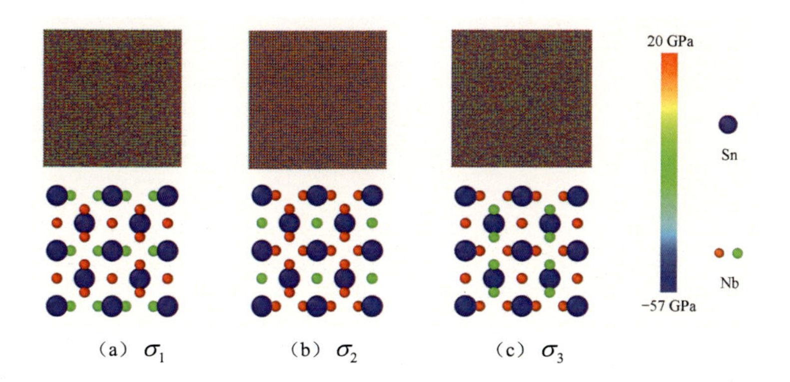

（a） σ_1　　（b） σ_2　　（c） σ_3

图 3.10　Nb_3Sn 单晶体 x–z 面的主应力分布云图

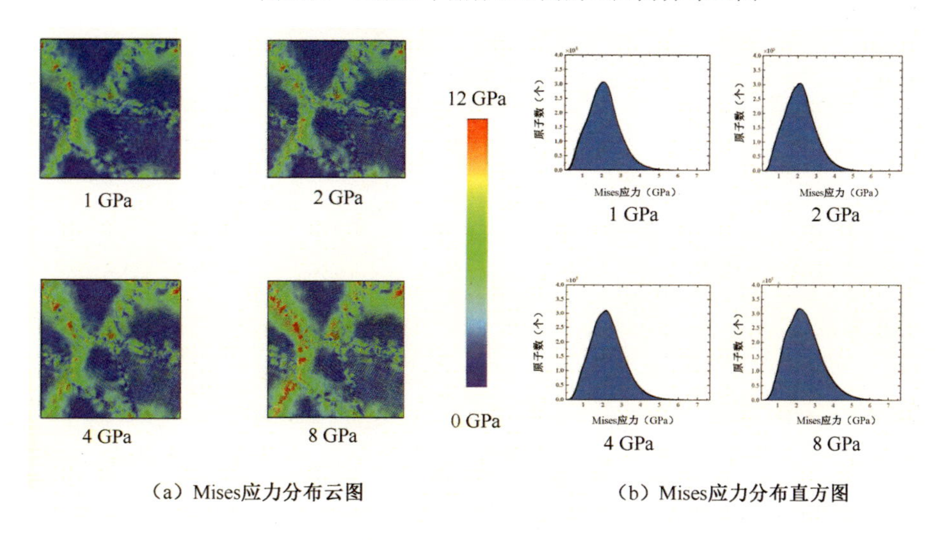

（a）Mises应力分布云图　　（b）Mises应力分布直方图

图 3.15　Nb_3Sn 多晶体内部的 Mises 应力分布

图 3.16　采用 Voronoi 算法生成的 Nb_3Sn 多晶体模型

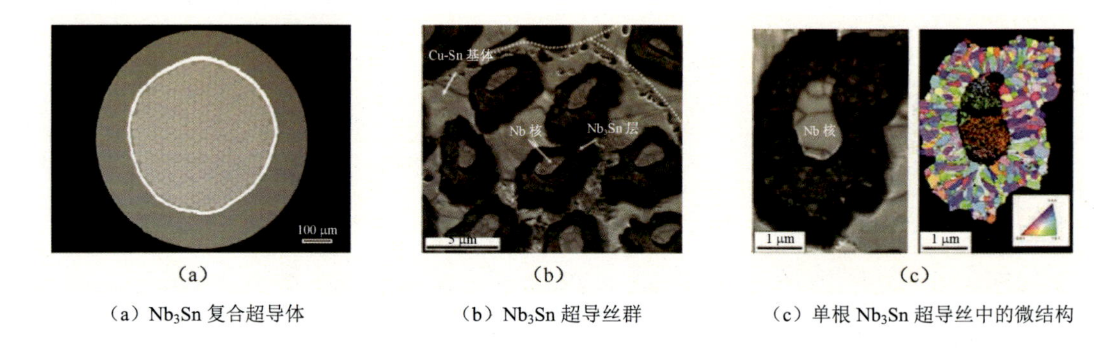

（a）

（b）

（c）

（a）Nb_3Sn 复合超导体

（b）Nb_3Sn 超导丝群

（c）单根 Nb_3Sn 超导丝中的微结构

图 3.23　Nb_3Sn 复合超导体的横截面结构：从细观组织层次到晶粒显微组织层次图像

图 3.25　主计算模型的几何结构

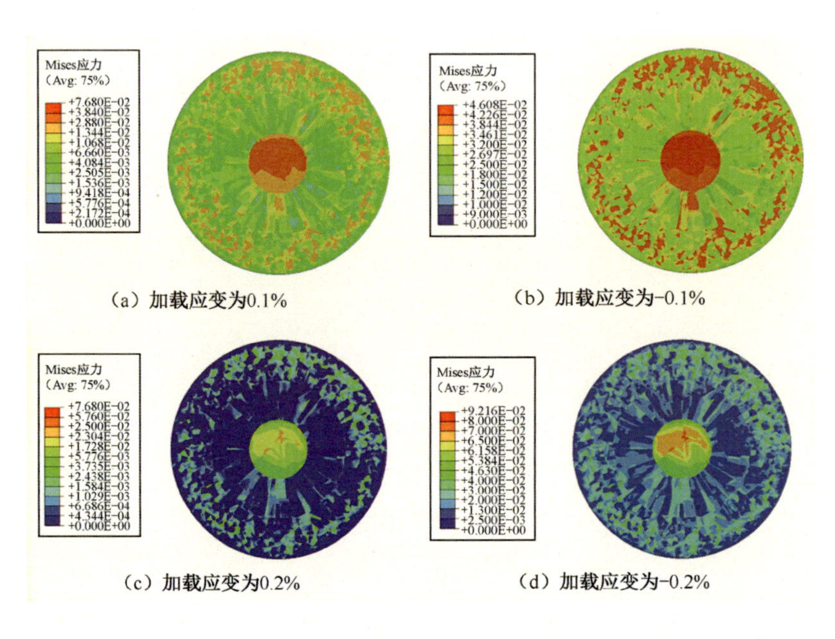

（a）加载应变为0.1%

（b）加载应变为−0.1%

（c）加载应变为0.2%

（d）加载应变为−0.2%

图 3.30　Nb_3Sn 复合超导体内部晶粒和晶界区的应力分布云图

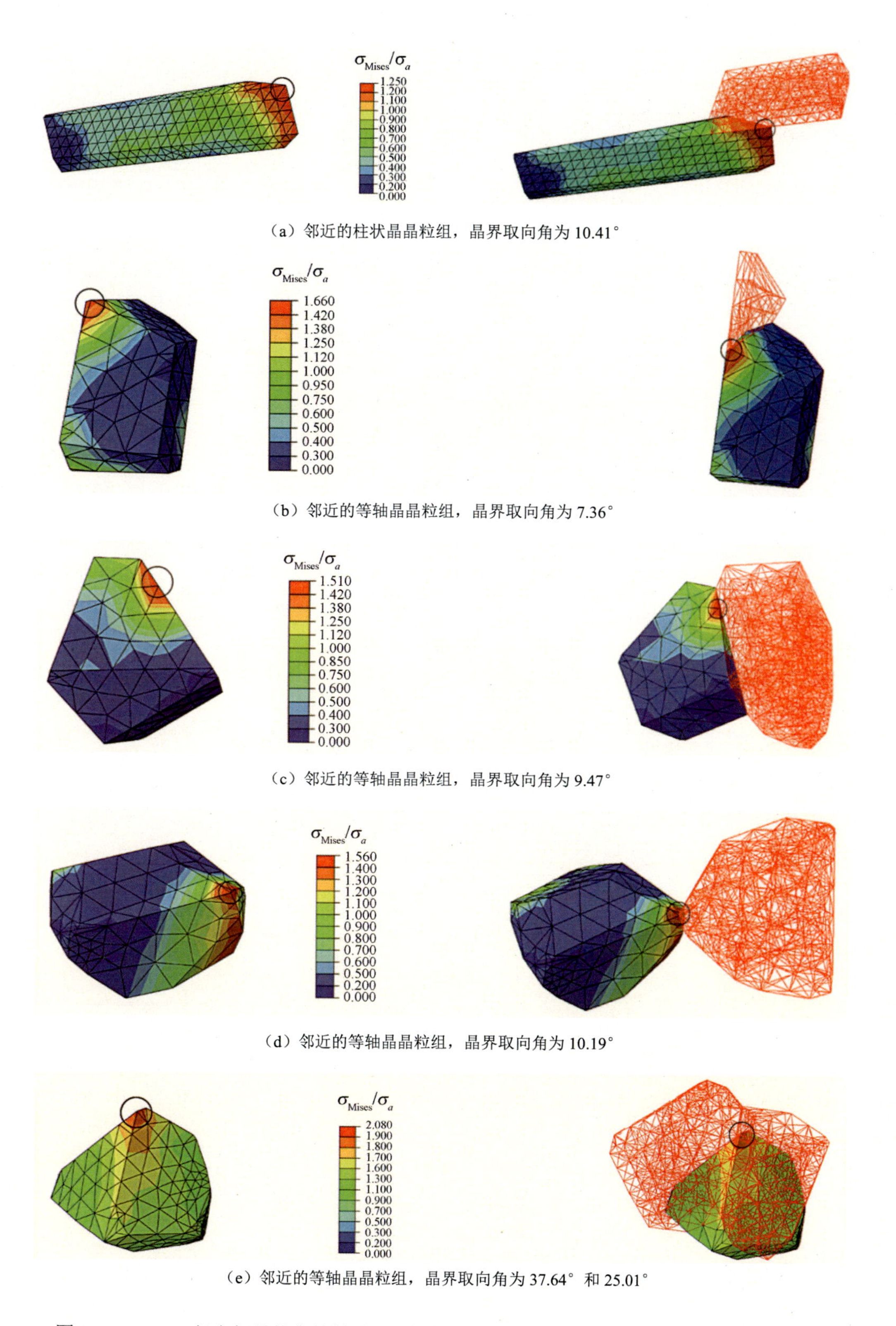

（a）邻近的柱状晶晶粒组，晶界取向角为 10.41°

（b）邻近的等轴晶晶粒组，晶界取向角为 7.36°

（c）邻近的等轴晶晶粒组，晶界取向角为 9.47°

（d）邻近的等轴晶晶粒组，晶界取向角为 10.19°

（e）邻近的等轴晶晶粒组，晶界取向角为 37.64° 和 25.01°

图 3.34　Nb_3Sn 复合超导体中等轴晶区和柱状晶区内邻近晶粒内部的三维应力分布云图，晶界交汇处产生应力集中

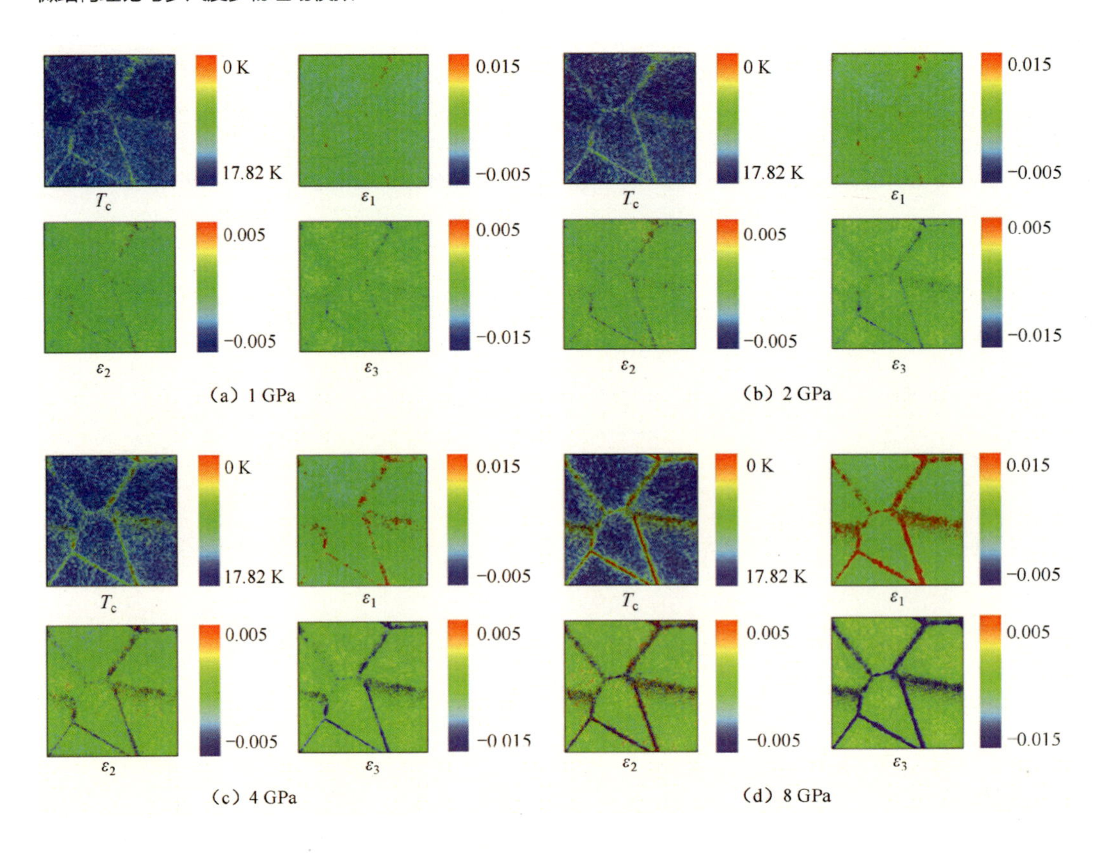

图 4.23　静水压强作用下 Nb_3Sn 多晶体内部临界温度及主应变分布云图

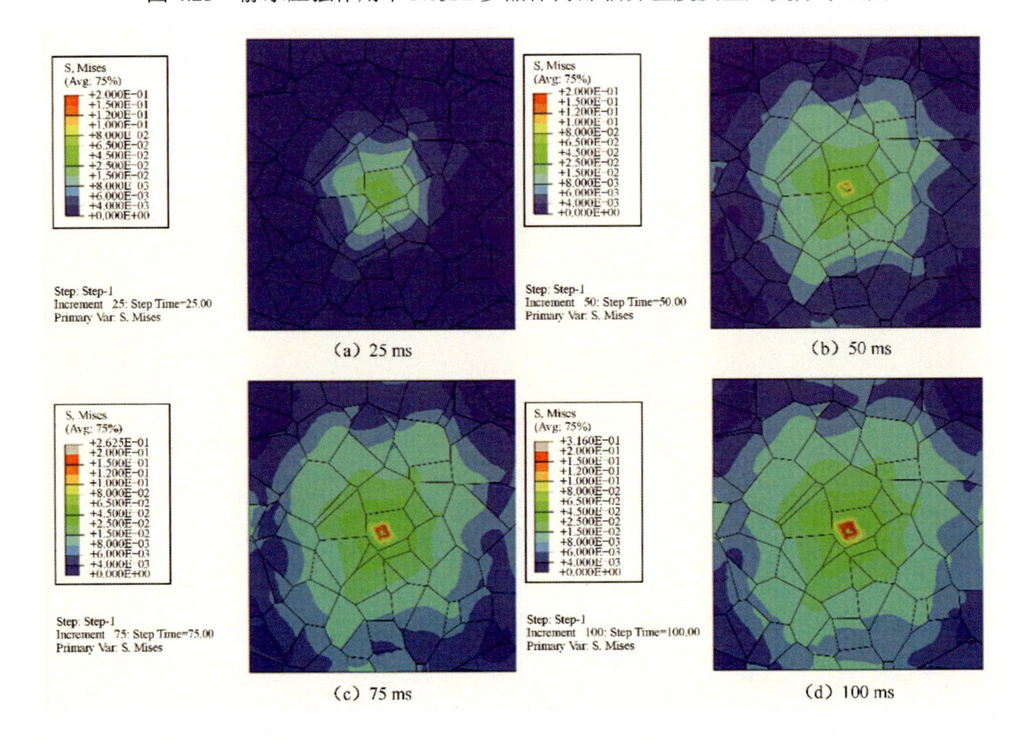

图 6.3　Nb_3Sn 立方相多晶体模型在 100 ms 内的应力云图变化（无位移边界条件）